国家出版基金项目
NATIONAL PUBLICATION FOUNDATION

全面建设社会主义现代化国家研究丛书（第1辑）

丛书主编　颜晓峰

# 人与自然和谐共生的现代化

孙佑海　谈珊　田源　著

天津大学出版社
TIANJIN UNIVERSITY PRESS

图书在版编目(CIP)数据

人与自然和谐共生的现代化/孙佑海，谈珊，田源
著.—天津：天津大学出版社，2022.8
（全面建设社会主义现代化国家研究丛书/颜晓峰
主编.第1辑）
ISBN 978-7-5618-7278-9

Ⅰ.①人… Ⅱ.①孙… ②谈… ③田… Ⅲ.①生态环
境建设—现代化研究—中国 Ⅳ.①X321.2

中国版本图书馆CIP数据核字（2022）第139841号

REN YU ZIRAN HEXIE GONGSHENG DE XIANDAIHUA

| 出版发行 | 天津大学出版社 |
| --- | --- |
| 地　　址 | 天津市卫津路92号天津大学内（邮编：300072） |
| 电　　话 | 发行部：022-27403647 |
| 网　　址 | www.tjupress.com.cn |
| 印　　刷 | 北京盛通印刷股份有限公司 |
| 经　　销 | 全国各地新华书店 |
| 开　　本 | 710mm×1010mm　1/16 |
| 印　　张 | 16.25 |
| 字　　数 | 267千 |
| 版　　次 | 2022年8月第1版 |
| 印　　次 | 2022年8月第1次 |
| 定　　价 | 42.00元 |

# 总　序

　　2020 年是全面建成小康社会的决战决胜之年，也是从全面建成小康社会向全面建设社会主义现代化国家迈进的历史转折之年。"继续在人类的伟大时间历史中创造中华民族的伟大历史时间"，这是习近平总书记在 2020 年春节团拜会上为当代中国共产党人标定的时代坐标、确定的时代使命。全面建设社会主义现代化国家，就是中华民族在这一"伟大历史时间"进行的伟大历史实践。2020 年初突如其来的新型冠状病毒肺炎疫情（以下简称新冠肺炎疫情）给中国和世界其他国家的发展带来前所未有的冲击，但中华民族从来都是在磨难中成长、从磨难中奋起的，人类社会从来都是在危机中嬗变、从危机中转型的，现代化的潮流势不可挡、青山难遮。由天津大学社会主义现代化研究中心组织撰写、天津大学马克思主义学院院长颜晓峰担任丛书主编、天津大学出版社出版的"全面建设社会主义现代化国家研究丛书"（第 1 辑）正是配合开启全面建设社会主义现代化国家新征程，探索新课题、服务新实践，为全面建设社会主义现代化国家提供理论支持的研究成果。

　　现代化是资本主义产生以后，在科技革命、产业革命、社会革命、思想革命的推动下，一些国家出现的从社会生产到社会生活、从社会结构到社会机制、从社会精神到社会文化的整体性转型，是世界近代以来持续推进、逐步拓展、不断深化的"历史向世界历史转变"的进程，同时又是在矛盾积累、危机孕育、时局动荡中调整变革的进程。马克思、恩格斯深刻揭示了资本驱动的现代化内在的尖锐矛盾，批判了现代化进程中对生产力的破坏和对工人的奴役，同时也肯定了资本主义生产第一次创造出为实现社会全面进步、人的全面发展所必需的财富和生产力。在马克思、恩格斯看来，社会主义是在继承资本主义文明成果的基础上对资本主义的否定和改造，是在各个领域创造出高于和优于资本主义现代化的新型现代化。马克思在《哥达纲领批判》中阐述的共产主义社会高级阶段，包含消灭旧式分工，消灭脑力劳动和体力劳动对立，劳动成为生活的第一需要，个人的全面发展，集体财富的源泉充分涌流等，这些都是社会主义现代化的本质内涵。十月革命后，苏联等社会主义国家在各自的社会主义建设过程中，探索了社会主义的高级阶段或发达阶段（即现代化阶段）的目标、标准和途径，开始了社会主义现代化实践和思想的双重进程，但因种种历史原因，有的遭遇挫折，有的半途而废。

建设社会主义现代化国家，是中华人民共和国成立后我们党的不懈追求。中华人民共和国成立后，我们党把科学社会主义理论同中国现代化实际相结合，多次提出社会主义现代化的建设目标、主要内容和实现步骤，开始了建设社会主义现代化的艰辛探索。改革开放以来，几代中国共产党人开拓创新、接力攀登，持续探索"建设什么样的社会主义现代化国家，怎样建设社会主义现代化国家"的问题，把科学社会主义理论同建设社会主义现代化实际相结合，开创了中国特色社会主义现代化道路。中国特色社会主义现代化道路，从世界历史的坐标看，是在世界现代化几百年的历程中，在主要资本主义国家现代化进程已经完成的基础上开辟的一条新型现代化道路。从当代世界的坐标看，是在广大发展中国家追求现代化的艰难起飞中，从中国国情出发开辟的一条新路，从而给世界上那些既希望加快发展又希望保持自身独立性的国家和民族提供了全新选择，贡献了中国智慧和中国方案。中国的现代化道路不仅是自己的道路，而且具有世界意义；不仅具有中国特色，而且反映世界趋势。更为重要的是，我们要建成的是社会主义现代化国家，是有着独特本质、内涵、优势、特色的社会主义现代化国家。再经过30年左右的奋斗，我国全面建成富强民主文明和谐美丽的社会主义现代化强国，其世界历史意义不亚于十月革命，是中国共产党对科学社会主义的最重要贡献。

党的十九大开启了全面建设社会主义现代化国家的新征程，这是马克思主义指引中国共产党近百年历程新的伟大革命，是科学社会主义在中国新的伟大创举，是马克思主义基本原理同新时代具体实际相结合新的伟大实践。面对新的使命任务，必须进行从历史到未来、从理论到实践、从全局到局部、从战略到方法的系统深入研究。习近平新时代中国特色社会主义思想，从理论和实践的结合上系统回答了"新时代坚持和发展什么样的中国特色社会主义、怎样坚持和发展中国特色社会主义"这一重大时代课题。"全面建设什么样的社会主义现代化国家、怎样全面建设社会主义现代化国家"，则是对这一重大时代课题的深入和展开。深入研究这一课题，需要从以下三个方面整体推进。

一是社会主义现代化的历史研究。社会主义现代化是世界现代化进程的客观要求，特别是社会主义历史进程的必然趋势。历史研究是社会主义现代化研究的基础，包括实践史和思想史。党的十九大开启了全面建设社会主义现代化国家新征程，必将把社会主义现代化的实践和思想提到一个前所未有的历史高度。随着习近平新时代中国特色社会主义思想不断发展，社会主义现代化思想在其理论体系中必然具有更加突出的地位。

二是社会主义现代化的领域研究。现代化是全面的现代化。全面建设社会主义现代化国家，本身就要求现代化的总体性，不能单打独斗。同时，社会主义现代化是由各个领域的现代化构成的，需要将总体研究与局部研究相结合，从各个领域的现代化研究入手，深化对全面建设社会主义现代化规律的探讨。我们党在追求现代化的进程中，曾提出"四个现代化"的构想。随着党对建设中国特色社会主义总体布局认识的拓展，"四个现代化"显然已不足以涵盖现代化的基本领域。因此，要深入研究社会主义经济、科技、政治、国家治理、文化、社会、教育、生态、国防、党建、人的全面发展乃至公共卫生治理等领域的现代化建设。

三是社会主义现代化的问题研究。社会主义现代化研究离不开大量的实证研究，运用数据分析，构建科学模型，提供决策支持。同时，理论是研究的纲和魂，实证研究离不开理论研究。要以社会主义现代化为对象，对其中的重大问题作出理论说明和论证，从而逐步加深对社会主义现代化建设规律的认识。理论研究越严谨扎实、深刻彻底，对社会主义现代化建设规律的认识就越全面准确，全面建设社会主义现代化国家的进程就越顺利，目标就越有把握实现。全面建设社会主义现代化国家的新征程，是中华民族伟大复兴的壮丽篇章，是马克思、恩格斯设想的人类社会美好前景在中国大地的生动展现，是马克思主义在新的伟大实践中大发展的极好契机。

天津大学与中国现代化的历史紧密相连。天津大学建校于 1895 年，前身为北洋大学堂，是中国近代高等教育史上建校最早的高等学府。第二次鸦片战争后，学校所在地天津被开辟为通商口岸，近代工业、贸易、金融、交通、教育发展起来，天津成为中国开始现代化的先行地、近代城市的领先者。这为学校吸收世界现代化的文明成果提供了丰厚土壤，同时学校也是天津乃至中国近代教育、科技、思想、文化发展的贡献者。北洋大学堂开办之初即设立工程、矿务、机器和律例四门学科，以兴学强国为使命，以培养现代人才为目标。学校创建早期培养出的人才中，王宠佑成为中国现代炼锑技术的开创者，马寅初成为著名经济学家、教育家、人口学家，刘瑞恒成为中国近代公共卫生事业的创建者，秦汾成为中国著名数学家，齐璧亭成为中国近代知名的教育家、女子师范教育奠基人，等等。中国共产党早期的重要领导人之一、中国共产主义青年团的创始人之一张太雷，1915 年考入北洋大学法科。中华人民共和国成立后，1959 年党中央公布了第一批 16 所全国重点大学，天津大学名列其中。改革开放后，1995 年学校成为"211 工程"首批重点建设大学，2000 年学校被确定为国家"985 工程"重点建设的高水平研究型大学。进入新时代，2017 年学校成为首批"双一流"建设高校。学校围绕建设"综合性、研究型、开放式、国际化"的世界一流大学总体目标，秉持"中国特色、世界一流、天大品格"的核心理念，传承"兴学强国、实事求是、严谨治学、爱国奉献、矢志创新"的天大品格，努力培养一流人才、建设一流队伍、打造一流学科、贡献一流学术、营造一流环境，推进"强工、厚理、振文、兴医"学科布局，聚焦国家重大战略需要，聚焦世界科技发展前沿，面向国民经济主战场，培养全面发展的高素质创新人才，为全面建设社会主义现代化国家作出天大的贡献。这些贡献就包括依托学校的历史传统、学科优势、人才资源，充分利用天津大学社会主义现代化研究中心这个平台和基地，创作出更有质量水准、更符合全面建设社会主义现代化国家理论需要的多学科成果。

"全面建设社会主义现代化国家研究丛书"（以下简称"丛书"），自党的十九大后开始策划、组织撰写，经各位作者和编辑的共同努力，第 1 辑现出版发行。"丛书"（第 1 辑）的选题主要围绕全面建设社会主义现代化国家的系统布局，对全面建设社会主义现代化国家的主要领域进行全面深入、通俗易懂的描述，为高校师生、党员干部、理论工作者及广大读者提供系列理论读物。"丛书"是开放式、渐进式的，将跟踪全面建设社会主义现代化国家新征程的进展，依据主创者、出版方、作者对这一新的伟大社会实践的新认识，拓展范围、深化研究，丰富题材、提高品位，继续推出新的选题，出版新的著作，与实现第二个百年奋斗目标的发展阶段同行，与全面建设社会主义现代化国家实践中的重大问题共生，与国内外相关研究的前沿成果互鉴。我们诚邀校内外的专家学者一起参与这套丛书的撰写，一起推进社会主义现代化的研究，不负时代、不负使命。

李家俊　天津大学党委书记

金东寒　天津大学校长

2020 年 6 月

# 前　言

　　人与自然的关系问题是人类发展历史进程中的一个历久弥新的恒久主题。回顾人类发展历史，可以清晰看到，自第一次工业革命以来，随着人类利用自然、改造自然的能力不断提高，人类活动不断触及自然生态的边界和底线，来自自然的反制也日渐显现。比如，对自然界的粗暴改造、过度开发导致生物多样性减少，迫使野生动物迁徙，加剧了野生动物体内病原的扩散、传播，等等。进入新世纪以来，从非典、禽流感到中东呼吸综合征、埃博拉出血热，再到席卷全球的新冠肺炎疫情，人类生存和可持续发展面临来自自然环境的严峻挑战。在人与自然的关系经历了"和谐—失衡—新的和谐"的曲折发展历程①后，被西方社会奉为铁律的生态环境"破坏—恢复—再破坏—再恢复"的传统发展模式已发生根本性动摇。当前，人与自然的关系问题已成为当代社会各界普遍关注的现实问题，如何认识、处理人与自然的关系，人类发展与自然保护的关系，直接关涉到人类文明的存亡和兴盛，成为人类社会发展面临的首要问题。世界各国迫切地想要找到一条科学处理人与自然的关系、实现人类发展与生态保护共赢的新路。

　　2017 年 10 月 18 日，中国共产党第十九次全国代表大会召开，习近平同志在大会报告中提出，"我们要建设的现代化是人与自然和谐共生的现代化，既要创造更多物质财富和精神财富以满足人民日益增长的美好生活需要，也要提供更多优质生态产品以满足人民日益增长的优美生态环境需要。必须坚持节约优先、保护优先、自然恢复为主的方针，形成节约资源和保护环境的空间格局、产业结构、生产方式、生活方式，还自然以宁静、和谐、美丽"②，人与自然和谐共生现代化理念就此提出。党的十九届

---

　　①　罗英豪：《人与自然关系的演进历程及其未来走向探析》，《中共四川省委党校学报》2010 年第 2 期。

　　②　习近平：《决胜全面建成小康社会　夺取新时代中国特色社会主义伟大胜利——在中国共产党第十九次全国代表大会上的报告》，《人民日报》，2017 年 10 月 28 日，第 1 版。

五中全会将人与自然和谐共生现代化目标提升到了前所未有的高度，这充分体现了中国共产党对人与自然生命共同体规律性认识的不断深化，顺应了人民对美好生活的热切期待。人与自然和谐共生现代化理念，是中国共产党站在人类命运和中华民族永续发展的战略高度所提出的科学理念。人与自然和谐共生现代化是人与自然和谐共生理念与社会主义现代化理论的科学融合，是对新时代中国特色社会主义现代化的一种全新定位，更是对传统现代化理论的扬弃和发展。人与自然和谐共生现代化目标，立足中国特色社会主义"五位一体"总体布局和"四个全面"战略布局，强调坚持走生产发展、生活富裕、生态良好的文明发展道路，将"美丽中国"作为社会主义现代化强国建设的重要使命。基于人与自然和谐共生现代化理念，生态与经济、保护与发展在本质上是不冲突的，关键在于人的思维范式和行为方式。人与自然和谐共生现代化，是中国特色社会主义现代化建设的必由之路，更是中国作为一个负责任大国为全球发展模式贡献的中国智慧和中国方案。

党的十八大以来，在以习近平同志为核心的党中央坚强领导下，举国上下深入践行"人与自然是生命共同体"、"山水林田湖草是生命共同体"、"绿水青山就是金山银山"、绿色生产力、全面绿色转型、人类命运共同体等理念，推进绿色化与新型工业化、城镇化、信息化、农业现代化的深度融合，以绿色化或生态化的生产实践促进人与自然和谐共生，实现高质量发展与高水平保护的有机统一。正如习近平同志指出，"中国现代化是绝无仅有、史无前例、空前伟大的"[1]，"我国建设社会主义现代化具有许多重要特征，其中之一就是我国现代化是人与自然和谐共生的现代化，注重同步推进物质文明建设和生态文明建设"[2]。习近平同志丰富和拓展了现代化的内涵与外延，从理论和实践层面阐明了人与自然和谐共生的逻辑关系，为推动生态文明建设实现新进步、奋力推进人与自然和谐共生的现代化指明了方向，明确了路径。人与自然和谐共生现代化体现了社会主义现代化建设的重要特征，是我国适应新发展阶段要求、践行新发展理念、构建新

---

① 中共中央文献研究室编《习近平关于社会主义生态文明建设论述摘编》，中央文献出版社，2017，第3~4页。

② 《保持生态文明建设战略定力 努力建设人与自然和谐共生的现代化》，《人民日报》2021年5月2日，第1版。

发展格局、促进高质量发展的必然选择。推动人与自然和谐共生现代化目标的实现，必须始终坚持以习近平生态文明思想为指引，推动经济社会发展全面绿色转型，形成人与自然和谐发展现代化建设新格局。人与自然和谐共生的现代化是充满了生态智慧的理论和实践探索，增强了中国在全球环境治理体系中的话语权，提升了中国在绿色发展问题上的理论自觉和文化自信，是中国在现代化发展道路和生态文明建设方面的重大理论创新和基本实践方案，应始终不渝地加以遵循。

# 目　录

# 第一章　人与自然和谐共生现代化的
# 丰富内涵

习近平同志在党的十九大报告中指出："中国特色社会主义进入新时代，我国社会主要矛盾已经转化为人民日益增长的美好生活需要和不平衡不充分的发展之间的矛盾。"[①] 人与自然和谐共生现代化理念，正是随着我国社会主要矛盾的转化和党对人与自然关系的认识的逐步加深而生成的原创性理念。人与自然和谐共生现代化理念的提出并非一蹴而就，而是经历了从人与自然生命共同体理念到人与自然和谐共生理念，再到人与自然和谐共生现代化理念的渐进过程。人与自然和谐共生现代化理念是在吸收借鉴马克思主义的生态思想、中国传统文化中的生态智慧的基础上形成的科学理念，蕴含着"人与自然是生命共同体"、经济发展与环境保护相结合、超越西方的消费异化、构建人的新的存在方式的丰富内涵。

## 第一节　人与自然和谐共生现代化理念的生成

实现人与自然的和谐共生，是千百年来世界各国始终探寻而不可得的终极发展道路。中华人民共和国成立以来，自 1964 年在政府工作报告中首次正式提出"四个现代化"的战略目标至今，党带领全国人民投身于社会主义建设的伟大进程中，致力于寻找一条适合中国国情、社情、民情的现代化道路。在长期的改革发展实践中，党围绕人与自然的关系、和谐共生的理念以及现代化的应有样态等进行了长期而深入的探索。人与自然和谐共生现代化理念的生成，正是对实践经验的科学总结。

### 一、提出"向自然界开战"口号，蕴含人与自然的辩证关系

1957 年春天，毛泽东同志提出"要向自然界开战，发展我们的经济，

---

① 习近平：《决胜全面建成小康社会 夺取新时代中国特色社会主义伟大胜利——在中国共产党第十九次全国代表大会上的报告》，《人民日报》2017 年 10 月 28 日，第 1 版。

发展我们的文化……巩固我们的新制度，建设我们的新国家"，并提出
"建设一个具有现代工业、现代农业和现代科学文化的社会主义国家"①。毛
泽东同志认为，一个好的马克思主义者，是懂得如何从改造世界中认识世
界，又从认识世界中改造世界的。"向自然开战"的号召，体现了毛泽东
同志的马克思主义辩证思维，即自然是可以被人认识的，以及人认识自然
的目的是改造自然，认识世界的目的是改造世界。此"开战"的含义既不
是向自然界发动战争，也不是与自然界处于矛盾、不和谐的状态，而是号
召人们团结起来，在实践中合乎规律地利用自然资源来建设新中国，促进
我国的经济、文化和社会事业的进步。

　　"向自然开战"口号的提出，并不意味着不尊重自然或忽视对自然的
保护。毛泽东同志在领导中国社会主义革命和建设的过程中，对人与自然
关系的探索，从认识人与自然的关系开始。这在其早期文稿中有所体现。
譬如，他曾指出："人类者，自然物之一也。"② 他认为，人是自然界的产
物，这充分体现了他对自然的充分尊重，以及对人与自然天然联系的朴素
认知。中华人民共和国成立后，毛泽东同志将人与自然的辩证关系应用到
治国理政实践中。譬如，毛泽东同志高度重视植树造林工作，他用一句话
高度概括了自身对于林业的重视态度，即"没有林，也不成其为世界"③。
除了重视林业，他还注重农林牧产业的结合。1958 年 11 月 6 日，毛泽东
在中央工作会议上指出"农林牧要结合。你要搞牧业，就必须要搞林业，
因为你要搞牧场"④，并强调"农林牧，一个动物，一个植物，是人类少不
了的"⑤。1959 年 10 月 31 日，毛泽东在给吴冷西的信中援引苏联伟大土壤
学家和农学家威廉斯的话说："农、林、牧三者互相依赖，缺一不可，要把
三者放在同等地位。"⑥ 同时，毛泽东对水土保持也保持了较高关注。中华
人民共和国成立后，他先后四次视察黄河，长期关注黄河水土保持状况。
他对山西省阳高县境内大泉山水土流失治理典型材料作出过专门批示，

---

　　① 毛泽东：《毛泽东文集》第 7 卷，人民出版社，1999，第 268 页。
　　② 熊芳、雍涛：《毛泽东眼中的人》，人民出版社，2003，第 35 页。
　　③ 中共中央文献研究室、国家林业局编《毛泽东论林业》新编本，中央文献出版社，2003，第
69 页。
　　④ 同上书，第 57 页。
　　⑤ 同上书，第 53 页。
　　⑥ 同上书，第 71 页。

"整个华北、西北以及一切有水土流失问题的地方，都可以照样去解决自己的问题了"，并要求"要全面规划，要加强领导"①。这充分体现了毛泽东同志立足中华人民共和国成立之初百废待兴的国情、社情，倡导开发和利用自然，同时兼顾维系和保护自然资源的辩证思维。

## 二、坚持环境绿化和人口调控两手抓，倡导加大对自然资源的保护

改革开放之初，人们对自然环境的生态功能和对经济发展与人的发展的关系认识不足，高估了自然界的承载力，结果造成了森林面积不断缩小、生态物种不断减少的情况。作为我国社会主义改革开放和现代化建设的总设计师，邓小平同志高度重视生态环境保护。

早在 20 世纪 70 年代，邓小平同志就多次强调搞好生态环境保护的重要性。70 年代初期，邓小平同志敏锐地意识到污染问题对社会发展的威胁和隐患，强调经济社会发展要考虑处理废水、废气、废渣这"三废"。1978 年 9 月，邓小平同志在唐山考察工作时指出："现代化的城市要合理布局，一环扣一环，同时要解决好污染问题。废水、废气污染环境，也反映管理水平。"② 1982 年 11 月，邓小平同志发出号召："植树造林，绿化祖国，造福后代。"③ 他将生态环境建设的重要性、必要性等提升到了全局高度，并着力推动了包括植树造林在内的一系列规划工程的上马，对自然环境的保护和改善起到了至关重要的作用。此后，邓小平同志在林业部的报告中批示："这件事，要坚持二十年，一年比一年好，一年比一年扎实。为了保证实效，应有切实可行的检查和奖惩制度。"④ 邓小平同志身体力行地推动将环境保护成效纳入奖惩考核体系当中，有力强化了各级党政机关对环境保护的重视程度，提高了全民的参与广度，确保越来越多的民众参与到绿化和环保事业中来。

在关注自然环境保护的同时，邓小平同志还预见性地意识到人口调控

---

① 中共中央文献研究室、国家林业局编《毛泽东论林业》新编本，中央文献出版社，2003，第32 页。

② 冷溶、汪作玲主编，阎建琪、熊华源副主编《邓小平年谱（1975—1997）》上册，中央文献出版社，2004，第 386 页。

③ 邓小平：《邓小平文选》第 3 卷，人民出版社，1994，第 10 页。

④ 同上书，第 21 页。

的重要性。一方面，他认为必要的人口数量可为国家的社会主义经济建设提供丰富的劳动力资源；另一方面，他意识到过多的人口会使人与自然界的和谐关系面临窘迫境况。邓小平在会见塔耶比·拉比时谈到人口问题时提出："人多是个麻烦事，无限制的增长不得了。"① 他极富前瞻性地指出："把计划生育当作一个战略问题。我们必须实现这个目标。否则，经济增长的成果就被人口增长吃掉了。"② 正是在邓小平同志的推动下，计划生育政策在 1982 年召开的党的十二大上被确定为我国的基本国策之一，为我国改革开放后连续几十年的高速发展奠定了坚实基础。

### 三、坚持实施可持续发展战略，兼顾经济发展和环境保护

21 世纪初期，伴随着我国工业化和城市化的持续推进，局部地区民众赖以生存和发展的自然环境遭到日益严重的破坏。如何处理人与自然之间的关系成为亟待解决的问题。在这一时代背景下，江泽民同志充分认识到我国自然资源存储量相比于人口对资源的需求量来说比较匮乏的现状，在推动经济发展的同时注重人口、资源、环境与经济和社会的协调发展，并科学地提出可持续发展理念。

1994 年 2 月 8 日，江泽民同志在接见参加《中国 21 世纪议程》高级国际圆桌会议的部分国外代表时就指出："在经济快速发展的进程中，一定要注意协调发展的问题，注意处理好人口、资源、环境与经济和社会发展的关系。如果在发展中不注意环境的保护和改善，是很难可持续地发展下去的。""中国政府有决心走可持续发展的道路。"③1995 年 9 月 28 日，江泽民同志在党的十四届五中全会闭幕时的讲话中指出"在现代化建设中，必须把实现可持续发展作为一个重大战略"④，将可持续发展上升为重大战略。2000 年 10 月 11 日，江泽民同志在党的十五届五中全会上强调："要十分重视生态建设和环境保护，经过长期努力，使我国青山常在，绿水长流，资源永续利用。总之，我们必须从中华民族的长远发展考虑，从应付

① 中共中央文献研究室编《邓小平思想年谱（1975—1997）》，中央文献出版社，1998，第 11 页。
② 陈映：《论中国共产党人与自然和谐发展的思想演进》，《毛泽东思想研究》2007 年第 6 期。
③ 国家环境保护总局、中共中央文献研究室编《新时期环境保护重要文献选编》，中央文献出版社、中国环境科学出版社，2001，第 231 页。
④ 江泽民：《江泽民文选》第 1 卷，人民出版社，2006，第 463 页。

世界上的突发事件考虑，从子孙后代考虑，坚持实施可持续发展战略。"① 实施可持续发展战略，实现经济发展和人口、资源、环境相协调被写入了党的十六大报告。

### 四、坚持科学发展观，统筹人与自然和谐发展

在改革开放 30 年这一关键时期，虽然经过可持续发展观的战略部署与全面协调性调整和现代化建设的全面跟进，但是资源的短缺和浪费现象以及自然环境的污染问题仍然存在。在人口、资源、环境问题日趋严峻的大背景下，基于人与自然关系的理论和实践积累，胡锦涛同志审时度势提出了科学发展观。科学发展观的核心要义，即是统筹人与自然的和谐发展。

2004 年 3 月 10 日，胡锦涛同志指出"要牢固树立人与自然相和谐的观念"，强调要倍加爱护和保护自然，尊重自然规律。2008 年 10 月 8 日，胡锦涛同志在全国抗震救灾总结表彰大会上指出："在改造客观世界和主观世界的实践中不断认识自然，在顺应自然规律的基础上合理开发自然，在同自然的和谐相处中发展自己，是人类生存和进步的永恒主题。"② 胡锦涛同志强调禁止再对自然资源进行粗放式和掠夺式的开采和利用，要按自然规律办事，不断增强人与自然和谐相处的能力，走科学发展的道路。在党的十八大报告中，胡锦涛同志号召全党"一定要更加自觉地珍爱自然，更加积极地保护生态，努力走向社会主义生态文明新时代"③。科学发展观将人与自然的关系以及人与自然和谐发展的规律提升到了新的历史高度。

### 五、社会主义进入新时代，开启人与自然和谐共生的现代化征程

党的十八大以来，中国特色社会主义进入新时代，"我国社会主要矛盾已经转化为人民日益增长的美好生活需要和不平衡不充分的发展之间的

---

① 江泽民：《江泽民文选》第 3 卷，人民出版社，2006，第 123 页。
② 胡锦涛：《胡锦涛文选》第 3 卷，人民出版社，2016，第 134 页。
③ 同上书，第 646 页。

矛盾。"① 经济发展和生态环境保护的不平衡，已经成为当前我国"最突出的不平衡之一"。人类为了实现自身的发展将自然作为自己的附属品，通过科学技术的应用无止境地征服和改造自然，对自然造成难以弥补的损害；自然也会因此对人类进行报复，导致人类的生存条件逐渐恶化。历史实践已经证明，"为了金山银山牺牲绿水青山"的老路走不通、走不长②。2017 年 10 月 18 日，习近平同志在中国共产党第十九次全国代表大会上的报告中适时提出"人与自然是生命共同体"的概念，并强调"我们要建设的现代化是人与自然和谐共生的现代化"。

习近平同志以人与自然的关系定名我国的现代化为"人与自然和谐共生的现代化"，凸显了人与自然的关系在我国现代化进程中的基础性地位、全局性影响和人文性关怀。人与自然和谐共生现代化是中国特色社会主义生态环境思想的最新理论成果，体现了未来中国生态发展的基本价值取向，"共生"两字意味深长。人与自然和谐共生现代化理念首次从生态文明的角度明确提出要实现人与自然和谐共生的现代化，在人与自然辩证统一关系的基础上提出"人与自然是生命共同体"的全新认识，超越了牺牲生态环境换取经济发展的传统模式。"人与自然和谐共生"是对"人与自然和谐相处"等前人成果的创新与发展，是对绿色发展理念的深化理解，与后者相比更准确地表达出人与自然之间的对象性关系，体现了用和谐手段去实现共生目的的意蕴。

2018 年 5 月 4 日，习近平同志在纪念马克思诞辰 200 周年大会上发表重要讲话时强调："我们要坚持人与自然和谐共生，牢固树立和切实践行绿水青山就是金山银山的理念，动员全社会力量推进生态文明建设，共建美丽中国，让人民群众在绿水青山中共享自然之美、生命之美、生活之美，走出一条生产发展、生活富裕、生态良好的文明发展道路。"③ 再次对人与自然和谐共生的内涵作出科学阐释。2020 年 10 月，党的十九届五中全会召开，会议明确将"人与自然和谐共生现代化"作为实现"十四五"规划和 2035 年远景目标的重要战略举措。党的十九届五中全会将"人与自然

---

① 习近平：《决胜全面建成小康社会 夺取新时代中国特色社会主义伟大胜利——在中国共产党第十九次全国代表大会上的报告》，《人民日报》2017 年 10 月 28 日，第 1 版。

② 韩晶、毛渊龙、高铭：《新时代 新矛盾 新理念 新路径——兼论如何构建人与自然和谐共生的现代化》，《福建论坛（人文社会科学版）》2019 年第 7 期。

③ 习近平：《在纪念马克思诞辰 200 周年大会上的讲话》，《人民日报》2018 年 5 月 5 日，第 2 版。

和谐共生现代化"作为推进社会主义现代化国家建设的重要战略举措,昭示了我们即将步入全面建设社会主义现代化国家的新发展阶段,党对经济社会发展进行了一系列部署和规划,实现了协调人与自然关系和建设社会主义现代化的实践融合。2021 年 11 月,党的十九届六中全会再次强调要"坚持人与自然和谐共生……协同推进人民富裕、国家强盛、中国美丽"①。人与自然和谐共生现代化的战略目标和价值定位,从深入实施可持续发展战略和加快推动绿色低碳发展以及进一步完善生态文明领域统筹协调机制等方面,对促进人与自然和谐共生、建设人与自然和谐共生的现代化等作出了一系列重要部署。当下,人与自然和谐共生现代化业已成为我国生态文明建设的核心价值诉求和必须坚持的根本原则,以及新时代我国坚持和发展中国特色社会主义的基本方略之一。

## 第二节 人与自然和谐共生现代化的丰富内涵

人与自然和谐共生现代化是站在"两个一百年"奋斗目标交汇期的历史节点上,为解决我国人民日益增长的美好生活需要和不平衡不充分的发展之间的社会主要矛盾而作出的重要战略部署。习近平同志指出:"我们要建设的现代化是人与自然和谐共生的现代化,既要创造更多物质财富和精神财富以满足人民日益增长的美好生活需要,也要提供更多优质生态产品以满足人民日益增长的优美生态环境需要。"②人与自然和谐共生现代化不是一个单独命题,而是一个内涵丰富、体系完备的理论体系。科学解读和精准把握人与自然和谐共生现代化的丰富内涵,是保障人与自然和谐共生现代化目标实现的必备要件。

### 一、人与自然之间的和谐发展

在人与自然和谐共生现代化的理念中,人与自然是基本主体,人与自然之间的和谐关系是彼此共生以及达到现代化目标的根基所在。自然是人

① 《中国共产党第十九届中央委员会第六次全体会议公报》,新华网 http://www.xinhuanet. com/2021-11/11/c_1128055386.htm,访问日期:2021 年 11 月 14 日。

② 习近平:《决胜全面建成小康社会 夺取新时代中国特色社会主义伟大胜利——在中国共产党第十九次全国代表大会上的报告》,《人民日报》2017 年 10 月 28 日,第 1 版。

类生存之本，发展之基。一方面，人诞生于自然界。自然界在漫长的发展过程中孕育了人与山、水、林、田等其他自然物。作为自然界的重要组成部分，人是"直接的自然存在物"，自然界是人类生存的基础，人类要生存必须依靠自然界。另一方面，自然界为人类生存提供了最基本的物质资料。马克思在《1844 年经济学哲学手稿》中从人的现实层面指出："自然界是工人的劳动得以实现、工人的劳动在其中活动、工人的劳动从中生产出和借以生产出自己的产品的材料。"① 离开了自然，人类就失去了获取生产和生活资料的唯一来源。习近平同志进一步指出："人与自然共生共存，伤害自然最终将伤及人类。"②

人的存在拓宽了自然的内涵，确证了自然的存在价值。从自然中产出的人类与其他自然存在物最大的区别在于"人是能动的自然存在物"。随着对自然界认识的不断深化，人类通过自身的特殊优势——劳动实践，在种种欲望的驱使下，通过自然对象进行"本质力量"的展示，按照自己的意愿和需求不断开辟和改造自然界，自然也因此被打上了人类的印迹③，成为内涵更丰富的自然。同时人类在实践过程中进一步确证了自然对于人的存在价值。从资源价值来讲，自然是人类"一切劳动资料和劳动对象的第一源泉"，且为人类提供了生活资料；从艺术价值来看，自然界中的各种自然景观，使人获得美的享受，满足审美这一心理需求，同时锤炼人的品质，促进人类智慧和自由个性的发展。

人与自然之间的和谐关系，源自天然，成于必然。人与自然和谐共生现代化的核心问题，就是对人与自然的关系进行科学界定的问题。马克思和恩格斯在《德意志意识形态》中提出的"感性世界的一切部分的和谐，特别是人与自然界的和谐"④ 的论断，实质上是关于人与自然和谐关系的客观精准、科学完整的权威表述。因此，人能否以文明的理念认识自然，能否以文明的生产方式、工作方式、生活方式和消费方式对待自然，能否以文明态度积极构建人与自然的和谐共生关系，是区分生态文明与生态野蛮的显著标志。马克思主义辩证自然观认为，人与自然的关系既包含人与自

---

① 《马克思恩格斯文集》第 1 卷，人民出版社，2009，第 158 页。

② 习近平：《习近平谈治国理政》第 2 卷，外文出版社，2017，第 510 页。

③ 杨峻岭、吴潜涛：《马克思恩格斯人与自然关系思想及其当代价值》，《马克思主义研究》2020 年第 3 期。

④ 《马克思恩格斯文集》第 1 卷，人民出版社，2009，第 528 页。

然界之间的关系，又包含人与社会之间的关系。

一方面，从人与自然的关系来说，人来自自然，人和人类社会都是自然界的组成部分。人类通过生产劳动同自然进行着物质交换、能量交换而存在和发展，人类社会从低级阶段到高级阶段的发展也表现为一个自然历史过程。另一方面，人又有着社会属性，人与自然的关系是在社会实践中生成和发展的关系，劳动实践在人与自然关系的形成过程中起着决定性作用。马克思在《资本论》等著作中深刻地分析了劳动在人与自然的物质变换过程中的作用，指出："劳动首先是人和自然之间的过程，是人以自身的活动来引起、调整和控制人和自然之间的物质变换的过程。人自身作为一种自然力与自然物质相对立。为了在对自身生活有用的形式上占有自然物质，人就使他身上的自然力——臂和腿、头和手运动起来。当他通过这种运动作用于他身外的自然并改变自然时，也就同时改变他自身的自然。"①

马克思还认为，人类随着生产力水平的提高，会不断增强认识自然和改造自然的能力。随着人类实践活动的深入进行，人与自然的关系会发生动态的变化。特别是工业社会以来，自然已不再是原来意义上的自然。现在的自然，已经成为到处都留下人类意志和人类活动印记的自然，即人化了的自然。马克思和恩格斯提出的人化自然的概念充分表明，随着人与自然之间的相互联系、相互渗透关系越来越密切，人类在自然面前的主体性和能动性力量会不断壮大，人与自然之间的依存度会越来越高，这必然要求人类在认识自然、改造自然、推动社会发展的过程中，不仅要自觉地接受社会规律的支配，而且要自觉地接受自然规律的支配，促进自然与社会的稳定和同步进化，推动人与自然的和谐发展。

## 二、人与自然和谐基础上的共生关系

人与自然和谐是共生关系的前提与基础，人与自然共生关系是在人与自然和谐关系之上的深化与发展。作为极富远见卓识的马克思主义战略家，习近平同志继在党的十九大报告中提出"人与自然是生命共同体"的论断后，又在 2021 年 4 月出席《巴黎协定》签署五周年领导人气候峰会时，就如何共同构建人与自然生命共同体提出要做到"六个坚持"，即坚

---

① 《马克思恩格斯文集》第 5 卷，人民出版社，2009，第 207 页。

持人与自然和谐共生，坚持绿色发展，坚持系统治理，坚持以人为本，坚持多边主义，坚持共同但有区别的责任原则。人与自然的共生关系与和谐关系并行不悖，共同构成人与自然和谐共生的时代命题。

人与自然和谐共生要从理论转为现实，必须以利益为纽带，以人类利益与自然生态利益都能够得到双向保全和双向优化为重要前提和坚实基础。长期以来，许多人在人与自然关系上将利益看作人类独有的，那些与人类发生对象性、功能性关系的自然生态则没有任何利益可言。这导致了人类中心主义的利益观，使得人与自然构成的利益共同体成为纯粹主观、抽象、不平等的虚假共同体。其实，人与自然的关系本质上是一种"一损俱损、一荣俱荣"的利益共同体关系。就人类利益而言，有了自然生态的利益，才能实现人类利益。人类社会是依靠利益、追求利益而赖以生存和发展的社会，而人类的利益不是单一的，除了物质经济利益以外，还有政治利益、文化利益、社会利益和生态利益。正如习近平同志所说，我们要建设的现代化是人与自然和谐共生的现代化，既要创造更多物质财富和精神财富以满足人民日益增长的美好生活需要，也要提供更多优质生态产品以满足人民日益增长的优美生态环境需要。

就人与自然组成的生命共同体而言，人类和自然既是相互生成、相互影响、相互作用的主体与客体之间的关系，又是相互约束、相互反馈、相互转化的主体际关系。自然界是人类生存和发展不可或缺的重要物质基础，自然生态系统在稳定运行和高质量发展中能不断地为人类发展提供生态支撑，是自然利益和社会利益能够双向保全和实现的首要条件。在马克思看来，自然生态系统是人类获得利益的天然"武器仓库"和"衣食仓库"，是人类获得利益的根本源泉和世世代代永续发展的自然基础。没有自然利益，人类利益就会面临釜底抽薪、难以为继的巨大风险。如果人类不从利益共同体的高度考虑"自然界是人类利益的根本"这个问题，只顾自身利益而选择超过自然资源承载力的杀鸡取卵、竭泽而渔式发展模式，任气候变化而使海平面不断升高，热带雨林不断消失，物种灭绝速度不断加快，生物多样性不断丧失，全球生态系统持续退化，那么人类生存和发展这个根本利益就无法保全，最终招致灭顶之灾。

### 三、人与自然和谐共生基础上的现代化目标

人与自然和谐共生现代化是从马克思关于人与自然有机统一的观点出发提出的重要论断。"现代化"一词象征着社会经济发展的进步，其具体内涵取决于不同群体在不同历史社会环境条件下为取得新进步而作出的不同路径选择。我国现代化建设的本质是党和国家领导人站在不同的历史发展阶段，为解决制约经济社会发展的突出问题、满足实现经济社会发展的内在需求作出的重大战略部署。人与自然和谐共生现代化是建立在人与自然和谐共生基础上的现代化，现代化既是人与自然和谐共生的目标方向，又是实现人与自然和谐共生的基础保障，还是检验人与自然和谐共生的质量和效果的试金石。

人与自然和谐共生现代化的核心要义在于发展。发展既是人类社会的永恒主题，也是自然界生生不息地为人类社会提供资源和能量的持续过程。人类社会从低级阶段向高级阶段发展的每一步都是在协调好人与自然关系的基础上促进生产方式发展的过程，这是贯穿人类社会一切社会形态的具有普遍性的客观规律。劳动生产力从来都不是抽象的而是具体的，是始终受自然生态状况制约的生产力。不能片面地谈论生产力对于社会发展的决定性作用，推动人类社会进步的生产力只能是有助于人与自然和谐共生的生产力，本质上是一种由绿色发展推动形成的绿色生产力①。因此，发展必须是人与自然组成的生命共同体、利益共同体的协调发展、互惠发展和永续发展。为了实现人类社会的可持续发展，必须促进生态系统的协调、稳定、可持续发展，使自然生态系统能够持续不断地为人类的生产和生活提供所需的各种高质量自然资源。人类社会推进物质文明、政治文明、精神文明、社会文明、生态文明，都要建立在保障自然系统生态功能的多样性、稳定性、协调性和永续性的基础之上。人类社会发展的速度、规模、程度和水平，都要符合自然界的客观规律，注重与自然生态系统的可供给能力相匹配，与资源、环境、人口发展的比例相协调，如此方能达到人与自然和谐共生现代化的终极目标。

尊重自然、尊重自然规律以及尊重人与自然的关系，是实现人与自然

---

① 温莲香：《马克思的物质变换理论与生产力可持续发展》，《湖北社会科学》2011 年第 10 期。

和谐共生现代化的必备要件。首先，实现现代化要充分尊重自然。人与自然的生命共同体是在历史过程中产生的。自然是早于人而存在的，人是在自然长期演变中产生的，并且任何一刻都不能离开自然而单独存在，自然是人类生存必不可少的条件。其次，实现现代化要认识自然规律并用自然规律指导生产实践。自然界有自身发展的规律，但人可以在实践的基础上改造它，只是人的这种劳动实践必须尊重自然规律的客观性。人类必须摒弃人是自然界主人的错误观念，不能过分夸大自身改造自然的能力，在考虑到自身生存发展的同时也要维护自然界的平衡，在自身需要和自然的现实规律之间保持一种彼此制衡的张力①。最后，实现现代化要充分尊重人与自然的关系。人类必须认识到，人与自然和谐是人与自然共生的重要前提和坚实基础，而人与自然和谐共生则是人与自然和谐的必然结果。

## 第三节　人与自然和谐共生现代化的时代伟力

进入新时代，以习近平同志为核心的党中央提出的人与自然和谐共生现代化的建设目标，不仅是对西方发展模式的反思和批判，更是对中国共产党人长期生态实践的继承和发扬，展现出高度的文明自觉与生态自觉。人与自然和谐共生现代化是从实现中华民族伟大复兴的高度作出的正确选择，反映了现代化实践的现实需要。其价值功用体现在满足人民日益增长的美好生活需要、加速经济社会发展的全面绿色转型等方方面面，具有无可替代的理论价值和现实意义。深刻认识与科学把握人与自然和谐共生现代化的时代伟力，是推动现代化目标实现的基本前提，为现代化进程提供不竭的思想动力。

### 一、有助于充分回应新时代我国社会主要矛盾

改革开放以来，我国的经济增长在相当长一段时期内主要靠资源的高投入、高消耗。这与我国自然资源相对不足的现实情况产生了不可调和的矛盾，造成了诸如水、土、气的严重污染，自然生态系统严重退化、服务功能显著降低、资源约束趋紧等生态环境问题严重制约着我国的可持续发

---

① 张曙光：《论价值与价值观——关于当前中国文明与秩序重建的思考》，《人民论坛·学术前沿》2014年第23期。

展,不仅与我国人与自然和谐共生现代化的目标追求相去甚远,而且与我们建设美丽中国的愿景大相径庭,更与社会主义的本质要求格格不入。随着我国社会主要矛盾的阶段性质变,社会需要提供越来越多的优质生态环保产品以满足人民日益增长的美好生活需要,因此处理好人与自然的关系就成为人民实现美好生活的迫切需求。新时代我们要在全面建成小康社会的基础上分两步走,在 21 世纪中叶建成富强民主文明和谐美丽的社会主义现代化强国,也必须以创造优越的生态环境为前提和基础。

进入新时代,我国社会主要矛盾已经转化为人民日益增长的美好生活需要和不平衡不充分的发展之间的矛盾。人与自然和谐共生的现代化,坚持以习近平生态文明思想为指导,契合我国发展需要,为推动绿色低碳发展、广泛形成绿色生产和生活方式、促进经济社会发展全面绿色转型明确了前进方向,是对人民日益增长的美好生活需要的时代回应①。在人与自然和谐共生现代化理念的指引下,我国生态文明建设在思想、实践层面都得到了有效推进,生态文明建设的可操作性得到强化,社会主要矛盾在一定程度上得到化解。在思想层面,我国将生态文明教育放在重要位置,加快建立并逐渐完善了以生态价值观为指导的生态文化体系。人与自然和谐共生现代化理念的提出,有利于帮助人们科学地理解人与自然的关系,从生态系统的整体利益出发去改造自然,与自然建立平等的关系,改变以占有为目的的生活方式,正确处理好生产与人的需要之间以及消费和人的发展之间的关系。这一理念也强化了公民对待自然的责任意识,使人们保护自然的积极性大大增强,并以此来指导实践,形成行动自觉,使保护环境成为全民的行为准则和主动作为。在实践层面,我国摒弃了过去视发展为终极目标的价值观,积极转变发展方式,走既保护生态又发展经济的新型发展道路。我国在经济建设中加大了环境污染治理力度,下大力气治理各类"散乱污"企业,促使一大批高污染企业有序退出市场,优化了产业结构和能源结构。此外,我国还进一步完善了环保法律法规,确定了生态破坏行为的入罪标准,推动相关部门进一步将生态环境保护责任落实好。目前,全国范围的垃圾分类工作正在陆续开展,切实引导公民减少生活垃圾,着力转变不加节制的消费主义生活方式,形成崇尚节约、循环利用的

① 刘明福、王忠远:《习近平民族复兴大战略——学习习近平系列讲话的体会》,《决策与信息》2014 年第 7~8 期。

良好生活方式。

## 二、有助于加速经济社会发展的全面绿色转型

新中国的现代化从最初的工业化到"四个现代化",从富强、民主、文明到富强、民主、文明、和谐,再到富强、民主、文明、和谐、美丽,直到人与自然和谐共生的现代化,这些词语的变化不仅体现了中国共产党人为中国人民谋幸福、为中华民族谋复兴、为世界谋大同的历史使命担当,而且反映了中国共产党人对中国国情、社会主义建设规律以及人类社会发展规律的认识的一步步深化。人与自然和谐共生现代化以实现和保障人与自然和谐共生为目标统领我国各方面的建设,经济社会发展全面绿色转型是其必由之路。构建新发展格局,推动高质量发展,实现中华民族永续发展,迫切需要彻底改变大量生产、大量消耗、大量排放的生产模式和消费模式,使资源、生产、消费等相匹配、相适应,才能实现经济社会发展的全面绿色转型①。

人与自然是生命共同体,人类善待自然,自然也会回馈人类;人类对大自然过度开发、利用甚至造成伤害,最终会招致自然无情的报复。促进经济社会发展全面绿色转型,是党的十九届五中全会通过的《中共中央关于制定国民经济和社会发展第十四个五年规划和二〇三五年远景目标的建议》(简称《建议》)中提出的重要目标,涉及生产、分配、流通、消费等各环节、各流程,以及产业、能源、运输、生活各领域、各方面,迫切需要生产方式绿色转型和生活方式绿色革命协同发力。经济社会发展全面绿色转型是人与自然和谐共生现代化的核心内容和重要任务。能否加快形成绿色发展方式和生活方式,更好地满足人民日益增长的优美生态环境需要,是衡量推进人与自然和谐共生现代化建设效果的关键标准。推动我国经济社会发展全面绿色转型与推动人与自然和谐共生现代化目标的实现,二者协调统一,相互促进,共同助力经济社会发展和生态环境保护的协同共赢。

---

① 王海芹、高世楫:《我国绿色发展萌芽、起步与政策演进:若干阶段性特征观察》,《改革》2016 年第 3 期。

### 三、有助于推动美丽中国建设目标的早日实现

早在 20 世纪 90 年代，我国就开始实施可持续发展战略。1994 年 3 月 25 日，国务院常务会议通过了《中国 21 世纪议程：中国 21 世纪人口、环境与发展白皮书》。1995 年 9 月，党的十四届五中全会正式将可持续发展战略写入《中共中央关于制定国民经济和社会发展"九五"计划和 2010 年远景目标的建议》。1998 年 11 月，《全国生态环境建设规划》提出"用大约五十年左右的时间……扭转生态恶化的势头。力争到下个世纪中叶……基本实现中华大地山川秀美"。可以说，建设美丽中国是中华民族长期以来孜孜以求的奋斗目标。党的十八大以来，以习近平同志为核心的党中央更是以前所未有的决心和力度推进我国的生态文明建设，使整个中国社会的绿色发展成为一道亮丽的风景线。2012 年 11 月，党的十八大首次提出建设"美丽中国"的口号。2014 年 3 月，极富创造性的"绿水青山就是金山银山"的"两山论"诞生。2015 年 5 月，《关于加快推进生态文明建设的意见》对我国生态文明建设进行了全面部署，同年 9 月发布的《生态文明体制改革总体方案》提出到 2020 年构建起生态文明制度体系，10 月又提出"五大发展理念"，绿色发展从此成为中国共产党关于生态文明建设、社会主义现代化建设规律性认识的最新成果。这一系列生态文明建设的探索和实践，不仅使我们的国家水更清、山更绿，使广大人民群众焕发出昂扬向上的精气神，而且不断丰富、发展着具有中国特色的现代生态文明理论，为人与自然和谐共生的现代化建设提供了不竭动力，助力新时代中华民族的伟大复兴。

在党的十九大报告中，习近平同志将"生态环境根本好转，美丽中国目标基本实现"列为基本实现社会主义现代化的重要目标。党的十九届五中全会《建议》，围绕建设美丽中国列出了详尽可行的时间表和路线图，包括形成绿色生产生活方式、碳排放达峰后稳中有降、生态环境根本好转、美丽中国建设目标基本实现等远景目标。在"十四五"的开局阶段，人与自然和谐共生的现代化建设，是推动生态文明建设实现新进步，建成富强民主文明和谐美丽的社会主义现代化强国的重要抓手。

## 四、有助于增强我国在全球治理中的话语权和影响力

20 世纪 60 年代末，世界范围内能源危机、生态失控现象频频出现。绿色运动在西方社会兴起，部分国家甚至成立了绿党，主张对内恢复生态平衡。《寂静的春天》一书的出版和《增长的极限》等"绿色作品"的发表，推动了全球范围内生态治理行动的开展。1987 年联合国环境与发展委员会在题为《我们共同的未来》的研究报告中正式提出了"可持续发展"的概念，1989 年英国环境学家皮尔斯等人首次提出"绿色经济"的概念，1992 年《里约环境与发展宣言》第一次把可持续发展由概念和理论变为具体行动，1997 年《京都议定书》通过，2015 年 12 月 12 日《巴黎协定》通过，这些都表明世界各国正积极开展国际合作以应对全球生态环境问题的挑战。与此同时，世界各国竞相开展实现全球生态治理的实践探索。面对工业化发展进程中传统的现代化发展模式造成的人与自然之间的尖锐对立，西方后现代理论指出资本主义制度以及现代性造成了生态危机，因此认为生态文明与现代性是根本对立的，主张生态文明建设应该拒斥技术发展和经济增长。

在未来全球的发展过程中，国家之间的相互联系和竞争不仅是经济和军事等领域的较量，更是能源资源和生态环境等方面的比拼。发达国家较早进入工业化时代，它们大肆掠夺自然资源，获得了丰硕的文明成果，因此理应承担比后发国家更多更大的生态责任。然而，目前一些发达国家生态危机严重，它们开始转嫁生态危机给不发达国家，从对自然的控制日益转变为对其他国家的控制，从以技术控制自然转变为对人的政治控制。这种控制逐渐从局部蔓延到全球，加重了发展中国家的生态问题。譬如，美国退出《巴黎协定》的行为与其超级大国的形象地位极不相称。由于西方国家无法找到解决生态危机的现实途径，也就难以真正开展生态文明建设。

近年来，澳洲山火、东非蝗灾、新冠肺炎疫情、洪水肆虐等一系列异常事件频频发生，残酷的现实更凸显了处理好人与自然关系的紧迫性。中国作为最大的发展中国家，始终坚定支持《巴黎协定》，积极促进全球的绿色低碳、可持续发展。人与自然和谐共生现代化是在反思西方资本主义

现代化进程经验教训和总结我国经济社会发展需要的基础上提出的，是一种符合人类文明发展规律的新型现代化。这一理论的提出，不仅是中国捍卫自身发展权与环境权的体现，而且为后发国家走向现代化提供了一条崭新路径，有助于推动各国为保护全球生态而共同努力。人与自然和谐共生现代化，既不是承袭西方现代化模式，继续走用破坏生态换取经济发展的老路，也不是拒斥世界大势，放弃现代化，而是在充分考虑中国发展状况的基础上，建设具有中国特色的新型现代化①。各民族国家具有自主选择发展道路和发展模式的权利，但是在当前资本所支配的不公正的国际政治经济秩序中，发展中国家的发展权与环境权却没有得到应有的尊重②。这主要表现为发达国家根据自己的发展模式和价值观干涉发展中国家选择不同于发达国家的发展道路，并认为后发国家的发展对生态环境造成重大破坏。

人与自然和谐共生的现代化摒弃了认为人与自然是一种占有和被占有的关系的错误思维方式，将人与自然看作和谐共生的有机整体；在实现经济发展的同时注重保护生态环境，满足人民的美好生活需要，从而构建起人的新的生活方式和存在方式。这一理念既坚持了科学社会主义基本原则，又遵循了世界现代化规律，是马克思关于人与自然关系理论的当代发展，是党在生态文明建设中对现代化模式的最新认识。人与自然和谐共生的现代化，为我国现代化建设提供了理论导向和实践指引，为世界各国正确认识和处理人与自然的关系、经济发展与环境保护的关系贡献了中国方案，有利于增强我国在全球环境治理中的话语权和影响力。

---

① 解保军：《人与自然和谐共生的现代化——对西方现代化模式的反拨与超越》，《马克思主义与现实》2019 年第 2 期。

② 王雨辰：《论构建中国生态文明理论话语体系的价值立场与基本原则》，《求是学刊》2019 年第 5 期。

# 第二章　人与自然和谐共生现代化的
# 内在逻辑

依据马克思主义认识论的观点，要实现对人与自然和谐共生现代化命题的科学把握，离不开对人与自然的关系从表面到实质的认知。这一过程，离不开对人与自然和谐共生现代化内在逻辑的科学审视。对人与自然和谐共生现代化命题内在逻辑的探究，同样应从其历史逻辑、理论逻辑、实践逻辑来展开，这对于指导新时代人与自然关系的科学认知、推进人与自然和谐共生现代化方略的实现等具有重大的理论意义和现实意义。

## 第一节　人与自然和谐共生现代化的历史逻辑

人与自然和谐共生现代化理念作为人类智慧的结晶，其形成并非一蹴而就，而是体现了从无到有、从幼稚到成熟、从自发到自觉的历史逻辑。人类从诞生之日起，就与自然之间产生了千丝万缕且无法割舍的联系。一部人类的发展史，就是一部人与自然的关系史。在漫长的人类发展进程中，人类文明的进步经历了从狩猎文明到农业文明再到工业文明三个文明阶段。对于人与自然的关系，人类的认识也经历了人依赖自然—畏惧自然—征服自然的渐进过程。在前两个文明阶段，人类对自然的开发能力较弱，对自然的影响程度较小，受自然力的支配，人与自然之间呈现一种被动型的和谐状态[①]。这两种初级平衡状态，显然不是人类追求的理想境界。在工业文明阶段早期，人类社会普遍陷入以牺牲环境、耗费资源为代价的不可持续发展的泥潭。这一时期给生态环境造成了破坏，加深了人与自然关系的裂痕。随着社会生产力发展水平的不断提高和人类对客观自然规律认识的不断深化，人与自然的关系经历了"和谐—失衡—新的和谐"的演进过程，即由原始的统一和谐走向分离对立，并从分离对立走向理性的协

---

① 郑继江：《论人与自然和谐共生的现代化生成机理》，《理论学刊》2020 年第 6 期。

调发展①。而人与自然和谐共生现代化理念的提出，是对新时代发展模式和发展理念的创新和超越。

## 一、人与自然关系的原始和谐共处阶段

在人类社会的初期，人类认识和改造自然的能力极端低下，只能依靠自然界维持生存。人类以现成的自然物为生活资料，对自然高度依赖。人类受自然的驱使，处于屈从、被支配的地位。这一阶段人与自然关系的主要样态表现为人类对自然的崇拜以及顺从。

1. 狩猎文明时代人对自然的依赖

图腾崇拜体现了古代人的哲学思考，同时也是人类对人与自然关系问题的最早解读。原始人相信每个氏族都与某种动物、植物或天生物有着亲属关系或其他特殊关系，此物（多为动物）即成为该氏族的图腾——保护者和象征（如熊、狼、鹿、鹰等）。图腾往往为全族之忌物，如为动植物则禁杀禁食；人们还会举行崇拜仪式，以促进图腾的繁衍②。这在客观上保护了这些动植物，是人与自然和谐共处的最原始表现。世界各民族的祖先在图腾崇拜上所表现出的惊人一致性，看来并不是偶然的。正如中国古代哲学家提出的"天人合一""物我两忘"，代表了古代大多数人的信仰。当劳动分工还取决于血缘关系和年龄时，人和图腾之间的联系也只能以宗教崇拜的形式呈现。

由于生产力水平低下，科技发展还属于萌芽阶段，人类活动对自然界的影响较小，在人类对自然的臣服状态中人与自然的关系表现为一种原初的和谐。"在远古时代，人类刚从自然界分离出来，其自然属性远远超越社会属性，人类在一定意义上还未完全摆脱自然的附属物这一特征。由于恶劣的自然条件和原始落后的社会生产力，人类不得不对强大的自然力顶礼膜拜、畏惧有加，人们只能无条件地服从于自然。"③朴素自然观的形成，说明人类在对自然的崇拜中将自然看作一个统一的有机体，并力图在"某

---

① 罗英豪：《人与自然关系的演进历程及其未来走向探析》，《中共四川省委党校学报》2010年第2期。

② 斯琴毕力格：《论图腾观念与萨满教起源的关系》，《赤峰学院学报（汉文哲学社会科学版）》2015年第7期。

③ 《马克思恩格斯全集》第25卷，人民出版社，1972，第28~29页。

种具有固定形体的东西中，在某种特殊的东西中去寻找这个统一"作为世界的本源。中国古代哲学讲究"天人合一"，认为"天道"和"人道"、"自然"和"人为"是相通、相类、统一的关系。

在这一阶段，自然是人类的主宰，人类是自然的奴隶，人类处于恐惧、崇拜和完全服从自然的阶段；人与自然的关系处于一种原始平衡和谐的状态。此状态在人类文明相当长的时期内一直延续，整体有机论由此成了人们的主导性思维观念，如古希腊的物活论和目的论、中国古代的"天人合一"等。在人类早期的观念中，人与自然间并不存在价值关系意义上的紧张和分裂，无论是中国的儒教、道教和佛教，还是古希腊的哲学自然观，都以各种不同的理解或解释方式将人与自然纳入一个统一整体之中，人之为人的人性与自然世界之为自然世界的本性在古人那里总是难解难分地纠缠在一起。中国儒家的"天人合一"、古希腊人的"小宇宙"与"大宇宙"和谐一致的主张，都表达了人与自然本质统一的看法。古人的这种人与自然一体的人性见识，导致了"万物与我齐一"和"顺应自然而生活"的价值追求，形成了人与自然保持和谐一致的对象性关系 ①。

2. 农耕文明时代人对自然的顺从

农业的创造使人类进入真正的文明时代。随着人口的增加和生产规模的扩大，人类对自然界施加的影响不断增大，局部地区出现了水土流失、荒漠化现象，导致人与自然的关系呈现阶段性、区域性的不和谐。农业生产特别重视和依靠自然力，自然条件，如肥沃的土地、丰富的水源、良好的气候条件等，对农业生产和动物饲养有非常重要的影响。由于自然力无比强大，因而人们把天命（自然力，不是神）奉为万物的主宰。随着人类生产力的发展，一种不同于自然式的发展方式出现，即强力式的发展方式。这种强力主要针对人与自然的关系而言，从以前人处于从属地位发展到人处于主导地位。

但这一时期，人类对自然界的依附程度依然很高，人与自然的关系在人被动地适应自然和利用自然的前提下始终保持着相对和谐的状态。当然，这种"天人合一"式的原始和谐总体上仍是"天"（自然）迫使人服从它；而人基于自己对自然的最初认识而对自然采取了一些富有创造性的实践行为，即人与自然之间产生了小规模的敌对行为，昭示着人与自然的

① 蔡禹僧：《中国文明的世界意义》，《社会科学论坛》2010 年第 21 期。

初步分离及人和"天"的局部对立和冲突①。

根据斯图尔德的生态人类学理论，在农耕社会中，由于人与自然的这种密切关系，基于生计模式而形成的文化核心在农耕社会中表现出特别强大的功能。这决定了农耕社会的最重要的特征，即自然性。我们从以下三个方面理解。一是在农耕社会中自然的结构与人类社会的结构存在相当的一致性，如自然界中生物的聚落形式构成了生物的多样性，而人类的聚落形式也决定了文化的多样性。农耕社会的村落居住形式，是人类聚落形式的典型代表，人们是因自然而自然地聚拢到一起，在自然中建构意义体系的。二是在农耕社会中人类生活和人类社会运行的节奏与自然的节奏有着高度的一致性。人类按照自然的方式安排生活，自然为人类生活提供范式，时序、季节、气候、光照、温差等都对人类生活直接产生影响，生活中的一切文化创造与实践都是自然而然的，体现出明确的自然原生性。三是在农耕社会中自然作为一种背景性存在影响和决定着人们的生活与思想，人们对自然的崇拜是自然而然产生的，尤其是在农耕社会的早期，自然崇拜是一种普遍的思想观念，社会的神话、信仰、习俗、仪式、歌谣等就是在这种自然崇拜中形成和传承下来的。

农耕本质上是一种经济方式，农耕社会是指以农业耕作为主要生产方式的社会形态。农耕是一种以体力为主、以自然生态为对象的手工劳动方式。在农耕社会中，人们附着于土地上，通过手工劳动的方式，利用自然界中的动植物来实现再生产，从而获得物质资料。农耕劳动指人将有生命的（人、畜）动力或工具作用于同样有生命的劳动对象（如植物、动物），或者孕育生命的土地、河流，由此实现人类社会的延续与发展。在农耕中，最重要的是自然。一方面，人类生活赖以延续的一切资源都从自然中产生，人类要向土里讨生活，向山林求生存。农耕劳动本质上就是一种面向自然的劳动，农民们必须常年面对自然、利用自然、改造自然、适应自然。这种劳动可以说是一种人天交融的劳动，人们受自然环境的影响甚至超过受社会环境的影响。另一方面，人们是按照自然的方式进行生活和劳动创造的，自然是人类生活的范本。动植物有生长、发育、成熟的生命周期，时令有春、夏、秋、冬的季节周期，太阳、月亮有升起、落下的运行

---

① 吴文新:《论科学技术的"人本"走向——从人与自然关系的历史发展来看》,《哈尔滨学院学报（社会科学）》2001 年第 1 期。

周期，这一切都是不可更改、必须遵循的。因此，在农耕社会，无论是人们维持生命、生存的资源还是其社会生活，都毫无例外地受到自然的限制，人们是在对自然的学习与模仿中成长起来的。

## 二、人与自然关系的外在对立阶段

工业革命之后，随着科技的迅猛发展，人们朴素的自然观有所变迁，对自然的征服欲、占有欲极度膨胀，"人定胜天""人是自然界的主宰"等观念深入人心，人们将科技的工具理性价值逐渐发挥到极致。自然成为人类索取的对象，人类滥用科技成果，以自然的主人、征服者或统治者的身份自居，科技的负面效应不断恶性膨胀，将人与自然推向了严重的对立状态，导致人与自然关系的严重错位和失衡，最终使得自然界开始以特殊的方式向人类进行报复。人类生产力水平和科技水平的提高，让人类的活动能力大幅度提升，让人类觉得自己可以征服自然和改造自然，从自然界获取各种资源，但同时人类的活动也造成了严重的环境问题，危及人类自身的生存和发展。这一阶段人与自然关系的主要特征表现为人类征服自然。

### （一）人类对自然的持续改造

随着工业文明的兴起，真正的大规模的人作用于自然的时代来临了，征服自然的逐步胜利和对自然认识的深化加快了人类向自然索取的步伐，使人类产生了主宰自然、奴役自然、支配自然的行为哲学，人类逐渐成为自然的主人。"人定胜天""认识自然、征服自然、改造自然"等成为人类向大自然"宣战"的响亮口号。马克思指出，工业文明造成人与自然的"异化"[①]。培根也曾揭示：自然的奥秘在技术的干扰之下比在其自然活动时容易表露出来[②]。现代科学技术进步推动了世界工业化迅速发展，人类对自然界为所欲为，完全不受限制地挖掘地下矿藏，完全不受限制地砍伐森林，开发土地、水源和其他生物资源，完全不受限制地向环境排放废物，对自然界取得一个又一个巨大胜利。这是在人类中心主义社会核心价值观指导下，依据人统治自然的思想和实践，不断地战天斗地的巨大成绩。在这样巨大的胜利面前，人们以为自己已经完全征服了自然、战胜了自然，自然力已经不在话下，人的力量可以统治自然界，因此人们不需要敬畏自

---

① 《马克思恩格斯全集》第 25 卷，人民出版社，1972，第 228 页。

② 培根：《培根论说文集》，水天同译，商务印书馆，2001，第 47 页。

然，也不需要爱护和保护自然。著名历史学家汤因比说："现代历史观的演变，其本质莫不是人类本性中的自我中心主义。"①在这种人与自然的关系中，只有人有地位，自然没有地位。这是不可持续的。笛卡尔曾强调人的理性的力量，一切已经确立的"权威""信仰"等在未经受理性的检验之前，不能被视为神圣不可侵犯的东西。这表明在人和神、人与神化了的自然的关系上，人处于支配地位②。康德的星云假说打开了17—18世纪占统治地位的形而上学自然观的缺口，认为"自然界的最高立法必须在我们的心中，即在我们的理智中"③。

生产力的发展内在地要求科学的进步和对自然的改造。进入工业社会后，一系列影响深远的技术发明和新产品的陆续问世，使科学技术和工业生产作为一种对付自然的有力武器得到迅速发展，极大地提高了人类认识、控制和改造自然的实践能力。人类一跃成为凌驾于自然之上的主人，开始向自然界疯狂进军，进行强盗般的掠夺与开发。资本主义的发展、工业革命和科技革命的出现，大大提高了生产力，给人类社会带来空前的繁荣和巨大的物质财富，使人类社会发生了深刻而迅速的变革。人们开始一味追求经济利益，肆意掠夺资源，打破了自然界的生态平衡。

### （二）自然对人类的反向报复

人类与自然的紧张关系在工业文明时代突现出来。工业文明是一把双刃剑，在为人类带来前所未有的福音的同时，也造成了各种环境问题，导致了人与自然关系的紧张。恩格斯早在一百多年前就警告人们："我们统治自然界，决不像征服者统治异民族一样，决不是像站在自然界以外的人似的，相反地，我们连同我们的血、肉和头脑都是属于自然界和存在于自然之中的；我们对自然界的全部统治力量，是在于我们比其他一切生物强，能够认识和正确运用自然规律。"④在人与自然这对动态的关系中，科技只是这种关系发展到一定阶段特定的手段、工具，如果在这对关系中，过分地强调人对自然的技术征服，就会导致自然界的报复，"我们不要过分陶醉于我们对自然界的胜利，对于每一次这样的胜利，自然界都对我们进行

---

① 阿诺德·汤因比：《历史研究》，刘北成译，上海人民出版社，2005，第72页。
② 笛卡尔：《哲学原理》，关文运译，商务印书馆，1958，第19页。
③ 康德：《纯粹理性批判》，邓晓芒译，人民出版社，2004，第56~57页。
④ 《马克思恩格斯全集》第25卷，人民出版社，1972，第278页。

了报复，每一次胜利，起初确实取得了我们预期的结果，但是往后和再往后却有了完全不同的、出乎意料的影响，常常把最初结果又取消了"①。

20 世纪以来，由于世界人口的迅速增长和对资源的过度开发，自然资源出现日益短缺、供不应求的状况，从而危及人类的生产和生活。环境问题的全球性更是举世公认的，其中对人类社会生存和发展构成的严重威胁集中表现在大气污染（包括温室效应、臭氧层变薄、酸雨和生活空气污染等）、水污染和固体污染三个方面②。它们激化了人与环境之间的矛盾，恶化了人类的生存环境，引发了全球的生态环境危机。恩格斯告诫我们不要陶醉于征服自然的每一次胜利上，自然界会随时向人类进行报复的。因此，要重新修复业已被破坏的人与自然和谐的关系，真正彻底地解决环境问题与生态危机，为人类社会的可持续发展创造良好的条件。

人与自然是有机统一体，环境效益、经济效益和社会效益是紧密联系的。大自然赋予人类丰富的资源，人类利用自然资源为自己创造了灿烂辉煌的物质文明，同时人类对自然界的过分行为也遭到了自然界的加倍报复。如果说，过去人类没有注意合理利用自然资源，导致了人与自然关系的紧张，那么在现在的经济开发过程中就要注意充分合理利用自然资源、保护环境，这是协调人与自然关系的有效措施。只有实现人与自然的和谐，才能真正实现全面建设小康社会的宏伟目标。文明社会进步和人类物质财富增加的背后是人类对自然的巨大威胁，反过来加剧了自然对人类的报复，导致自然环境的恶化和生态系统的紊乱，环境污染、生态失调、能源短缺、城市臃肿、交通紊乱、人口膨胀和粮食不足等问题日益严重地困扰着人类③。人与自然的关系变得越来越不和谐。今天，人类面临严重的资源短缺、生态破坏、环境污染等全球性生态危机。可见，工业化以来，在人与自然的关系中人类已处于主动地位，开始疯狂征服自然，并饱尝苦果。

---

① 《马克思恩格斯全集》第 42 卷，人民出版社，1972，第 120 页。
② 陶柱标：《从人与自然关系的历史变迁谈人与自然的协调发展》，《东南亚纵横》2004 年第 1 期。
③ 罗英豪：《人与自然关系的演进历程及其未来走向探析》，《中共四川省委党校学报》2010 年第 2 期。

### 三、人与自然关系的和谐统一阶段

20 世纪中叶，通过反思全球性生态危机，反思什么是人与自然的关系，人们主张超越人统治自然的思想，实现人与自然的和谐。人类需要用全新的价值观重建人类理性的大厦，重建人与自然的关系，主要表现为人类与自然的关系由冲突到协调，最终形成了人与自然和谐共生现代化的科学理念。

#### （一）人与自然关系的冲突与协调

20 世纪 70 年代，发生了两次世界性能源危机，迫使人类开始对经济增长方式和人与自然关系的传统观念作全面深刻的反省。人们在反思中发现：一方面，人类与自然其实同根相连、共同发展，人与自然的关系是辩证统一的；另一方面，人类可以利用和改造自然，让大自然造福于人类、服务于人类。从本质上来说，人类与自然界是一种相互作用、相互影响、休戚与共、共存共荣的"生命维系"统一平等关系。于是人类开始正视、思考、调整人与自然的关系。"天人调谐"的思想共识渐趋达成。人类进入了自觉协调与自然关系的过渡阶段。这一阶段人与自然的和谐并非第一个阶段原始被动和谐的简单复归，而是建立在发挥人的主动性基础之上的、更高层次的人与自然的和谐统一。当今人类社会正努力朝着这一方向奋进。正确处理和有效协调人与自然的关系，是保障全面、协调、可持续发展的前提；而正确处理和有效协调人与人的关系，则是实现全面、协调、可持续发展的关键。这也印证了人类社会的发展史是人与自然、人与人的关系发展史。

#### （二）人与自然关系和谐观的重塑

人与自然和谐观是人类现实利益与理性智慧、科学态度与道德精神相结合的产物。人与自然的和谐相处、和谐发展，建立在人与自然共生共荣共赢理念上，包括实现社会生产力与自然生产力相和谐、经济再生产与自然再生产相和谐、经济系统与生态系统相和谐、"人化自然"与"未人化自然"相和谐、人与自然的和谐共处等内容 [①]。人们主张将两者间的矛盾或

---

① 蔡守秋：《环境秩序与环境效率——四论环境资源法学的基本理念》，《河海大学学报（哲学社会科学版）》2005 年第 4 期。

冲突限制、调整在双方可以承受的适当范畴内，将两者的冲突和利益损失尽量降低、最小化，将两者的收益尽量增大、最大化。同时人与自然相和谐也是可持续发展观的基本内容。可持续发展是经济、生态和社会持续性的统一，即"人—社会—自然"系统的和谐发展，强调在发展过程中精心维护人类生存与发展的可持续性，在维护人类社会井然秩序的同时，尽可能维护和恢复自然界的有序性，核心是规范好、协调好人与人、人与自然的关系，目的是促进人与人、人与自然的和谐发展。于是《人类环境宣言》《汉城宣言》（注：汉城即今首尔）等相继通过，在发挥保护环境的使命中显示出极强的生命力。

**（三）人与自然和谐共生现代化理念的提出**

随着生态文明时代的到来，人类开始重新审视人与自然的关系，重新认识人类在自然界中的地位，从生态危机中检讨自己的行为，在更高的水平上实现人和自然的完美和谐统一，保证人类自身全面发展，健康地走向光明的未来。人类与自然的关系走过了一条漫长且曲折的否定之否定的道路。这条道路可以概括为：工业文明是对原始文明和农业文明的否定，这是第一个否定，表现在人与自然的关系上就是从基本和谐状态走向了激烈对抗；生态文明又是对工业文明的否定，这是第二个否定，它不是对工业文明的全盘否定，而是一个辩证的否定，是对前两个阶段的扬弃，它集原始文明、农业文明和工业文明的进步因素于一体，在一个更高的程度上建立起了人与自然的新的和谐关系①。具体说来，就是从人对自然的服从到人对自然的征服再到人与自然的和谐共生，人与自然的关系必然会通过这样一个螺旋式上升的过程逐步地走向和谐共生时代，这是人类文明发展的客观规律和必然要求。确立人与自然和谐共生的目标正体现了这样一种辩证的回归，是人与自然的关系发展到一定阶段的必然结论②。正是在人类社会对既有人与自然关系辩证慎思的基础上，2017 年 10 月，以习近平同志为核心的党中央提出"我们要建设的现代化是人与自然和谐共生的现代化"，这一全新发展模式是中国共产党人顺应人类文明发展规律确立的一条新的发展道路，也是为全球范围人类社会贡献的中国智慧和中国方案。

---

① 郑继江：《论人与自然和谐共生现代化生成机理》，《理论学刊》2020 年第 6 期。

② 同上。

# 第二节　人与自然和谐共生现代化的理论逻辑

人与自然和谐共生现代化理念，是人类社会生态文明思想与现代化发展理念相结合的最高阶理论成果。马克思主义生态思想、中国传统文化蕴含的生态智慧，共同为人与自然和谐共生现代化理念的生成提供了坚实理论基础。对人与自然和谐共生现代化理论逻辑的深入探究，是检验其科学性、先进性、创造性的必由之路，也是有力推动人与自然现代化进程的重要保障。

## 一、马克思主义生态思想

关于人与自然和谐共生的思想在马克思主义理论体系中有着深刻而丰富的反映，马克思和恩格斯认为，人本身就是自然存在物，是自然的一部分，人与自然保持和谐关系的基点在于人在遵循自然规律的基础上对自然进行支配和利用，从而满足人自身在生产和生活方面的需要。

### （一）马克思主义关于人与自然关系的思想

1. 人源于自然，自然是人的本质

马克思和恩格斯在阐述"自然优先论"的观点时指出"人靠自然界生活"，"人是自然界的一部分"①。此观点表达了马克思对人与自然关系的看法，他认为人类起源于自然界，自然界是人存在的前提和条件，所以人要完成自身的发展必须依赖于自然。因为人爱护自己是以善待自然为前提的，人与自然共生共荣。人的全部生产和生活的劳动依赖于自然界的馈赠。马克思在论述"异化劳动和私有财产"时指出，"没有自然界，没有感性的外部世界，工人什么也不能创造"②，并在后续的阐述中强调，工人的劳动、生活和生产都以自然界为重要的依托。也就是说，人在自然界中生存，如果没有自然界，人不仅获取不了吃、喝、穿、住等方面的生活资料，而且由于生产资料的供给不足而无法进一步展开生产劳动。所以，在马克思、恩格斯的视野中，"自然是人的存在的本质或依据"③，即在人类社

---

① 《马克思恩格斯文集》第 1 卷，人民出版社，2009，第 161 页。

② 同上书，第 158 页。

③ 陈文珍：《马克思人与自然关系理论的多维审视》，人民出版社，2014，第 86 页。

会中，任何生产力都以一定的自然条件为前提，自然环境为社会生产和人类生存的基础。

马克思主义的人与自然思想超越了西方形而上学对立二分的传统自然观，以实践为逻辑起点，从"人—社会—自然"整体性的哲学世界观出发去分析人与自然之间的关系，认为人与自然是以实践为中介的有机统一关系。一方面，自然界为人类提供生存所需的物质资料和精神给养，是人类得以生存和继续发展下去的物质基础。人是不能脱离其而独立存在的。另一方面，自然是属人的存在，"被抽象地孤立地理解的、被固定为与人分离的自然界，对人说来也是无"①。人类能够认识自然规律，并按一定的规律作用于自然；人类的社会实践调节着人与自然之间的关系。换言之，人与自然的关系归根到底是以实践为中介的复杂的人和人之间的社会关系。

2. 人类和自然紧密关联、互相制约

人类和自然界是密不可分、浑然一体的。恩格斯曾说："我们不仅生活在自然界中，而且生活在人类社会中。"②人类社会自诞生之日起就始终与自然界不可分割、相互制约，那种把自然和历史相互对立起来的看法显然是错误的。马克思和恩格斯认为："所谓人的肉体生活和精神生活同自然界相联系，不外是说自然界同自身相联系，因为人是自然界的一部分。"③这段话包含的意思有：首先，"我们连同我们的血、肉和头脑都是属于自然界和存在于自然之中的"，而且人们会越来越"认识到自身和自然界的一体性"④；其次，自然界是人赖以生存的基础，自然界一方面给劳动提供生产资料，另一方面也在更狭隘的意义上提供生活资料；再次，人类可以能动地改造自然，"地球的表面、气候、植物界、动物界以及人本身都发生了无限的变化，并且这一切都是由于人的活动"⑤。可见，自从人类出现的那一天起，人与自然就密不可分。一方面自然界决定人，提供了人生存发展的必要条件；另一方面人也决定自然界，人类通过自己的活动改造自然，使自然发生变化。最后，人与自然可以在人的努力下朝更好的方向发展，成为一个密不可分、荣辱与共的整体。

---

① 《马克思恩格斯全集》第 42 卷，人民出版社，1972，第 178 页。
② 《马克思恩格斯选集》第 4 卷，人民出版社，2012，第 237 页。
③ 《马克思恩格斯选集》第 1 卷，人民出版社，2012，第 55~56 页。
④ 《马克思恩格斯选集》第 4 卷，人民出版社，2012，第 384 页。
⑤ 《马克思恩格斯选集》第 3 卷，人民出版社，2012，第 922 页。

### 3. 人应按自然规律开发、利用、支配自然

恩格斯认为人与动物最本质的区别在于，人是可以支配自然的。对此他在《自然辩证法》中写道："动物仅仅利用外部自然界，单纯地以自己的存在来使自然界改变；而人则通过他所作出的改变来使自然界为自己的目的服务，来支配自然界。"① 由此可以了解到，人可以自发地利用自然，从而获得了生产力的大幅度发展和社会资本的快速积累。但是在这样的社会发展背景下，马克思和恩格斯敏锐地发现人们因利欲熏心而对自然界进行超出其限度的开发，造成资源的消耗和浪费。对此，恩格斯用美索不达米亚、希腊和小亚细亚人为了得到耕地而砍伐树木，最终把自己的家园变成不毛之地的事例来印证他所提出的"自然报复人类"的预言。他认为，人们因肆意破坏自然环境，已经激怒自然界，并遭到了自然界无情的报复。对此，恩格斯指出："我们一天天地学会更加正确地理解自然规律，学会认识我们对自然界的惯常行程的干涉所引起的比较近或比较远的影响。"② 由此，人类应该意识到，要想人与自然和谐共生，人就要尊重和善待自然，要用长远的眼光看到人对自然的影响。

人类之所以能够成为万物之灵，并不是因为人类是超脱于自然界的神造物，而是因为人来自自然并能够正确地认识自然，按自然规律办事，而这也正是人类改造大自然的力量之所在。但是如果人类不能够正确地使用自然赋予的这种力量，那么将如马克思所说："不以伟大的自然规律为依据的人类计划，只会带来灾难。"③ 大自然既有母亲一样慈祥的一面，也有无情的一面。美索不达米亚、希腊等地区过度砍伐森林而导致环境遭到破坏，最后成为不毛之地，这就是人类活动违背自然规律的后果。人类只有在不违背自然规律的基础上进行活动，才能和自然之间达到一种平衡，才能享受大自然带给我们的种种便利。

马克思主义关于人与自然关系的思想批判了资本主义的生产方式。资本主义生产的根本目的是使资本家获得利润，受利润支配，对自然赋予人类不断生存下去的资源和环境不加节制地利用，导致了人类劳动与土地之

---

① 《马克思恩格斯全集》第 20 卷，人民出版社，1971，第 518 页。

② 同上书，第 519 页。

③ 《马克思恩格斯全集》第 31 卷，人民出版社，1972，第 251 页。

间的"新陈代谢断裂"①。同时，资本不仅造成本国社会与自然的能量交换的裂缝，而且通过资本的扩张破坏其他国家的生态资源。由此马克思指出，生态危机的根源在于资本主义的生产方式。

**4. 人口、科技、经济、社会能够协调发展**

马克思和恩格斯批判了马尔萨斯的"人口决定论"。马克思认为，不是人口增长而是社会生产方式决定了人类历史的发展，"每一种特殊的、历史的生产方式都有其特殊的、历史地发生作用的人口规律"②。恩格斯也说，只要"对立的利益能够融合，一方面的人口过剩和另一方面的财富过剩之间的对立就会消失"③，社会能够对人的生产进行调整。马克思和恩格斯的观点都说明人口的增长同人类的经济、科技以及整个社会，在消灭了私有制的条件下是能够做到协调发展的。这种协调发展本质上也体现了人与自然之间的一种和谐关系，因为不论是经济、科技还是整个社会的发展，归根结底要以人与自然的关系为基础，其能否协调发展在很大程度上取决于并反映了人与自然的关系是否协调。

人与自然和谐共生是社会主义的本质属性。在资本主义制度下，由于"人们对自然界的狭隘的关系制约着他们之间的狭隘的关系，而他们之间的狭隘的关系又制约着他们对自然界的狭隘的关系"④，因而不可能解决人与自然之间的矛盾，更不可能成为一个生态可持续的社会。只有共产主义社会才可以很好地克服这一弊端，在最有利于实现人的自由自觉的活动本性的条件下解决人与自然、人与人之间的矛盾。马克思说："共产主义，作为完成了的自然主义，等于人道主义，而作为完成了的人道主义，等于自然主义，它是人和自然界之间、人和人之间的矛盾的真正解决。""社会是人同自然界的完成了的本质的统一，是自然界的真正复活，是人的实现了的自然主义和自然界实现了的人道主义。"⑤ 这段话可以简单地概括为"共产主义 = 自然主义 = 人道主义"的三位一体恒等式，完美清晰地展现出人、自然、社会之间本质上的一致性。马克思和恩格斯所理解的共产主义

---

① 景君学、文小凤：《生态唯物主义对马克思"新陈代谢断裂"理论的建构》，《决策与信息》2019 年第 12 期。

② 《马克思恩格斯全集》第 2 卷，人民出版社，1972，第 285 页。

③ 《马克思恩格斯选集》第 1 卷，人民出版社，2012，第 42 页。

④ 《马克思恩格斯全集》第 3 卷，人民出版社，1960，第 35 页。

⑤ 《马克思恩格斯文集》第 1 卷，人民出版社，2009，第 187 页。

（社会主义是其初级阶段）本质上应该是一个人与自然和谐共生的社会。因此，建设人与自然和谐共生的现代化反映了社会主义本质的直接要求。

劳动是联结人与自然的中介和桥梁。从狭义上看，人与自然并不是天然地融合在一起的，而是通过人的劳动联结在一起的。马克思认为："土地只有通过劳动、耕种才对人存在。"① 劳动就"是为了人类的需要而对自然物的占有，是人和自然之间的物质变换的一般条件，是人类生活的永恒的自然条件"②。人类同自然界的无法割裂的联系表现在：自然界不仅为人类的生存和发展提供物质条件，还通过把人从自然界中创造出来且标志着人类与其他动物本质区别的劳动实践，使人类不仅拥有更美好的生活，而且通过对自然界施加影响，使一个最初受自然力盲目支配的自在的自然界转变成一个不断发展、再生、繁荣、丰富的世界，而"没有自然界，没有感性的外部世界，工人什么也不能创造"③，同时马克思也认为人不能随心所欲地活动，要在自然规律的制约下进行劳动，这是一个"人和自然之间的过程，是人以自身的活动来引起、调整和控制人和自然之间的物质变换的过程"④。劳动把人与自然相联结，构成了一个休戚相关、荣辱与共的共同体，同时也强调了人类必须正确合理地活动，才能完成人与自然之间的物质交换。

**（二）"真正的共同体"的思想**

马克思的共同体（自由人联合体）思想也是"人与自然是生命共同体"思想的重要理论来源之一。这不仅是因为两者都具有"共同体"这一词语，还在于后者的确浸润着马克思自由人联合体构想的思想文化底蕴。共同体（community），亦可称为"联合体"，其前缀"com"是"一起""共同"之意，"munity"（承担）由"munis"转化而来，是指由个体有机结合所构成的有高度自由和共性的集合体，没有共同体就没有个体⑤。按照马克思的观点，共同体是一群有着共同利益和共同诉求的现实的人形成的一种共同关系模式，共生性是其最主要特征。"共生"（mutualism）原指两种不同生物之间所形成的紧密互利关系，在英文或希腊文中的字面意

---

① 《马克思恩格斯文集》第 1 卷，人民出版社，2009，第 180 页。
② 《马克思恩格斯文集》第 5 卷，人民出版社，2012，第 215 页。
③ 《马克思恩格斯选集》第 1 卷，人民出版社，2012，第 52 页。
④ 《马克思恩格斯选集》第 2 卷，人民出版社，2012，第 169 页。
⑤ 郑继江：《论人与自然和谐共生的现代化生成机理》，《理论学刊》2020 年第 6 期。

思就是"共同"和"生活",指两种生物生活在一起,彼此相互提供帮助,这与两种生物在一起生活,一方受益另一方受害,后者给前者提供营养物质和居住场所的寄生(parasitism)不同。至于"人与自然和谐共生",就是指人与自然互惠互利、共同生活、共生共荣、协同发展。

1. 和谐统一的价值理念

马克思曾说:"代替那存在着阶级和阶级对立的资产阶级旧社会的,将是这样一个联合体,在那里,每个人的自由发展是一切人的自由发展的条件。"① 只有这种类型的"联合体"才是一种"真正的共同体",而这种"共同体"之所以是"真正的"而不是"虚假的",原因就在于其内部蕴含着一种作为"虚假共同体"所不具备的共生、共存、共产、共享、共荣的价值理念,所展示的是其组成部分或成员之间的整体性、和谐性,是一种人与人之间、人与社会之间和谐统一的状态。一方面,个人在共同体中存在并通过共同体充分发挥其才能,实现其价值,共同体为个人提供更好的环境与条件,个人的自由在共同体中得到更好的保障;另一方面,每一个人都是一个独立的个体,个人的自由发展才能形成自由人联合体。马克思说:"个人的行为不可避免地受到物化、异化,同时又表现为不依赖于个人的、通过交往而形成的力量,从而个人的行为转化为社会关系,转化为某些力量,决定着和管制着个人。"② 由此可见,共同体本身也依赖个人,人的行为会对共同体产生一定影响,而这种影响又会反过来再约束人的行为。在这里,人与人之间是平等互助的,每个人的发展都会为他人的发展提供便利,人与人之间是平等、和谐的。

马克思的"真正共同体"思想,为我们提供了一个观察人与自然关系的新角度,为人与自然构成共同体的思想打下了坚实的基础。人与自然构成共同体,是指人与自然之间是一种相互依靠、荣辱与共的共生关系。马克思的共同体思想不仅强调了人与自然之间有一种和谐的内在联系,而且强调了这种和谐的关系并不是静态的,而是处于动态的共生、共荣过程中,与人类命运共同体的理念高度契合。习近平同志指出:"人因自然而生,人与自然是一种共生关系。"③ 这里所说的"共生",就是共同生活或共

---

① 《马克思恩格斯选集》第1卷,人民出版社,2012,第422页。
② 《马克思恩格斯全集》第3卷,人民出版社,1960,第273页。
③ 习近平:《习近平谈治国理政》第2卷,外文出版社,2017,第394页。

存的意思。一方面是人"呼吸着自然力",另一方面自然又成为人的无机身体,而人的活动也造就了一个具有实践性、历史性和社会性的"人化自然"。自然既是人类活动的前提,也是人活动的要素和结果,即人因自然而生长、延续和提升,自然因人而有序、生机勃勃和美丽,所谓山美水美人更美,人美山水也更美。

2. 和平互惠的共处模式

从本质上看,马克思的"人是自然界的一部分"与恩格斯的"自身与自然界的一体性"的思想就是一种人与自然构成共同体的思想。只是这里的自然界是把人包含在自身之内的,人从属于自然界,两者的地位并不是平行的、对等的,但这并不影响人与自然是一个生命共同体,从逻辑上说,如果自然的进化发展并没有造就人类,即自然界是一个没有人类参与活动的无意识的纯粹的自然界,那么它就不是一个高度发展的、完美的自然,所以人与自然密不可分,且互惠互利。

人类是自然进化发展的最高级产物,从这种意义上说,人就是自然,可以代表自然整体,是自然的一个缩影。人类的产生不仅赋予了自然界一种更高级的生命形式,还使自然界具有了不断发展和完善的自我意识,自然界因人而完美。然而不仅如此,从另一种意义上说,一个不包含人这一组成部分的自然也不是一个完整的自然,自然因人而完整。无论是从"完美"的意义上还是从"完整"的意义上看,人与自然之间都具有不可分割性,是天然一体的。从习近平同志对这一命题的具体提法上看,用一个"是"字表明人与自然之间的共同体关系,意味着这是一种客观存在的血肉相连、休戚与共的共生性存在体。既然如此,人类就必须像爱护自身生命一样爱护自然,把维护这一生命共同体作为价值理想。人与自然是生命共同体思想的提出彰显了马克思共同体思想在当代中国的实践意义。

马克思和恩格斯的"真正共同体"思想克服了人类中心主义的片面性,强调人与自然正常的相处模式。马克思和恩格斯认为,人靠自然界生活,人类在同自然的互动中生产、生活、发展,人类善待自然,自然也会回馈人类。中国共产党继承和发展了马克思主义关于人与自然关系的思想精华,强调人与自然是生命共同体,人类必须敬畏自然、尊重自然、顺应自然、保护自然,从保护自然中寻找发展机遇,促进经济发展与生态保护协调统一,建设人与自然和谐共生的现代化。

## 二、中国传统文化中的生态智慧

中国传统优秀文化葆有博大精深和源远流长的生态文明思想，人与自然相处之道正是中国传统文化中"和合"观念的具体表达。儒家、道家的先哲们在参悟了如何正确处理人与自然之间关系的基础上，提出维系人与自然和谐共生关系对人类自身发展具有的积极作用。人与自然和谐共生现代化是中国古代"天人合一""道法自然"等生态智慧与新时代中华民族伟大复兴客观要求相结合的具体体现。习近平同志提出："我们应该遵循天人合一、道法自然的理念，寻求永续发展之路"①，"要做到人与自然和谐，天人合一，不要试图征服老天爷"②。正是"天人合一""道法自然"的理念构成了人与自然和谐共生现代化方略的传统哲学基础。"天与人和谐，人与物感应，宇宙中的一切生命互相关联。天人合一思想是中国古代先哲对人与自然关系最好的定位与诠释"③。

### （一）传统自然观思想

"天人合一"思想强调人与自然本同道同根。宋代儒家学派代表人物程颢和程颐主张"天人本无二，不必言合"，阐述了人与自然同体的思想，认为人与自然同一道则同一体，通其一，则余全通。董仲舒在《春秋繁露》曰："天地者，万物之本，先祖之所出也。"④孟子道："天之生物也，使之一本。"⑤"天人合一"中关于人源于自然的说法，表明人作为自然的一部分，源于自然，人以自然为祖为本，人与自然同身同体，应互为依托，共同发展。道家学派通过"道"与"自然"的关系表达了其关于人与自然关系的主张，即人与自然共生共根的思想。如庄子所云："天地与我并生，而万物与我为一。"⑥庄子用道体论思想明确阐述了道家对人与自然整体性的认识，与"天人合一"所强调的传统生态哲学观交相呼应。

从自然观维度来看，"天人合一"主要包括三个方面的内涵：第一，

---

① 习近平：《习近平谈治国理政》第 2 卷，外文出版社，2017，第 544 页。
② 中共中央文献研究室编《习近平关于社会主义生态文明建设论述摘编》，中央文献出版社，2017，第 24 页。
③ 贺祖斌：《生态文明建设的传统智慧与现实意义》，《光明日报》2019 年 12 月 10 日。
④ 陈江风：《天人合一：观念与华夏文化传统》，生活·读书·新知三联书店，1996，第 7 页。
⑤ 怀仁编《天道古说：华夏先贤与圣经先哲如是说》，中国文史出版社，1999，第 1 页。
⑥ 李季林：《道家金言》，安徽人民出版社，2007，第 12 页。

人与天地共同构成了一个不可分割的统一整体。《易传》曰：《易》之为书也，广大悉备。有天道焉，有人道焉，有地道焉……三材之道也。"三材是指天、地、人三种最重要的材料。人的价值与天地并存，三者构成的有机整体不可拆分。第二，人所遵循的规律与天地自然是统一的。《道德经》曰"域中有四大，而王居其一焉。人法地，地法天，天法道，道法自然"，将人与道、天、地并列，并指出人最终要遵循道的规律。天、地、人既然是一个整体，就必然遵循同一个规律。庄子说"道通为一"，就是说万物在"道"的统领之下构成了一个浑然天成、和谐一体的大千世界，而且都有其固有的价值和存在的意义。人只有深刻地认识和遵循自然规律才能与自然共生共荣。第三，人与自然的统一具体表现为"天人同构"。天地万物虽然形象各异，但可以从中抽象出事物变化的共同规律。《易传》曰"有天地然后有万物，有万物然后有男女，有男女然后有夫妇"，反映的就是天人同构的道理。《黄帝内经》中，《素问·宝命全形论》说"夫人生于地，悬命于天，天地合气，命之曰人"，认为人是在天地中特定的环境下生成的，因此同样能够体现天地的一切基本规律；《灵枢·邪客》也说："天圆地方，人头圆足方以应之。天有日月，人有两目；地有九州，人有九窍；天有风雨，人有喜怒；天有雷电，人有声音；天有四时，人有四肢；天有五音，人有五脏；天有六律，人有六府；天有冬夏，人有寒热……"在古人看来人的脏腑组织、生理活动与自然界的阴阳变化规律相对应，人体的构成与生命活动其实是自然的一部分，人与天地阴阳四时的变化是以气相通的，相合相应，息息相关。自然界阴阳的变化规律也是人体生命变化的基本法则。

在中国传统文化中，"天人合一"思想认为天地间的一切事物都是相互联系的，世上的万物包括人类在内都是天地发展变化得来的，人类社会也是自然发展到特定的阶段才产生的，没有自然就没有人类社会。此外，人与自然还是共存的，人在任何时候都不能离开自然而独立存在。因此，要以"仁"为出发点去对待自然界，像对待自己的伙伴一样去对待自然，尊重自然界固有的规律。"仁民爱物"思想不仅是儒家的道德标准，还是其对待自然界的一贯态度。中国传统社会并没有将仁爱的对象局限于自身，而是扩展到世间的万事万物。

相比之下，西方文化崇尚"分"，认为"分"是第一位的，如"天人二分、物我二分"等,"合"只能建立在"分"的基础之上,这些"二分"之间彼此的矛盾与对立体现在人与自然的关系上就形成了人类中心主义的观念,结果导致各种生态环境问题频发,也成为我国推进人与自然和谐共生现代化的直接动因。与之相反,中华文化强调人与世界万事万物本来就是一个"宇宙有机生命共同体",一起生生不息、荣辱与共,强调宇宙多样统一的整体性以及人与自然的平衡性,通过平衡各种矛盾,使其达到一种动态和谐状态。《现代汉语词典》(第7版)把"和谐"一词解释为"配合得适当",一般指事物和现象的各个方面的配合协调,它反映的是事物的一种协调、适中、有序、平衡和完美的存在状态,包括人与自然之间的完全协调,遵循自然规律并且结合有序。正是这种"重整体""重平衡""重和谐"的思维方式才能帮助人类以一种平常心看待人与自然之间的关系,将两者置于一个平等的位置,促进双方的和谐。

无论是"天人合一"思想,还是"道法自然"的处世哲理,都以人与自然的关系为基调,无论是哲学道理还是处世之道,抑或君王的治理之道,都是围绕实现人与自然关系的和谐来系统阐述的。中国传统文化中蕴含着丰富的生态智慧,体现了古人朴素的生态自然观,为"人与自然和谐共生现代化"思想的提出奠定了深厚的文化基础。人与自然和谐共生现代化思想是习近平生态文明思想的集中体现,也是对中国传统文化中生态理论的创新和发展,是新时代生态文明建设的理论指南,是对自然规律的科学把握,无视这一点而单纯陶醉于对自然的胜利,人类必会遭到大自然的报复。习近平同志指出:"人与自然是一种共生关系,对自然的伤害最终会伤及人类自身。只有尊重自然规律,才能有效防止在开发利用自然上走弯路。"①

### (二)传统的道德观思想

人对自然的索取多寡程度对人与自然的关系有着直接的影响,《吕氏春秋》有描述:"是月也,树木方盛,乃命虞人入山行木,无或斩伐。"②古人用因时制宜的生态理念来维系人与自然之间的和谐关系。"天之道,其

---

① 中共中央文献研究室编《习近平关于社会主义生态文明建设论述摘编》,中央文献出版社,2017,第11页。

② 《吕氏春秋》,魏宏韬译注,黄山书社,2002,第58页。

犹张弓与？高者抑之，下者举之。有余者损之，不足者补之。"①道家学派朴素的自然哲学思想，为后世人们处理人与自然的关系提供了正向的指引。

第一，遵循自然规律既有理性的要求也有道德情感的要求。《易传》曰："夫大人者，与天地合其德，与日月合其明。"生态系统虽然具有自我修复功能，但是当人类的破坏力超过了自然界的自我调节、自我修复的能力时，就造成了全球范围内生态环境的恶化和资源危机。尽管有识之士早已经揭示了这个问题并深刻指明了其中的原因，但为什么这个关系到全人类生死存亡的重大问题迟迟得不到解决呢？其中一个很重要的原因就是：很多人并没有从人与自然一体的高度看待人与自然的关系，仅仅把它看作一个经济问题。

第二，"天人合一"思想彰显对自然生态的仁爱。《道德经》曰，"天地所以能长且久者，以其不自生，故能长生"，意为天地之所以能长久存在，是因为它们不是为了自己而生，而是为了化育万物而生的，所以能够长久生存。生长万物而不据为己有，帮助万物而不自恃有功，引导万物而不宰割他们，这才是最高尚的道德。像《孟子》的"不违农时，谷不可胜食也"，《荀子》的"草木荣华滋硕之时，则斧斤不入山林，不夭其生，不绝其长也"，《齐民要术》的"顺天时，量地利，则用力少而成功多"等②，都肯定了人与自然之间具有统一性和平等的地位。张载在《西铭》中说："乾称父，坤称母。……民吾同胞，物吾与也。"他认为，天地是人的父母，人和万物都是天地的子女，一切生命都是我们的伙伴，每一个人都应该把其他人当作自己的骨肉同胞，同时也爱惜自然万物。这种思想是对孟子的"亲亲而仁民，仁民而爱物"思想的进一步阐发。只有懂得天地万物为一体的道理，才会有热爱自然的高尚情怀，因此中国古代"天人合一"思想以一种热爱大自然的道德情操将适用于人类社会的伦理道德规范推广到人与自然的关系之中，将仁爱的精神和情感灌注于自然万物。

第三，道德本身就是规律的一种具体体现。道生化万物，德养育万物。在"天人合一"的视域下，道德必须体现道的规律，否则就不是真正的道德，这是一种更高层次的价值认同。道家以自己独特的方式提出了追

---

① 罗安宪主编《老子》，人民出版社，2017，第77页。
② 习近平：《推动我国生态文明建设迈上新台阶》，《求是》2019年第3期。

求而不是占有、奉献而不是索取的人类道德境界，对于清除功利主义价值追求、树立善待自然的理念、建构人与自然的新的伦理思想具有重大的理论价值和现实意义。习近平同志在深刻把握"天人合一"道德观的基础上创造性地提出的"人类命运共同体"理论，是中国传统"天人合一"道德观的价值逻辑的具体展现，体现了中国人民更宽广的胸襟和更博大的爱，引领了全人类的价值走向，是对孟子的"亲亲而仁民，仁民而爱物"思想的进一步阐发，将传统"天人合一"道德观与现代生态理念深度融合，凝聚了人类共同的生态文明价值理念和对美好未来的向往与追求。

习近平同志指出："中华民族向来尊重自然、热爱自然，绵延5 000多年的中华文明孕育着丰富的生态文化。"①我国许多古代典籍都有关于人与自然关系的论述，强调把天、地、人统一起来，把自然生态同人类文明联系起来，按照自然规律活动，对自然资源取之有时、用之有度。这些理念对于建设生态文明、推进人与自然和谐共生的现代化具有重要启示和借鉴意义。党的十八大以来，以习近平同志为核心的党中央对中华优秀传统生态文化进行创造性转化、创新性发展，将生态文明建设作为关系中华民族永续发展的根本大计，强调生态兴则文明兴、生态衰则文明衰，深刻回答了为什么建设生态文明、建设什么样的生态文明、怎样建设生态文明等一系列重大理论和实践问题，推动人与自然和谐共生的现代化取得实质性进展。

我国古人早就参悟到人与生态环境之间的关系，意识到要善待自然，处理好人与自然的关系，这对当下我国人与自然和谐共生现代化的构建具有重要价值。对此，习近平同志强调："人类只有遵循自然规律才能有效防止在开发利用自然上走弯路，人类对大自然的伤害最终会伤及人类自身，这是无法抗拒的规律。"②

**（三）传统的境界观思想**

"天人合一"代表着中华优秀传统文化对于生态问题的认识已经达到了西方文明难以企及的高度，也为新时代人与自然和谐共生现代化的建设

---

① 《坚决打好污染防治攻坚战 推动生态文明建设迈上新台阶》，《人民日报》2018年5月20日，第1版。

② 习近平：《决胜全面建成小康社会 夺取新时代中国特色社会主义伟大胜利——在中国共产党第十九次全国代表大会上的报告》，《人民日报》2017年10月28日，第1版。

提供了丰厚的文化滋养，最终促成了新时代生态文明观的产生，必将推动中华文明创造新的辉煌。一句"生态兴则文明兴，生态衰则文明衰"①，又深刻地道出了生态文明精神的真谛，成为中国现代化目标新定位的有力指引，其同样具有深厚的历史底蕴。

第一，精神快乐的境界。在中国传统文化中，人与自然相容可以使人获得精神上的愉悦。《论语·雍也》说："知者乐水，仁者乐山。"这里的"乐"就是"以……为乐"的意思。孔子认为，山水之间寄托着君子的欢乐之情。中国古代士大夫往往都有山水情怀，如陶渊明的《饮酒》、杜甫的《望岳》、李白的《登金陵凤凰台》、王安石的《游钟山》等，都使人与自然的和谐跃然纸上，也只有人与自然和谐，人的精神才能快乐。

第二，精神解放的境界。《齐民要术·安石榴》说："十月中，以蒲藁裹而缠之……二月初乃解放。""解放"一词就是解开缠绕、释放出来的意思，引申为解除束缚，得到自由发展。这里的精神解放是指破除精神桎梏而获得精神自由。在生产力水平比较低下、物质生活不发达的年代，追求精神解放的脚步也从未停止过，给后世留下许多弥足宝贵的精神食粮。在物欲横流的社会中，人们盼望的恰恰是精神解放的春风，以"天人合一"为核心的中国传统生态文明思想早已为人们的精神解放指明了方向。庄子曾说："天与地无穷，人死者有时，操有时之具，而托于无穷之间，忽然无异骐骥之驰过隙也。"人类的渺小和生命的短暂使人更加向往精神的解放。嵇康的"越名教而任自然"的思想正是追求精神解放的宣言。他没有对死亡的恐惧，也没有对命运的抱怨，而是寄情天地，生死超然。

习近平同志在深刻把握中华优秀传统文化中"天人合一"境界观的基础上对我国的生态文明建设作出了统筹部署。2015 年，习近平同志考察洱海工作合影后说："立此存照，过几年再来，希望水更干净清澈。"②他叮嘱，一定要把洱海保护好，让"苍山不墨千秋画，洱海无弦万古琴"的自然美景永驻人间。这正是中国传统文化中人与自然和谐产生的精神快乐和精神解放，而打造人与自然万物和谐共生的美景也正是中华民族追求更高级的精神生活的最真实写照，把中国的现代化建设推向一个更高级的阶段。

---

① 习近平：《习近平谈治国理政》第 3 卷，外文出版社，2020，第 374 页。

② 杨艳玲：《为了洱海水更干净清澈》，《大理日报》2015 年 11 月 28 日。

# 第三节　人与自然和谐共生现代化的实践逻辑

与西方的现代化发展道路相比，我国的现代化发展道路有其特殊性，人与自然和谐共生现代化业已成为现代化发展道路的前行方向之一。人与自然和谐共生现代化的理念，是在反思西方现代化模式的弊端和我国处理人与自然关系问题的经验教训的基础上所作的理论创新，满足了人民对美好生活和优美生态环境的双重需要，体现了我国作为全球生态文明建设的重要参与者、贡献者和引领者的责任担当。同时，人与自然和谐共生现代化的新模式是对西方现代化模式的改造和超越，为世界各国实现现代化开辟了非西方的道路，其影响无疑将是世界性的。这一崭新模式，既不是承袭西方现代化模式的"肯定版"，也不是游离于世界潮流之外、拒斥现代化的"否定版"，而是在中国特色社会主义现代化本色的基础上，融入中国智慧的新型现代化的"中国版"。

## 一、西方现代化模式将人与自然的关系错置

不可否认，西方现代化加快了人与自然对立冲突的进程，同时催生了违背自然、戕害自然的"文明的疾病"。西方现代化的进程造成了大规模环境公害、资源枯竭、温室效应、生物多样性锐减等一系列全球性环境难题。生态帝国主义、生态殖民主义的霸凌行为，又使广大发展中国家的环境状况雪上加霜。在西方现代化模式的主导下，人与自然的关系发生了严重的错位，人从匍匐在大自然面前的奴仆，变成了大自然的主人，成为地球的主宰，人与自然的关系发生了严重异化①。人类把大自然这个人类文明的"根源"变成了可以肆意掠夺的"资源"。

在西方现代化模式的浸染下，人类沉醉于物欲的狂欢，丢弃了对大自然的依赖感、家园感。人类津津乐道于大自然是如何属于自己的，而忘记了自己的一切都是属于大自然的。人类处心积虑地让大自然听命于自己，却从不反思自己的恶行。在西方现代化模式下，人与自然的关系沦为统治与被统治、征服与被征服、控制与被控制的异化关系。人类假借科学技术

①　解保军：《人与自然和谐共生的现代化——对西方现代化模式的反拨与超越》，《马克思主义与现实》2019 年第 2 期。

之力,在大自然的躯体上烙上了一条条"文明的印痕",如臭氧层空洞、温室效应、环境污染、资源枯竭、物种灭绝等。盲目推崇西方现代化模式,势必与构建人与自然和谐共生的新型关系背道而驰,更无法企及人与自然和谐共生的现代化目标。

## 二、西方现代化模式塑造了崇拜增长占有、囤积财富的生存方式

西方现代化的核心观点认为,资本主义不增长就会死亡。追求资本扩张和经济增长是资本家的根本理念,是资本主义生存的唯一方式。"资本主义生产的发展,使投入工业企业的资本有不断增长的必要,而竞争使资本主义生产方式的内在规律作为外在的强制规律支配着每一个资本家。竞争迫使他不断扩大自己的资本来维持自己的资本,而他扩大资本只能靠累进的积累。"① 可见,资本主义生产方式和资本家的本性就是获取更多的剩余价值,即通过榨取、掠夺自然和人力资源来扩大资本规模,贪婪地追求经济总量的增长和资本的无限扩张,丝毫不顾及资本扩张无限性与自然资源有限性的矛盾,丝毫不考虑资本扩张带来的生态后果和环境灾难。但是资本的狂奔终会遇到自然资源和环境条件的限制,大自然容不得资本恣意妄为。自然资源和环境条件是有限的,自然界无法进行自我扩张,也就无法跟上资本循环的节奏,其结果必然是对自然资源越来越多的耗费和对自然界越来越严重的污染。由此,美国著名生态学马克思主义理论家奥康纳认为,"资本的自我扩张逻辑是反生态的、反城市规划的与反社会的","在所有发达资本主义国家中,那种致力于生态、市政和社会的总体规划的国家机构或社团型的环境规划机制是不存在的"②。

马克思主义者对西方现代化模式展开了全方位的批判,提出了许多很有价值的观点。其中有代表性的是法兰克福学派著名社会哲学家弗洛姆的资本主义"社会性格"理论。弗洛姆认为,社会性格是指"在某一文化中,大多数人所共同拥有的性格结构的核心,这与同一文化中各不相同的个人的个性特征截然不同。社会性格的概念不是指某一文化中大多数人的

---

① 《马克思恩格斯全集》第 44 卷,人民出版社,2016,第 683 页。
② 詹姆斯·奥康纳:《自然的理由——生态学马克思主义研究》,唐正东、臧佩洪译,南京大学出版社,2003,第 394~395 页。

性格特征的简单总和，从这个意义上讲，社会性格的概念不是统计学概念。我们只有涉及社会性格的功能才能理解社会性格。"①弗洛姆认为资本主义社会非生产性的性格特征表现为：第一是接受取向，认为一切好的东西都源于外界，人们获得需要的东西的唯一途径是接受外界事物；第二是剥削取向，认为人们需要的东西要靠强力或狡诈，从大自然和别人那里巧取豪夺；第三是囤积取向，认为囤积和占有物质财富是安全的基础，人们的安全感和幸福感完全建立在财富的囤积上；第四是市场取向，认为一切皆是商品，万物皆可买卖，所有东西都有交换价值。弗洛姆把这种资本主义社会非生产性的生存方式称为"占有的生存方式"②。这些人控制自然资源，吞食珍稀动物，霸占自然美景。他们张开血口，大快朵颐，将大自然吞下、嚼碎。这种做法必然导致大自然遍体鳞伤、血肉模糊。更为严重的是这种病态的社会性格已经成为资本主义发展模式的内在基因，成为资本主义社会大多数社会成员共同具有的性格特征。因为"社会性格的功能正是以某种方式对社会成员的能量加以引导，其结果便是社会成员的行为不是一个可以由人们自行决定的问题，即人们无法决定是否按社会模式行事，而是一个当他们不得不行动时就得行动的问题"③。很显然，西方现代模式塑造的这种社会性格，给自然界造成了极大伤害，势必导致人与自然的对峙和冲突，与人与自然和谐共生的理念背道而驰。

### 三、西方现代化模式助长了病态消费主义的猖獗

在西方现代化模式下，消费主义大肆滋生，戕害甚至扭曲人与自然的关系。消费主义把"我消费故我在"视为社会核心理念，第一次将消费置于人类活动的中心，使消费脱离了人类的本意。消费主义打造了西方的消费盛宴，人们的价值、身份、存在感、幸福、快乐、社会地位和影响力都与其消费的规模和档次有关，商品的品牌、标识成了人们疯狂追求的东西。正如美国著名剧作家米勒的话剧《代价》所表达的："许多年以前，一个人如果难受，不知如何是好，他也许上教堂，也许闹革命，诸如此类。

① E. 弗洛姆：《健全的社会》，孙恺祥译，贵州人民出版社，1994，第 63 页。
② 同上书，第 132 页。
③ 同上。

今天，你如果难受，不知所措，怎么解脱呢？去消费！"① 看来，消费已经具有了慰藉心灵、改变命运的功能。西方马克思主义思想家马尔库塞也指出了消费异化的现象："人民在他们的商品中识别出自身；他们在他们的汽车、高保真度音响设备、错层式房屋、厨房设备中找到自己的灵魂。"②

病态化的消费主义盛行，使社会呈现出"炫耀消费""时尚消费""贪婪消费"的病态。病态消费加剧了对自然资源的盘剥和压榨，形成了"大量开采—大量生产—大量消费—大量废弃"的恶性循环。例如，电子垃圾就是一个困扰全球的新问题。消费者争相拥有最新款式的电子设备，导致电子垃圾与日俱增。在全球范围内，人们在 2016 年丢弃了大约 4 900 万吨电子垃圾。到 2021 年，这一数字增至 5 700 万吨以上。众所周知，电子垃圾含有大量有毒的化学物质。比如，液晶显示器含汞，阴极射线管含铅，半导体和电池含镉，旧冰箱含破坏臭氧层的氯氟烃。如果电子垃圾未加处理就倒进垃圾填埋场，那些化学物质会渗入土壤和水源；如果它们被焚烧，就会污染空气；如果它们被运到发展中国家，那里简陋的回收条件会使工人接触到有毒物质，严重损害工人的身体健康③。消费异化戕害了人与自然的关系。消费者为了满足自己不断膨胀的私欲，不断地奴役大自然、吞噬大自然。西方现代化模式崇尚的消费主义是逆自然、反生态的，疏离了人与自然的关系。

## 四、西方现代化模式的顶礼膜拜引发"发展悖论"

在相当长的一段时期内，西方现代化模式在全球有泛化的态势。无论是西方政客还是主流经济学家，都给发展中国家虚构了西方现代化模式的"神话"。西方发达国家凭借强大的政治、经济、军事、文化实力，动用各种传媒手段，夸大西方现代化模式的经济价值和社会意义。他们宣称，发展中国家要想摆脱贫困、追赶现代化，只能仿效西方现代化模式，把发展与经济增长挂钩；只有经济增长才能使穷人享受到与富人相同的生活；经

---

① 扈海鹏：《重建文化与自然的联系——对消费文化的再思考》，《南京林业大学学报》2012 年第 3 期。

② 马尔库塞：《单向度的人——发达工业社会意识形态研究》，张峰、吕世平译，重庆出版社，1988，第 9 页。

③ 福特：《电子垃圾：困扰全球的新问题》，《参考消息》2018 年 7 月 17 日。

济增长、拉升 GDP（国内生产总值），是解决贫困落后问题的唯一途径。西方现代化模式给人们梳理的社会进步链条就是：发展就是增长，增长就是富裕和繁荣。西方现代化模式俨然成为一种迎合资本主义国家需要的意识形态和政治资源。推崇西方现代化模式的人极力主张：发展中国家要实现现代化，就必须摒弃自己的文化传统；只有膜拜西方现代化经验，直接采取西方现代化模式，发展中国家才有可能实现经济增长，跻身现代化国家行列。

部分发展中国家效仿西方现代化模式后，通过大规模开采和出口自然资源刺激经济增长。这样做很容易使自身陷入发展困境，导致资源枯竭、环境破坏、社会腐败、贫富分化、人与自然关系紧张。于是在这些国家中出现了"富裕悖论"和"资源咒语"①。沉浸在西方现代化美梦中的发展中国家无疑是在饮鸩止渴。自然资源的枯竭和生态环境的破坏很快就使这些国家陷入贫穷、动乱、分化的泥淖之中。这样的发展闹剧在拉丁美洲（简称"拉美"）、非洲和东南亚地区轮番上演。

拉美国家是西方现代化模式的试验区，深受"华盛顿共识"的影响。它们崇拜西方现代化模式，相信经济增长是推进国家现代化的捷径。他们坚信这种发展模式具有天然的正确性，对发展中国家来说不啻为"上帝的福音"。在西方现代化模式的引导下，拉美国家拉响了经济增长的汽笛。它们不想成为"坐在金袋子上的乞丐"（自然资源就是它们的"黄金"），于是采用了榨取主义或采掘主义的经济增长手段。为了刺激经济快速增长，大量开采并出口自然资源，以此换取现代化建设所必需的资金和技术②。榨取自然资源的活动并不局限于矿产资源领域，还涉及农业、林业和渔业资源领域。拉美国家的榨取主义导致了人与自然关系的恶化，伴随自然资源开发而来的是一系列社会环境问题。以采矿业为例，为了最大规模地采掘矿产资源，在高密度资源迅速耗尽的情况下，这些国家使用有毒物质开采矿物质含量较低的矿产资源，由此产生了大量有毒废弃物。矿产资源的开采、加工和运输占用了大片土地，严重污染了土壤和河流。堆积成山的矿渣和矿山废弃物遇到雨水冲刷，造成了严重的水源污染和重金属污

① 解保军：《人与自然和谐共生的现代化——对西方现代化模式的反拨与超越》，《马克思主义与现实》2019 年第 2 期。

② 同上。

染。污染水源如果作为生活和工业用水，将直接威胁到人民群众的健康和安全。

单纯依赖自然资源（特别是矿产资源）的开采来刺激经济增长的做法，不仅破坏了人与自然之间的关系，而且导致了人与人之间的流血和战争。拉美地区自然资源的富集地已经成为动乱和战争的爆发地，为争夺自然资源而发生的冲突占全部社会冲突的80%。许多国家没有因为自然资源丰富而富强起来，相反却陷入了漫长血腥的资源争夺战。那些把西方现代化模式奉若神明的拉美国家，在经历了依靠出口自然资源拉动经济增长的"拉美十年"的短暂繁荣后，很快陷入了"拉美发展困境"——发展速度越来越慢，贫富差距越来越大，工业结构和资源配置越来越不合理，改善人民福祉的愿望越来越难以实现①。由此可见，在西方现代化模式下，人与自然的矛盾空前激化，导致了严重的环境危机和社会危机。越来越多的国家和地区开始清醒地认识到，西方现代化模式不是人类社会发展的完美模板。

## 五、中国方案对西方现代化模式的改造和超越

西方国家经常自诩为人类社会发展的"教师爷"，把西方现代化模式打造成发展中国家追赶现代化的路标和指南，称其为探索现代化道路的"教科书"和"标准答案"。在过去很长一段时间内，包括我国在内的众多国家的经济建设在某种程度上都借鉴了西方现代化模式。有学者指出，即使不是全部也是大多数的社会主义国家都有过一段粗放型经济发展史，社会主义国家竭力要"超赶西方"，于是就非批判性地接受西方发展模式的某些方面，其结果是"社会主义国家跟资本主义社会同样迅速地（或者更快地）耗尽了它们的不可再生资源，它们对空气、水源和土地等所造成的污染即使不比其对手资本主义多，至少也同后者一样"。粗放式增长的经济和高污染、高能耗、高排放的发展模式，带来了生态系统退化、雾霾、黑臭水体等突出的生态环境问题，影响了居民的幸福感、获得感和社会经济的可持续发展。面对如此严峻的生态危机，西方国家依托后现代理论提出，追求现代化是造成生态危机的根源，认为生态文明与追求现代化是根

---

① 米里亚姆·兰，杜尼娅·莫克拉尼主编《超越发展：拉丁美洲的替代性视角》，郇庆治、孙巍等编译，中国环境出版集团，2018，第53页。

本对立的，因此拒斥现代化。事实上，造成生态危机的不是现代化本身，而是西方资本主义制度下的现代化模式。

随着社会经济发展水平的提升，人民对美好生活的需要日益增长，新发展理念成为必然的选择。在关注经济总量增长的同时，发展的质量及其对人民幸福感的贡献度也成为关注的重点，其中生态文明发展程度更成为重要的考量因素。我国要实现的"人与自然和谐共生的现代化"既不是对"用破坏生态来换取资本积累"的现代化模式的承袭，也不是逆世界发展大势放弃现代化，而是在反思西方现代化发展模式的弊病和充分考虑中国实际发展状况的基础上提出的现代化发展新理念，是对现代化内涵和外延的新拓展。这一新模式不仅满足我国发展的现实需要，更与全人类共同利益相一致，是生态利益最大化的理性选择，势必得到愈发广泛的推广和适用。

面对西方现代化模式的"傲慢与偏见"，党的十九大报告提出的人与自然和谐共生的现代化新理念，是我们党以马克思关于人与自然关系的理论为基石，在反思西方现代化模式的弊端和我国处理人与自然关系问题的经验教训的基础上所作的理论创新，体现了我国作为全球生态文明建设的重要参与者、贡献者和引领者的责任担当。以习近平同志为核心的党中央对人与自然和谐共生的现代化的新定位，既反映了中华民族对生态文明实质的准确把握，也是对中国共产党人生态文明理论与实践相结合的高度浓缩与升华，代表着人类文明的未来走向与实践要求。

# 第三章　人与自然和谐共生现代化的指导思想

　　党的十八大以来，在以习近平同志为核心的党中央的大力推动下，生态文明建设力度不断加强，并逐步提升为统筹推进"'五位一体'总体布局和协调推进'四个全面'战略布局的重要内容"①，生态文明体制机制改革不断加快，国土空间开发逐步规范，资源利用实现集约化发展，人与自然和谐共生现代化建设的新格局基本形成。作为一个内涵丰富、思想深邃的理论体系，习近平生态文明思想既是习近平新时代中国特色社会主义思想的重要组成部分，又是当代中国以生态文明建设构建人类命运共同体的中国方案和东方智慧②。习近平生态文明思想恰如一条金线，成为指引新时代人与自然和谐共生现代化建设的一面重要旗帜，并贯穿建设全过程。

## 第一节　习近平生态文明思想是人与自然和谐共生现代化的指导思想

　　党的十九届四中全会审议通过的《中共中央关于坚持和完善中国特色社会主义制度　推进国家治理体系和治理能力现代化若干重大问题的决定》（以下简称党的十九届四中全会《决定》）指出："坚持和完善中国特色社会主义制度、推进国家治理体系和治理能力现代化，是全党的一项重大战略任务。"③ 作为国家治理体系和治理能力现代化的重要构成，人与自然和谐共生现代化的推进离不开科学思想的正确引领，习近平生态文明思想即是不可或缺的根本指导思想。

---

① 张文显：《新时代全面依法治国的思想、方略和实践》，《中国法学》2017 年第 6 期。
② 黄承梁：《论习近平生态文明思想历史自然的形成和发展》，《中国人口·资源与环境》2019 年第 12 期。
③ 《中共中央关于坚持和完善中国特色社会主义制度　推进国家治理体系和治理能力现代化若干重大问题的决定》，《人民日报》2019 年 11 月 6 日，第 1 版。

## 一、生态文明建设是人与自然和谐共生现代化的重要维度

生态文明建设是关系中华民族永续发展的根本大计，也是一场涉及生产方式、生活方式、思维方式和价值观念的革命性变革。推动并实现这一根本性变革，有赖于系统完备、科学有序的配套思想体系、制度体系、实施体系。以习近平同志为核心的党中央高度重视生态文明建设，"从党的十八大报告把生态文明建设纳入中国特色社会主义事业'五位一体'总体布局，到习近平生态文明思想的形成，习近平同志从理论到实践，从政策举措到制度安排，为我国生态文明建设谋篇布局，推动我国生态环境领域治理体系和治理能力现代化水平不断提升，生态环境保护工作发生历史性、转折性、全局性变化，生态环境质量持续改善"[①]。2018 年 5 月，习近平同志在全国生态环境保护大会上强调："要通过加快构建生态文明体系，确保到 2035 年，生态环境质量实现根本好转，美丽中国目标基本实现。到本世纪中叶，物质文明、政治文明、精神文明、生态文明全面提升，绿色发展方式和生活方式全面形成，人与自然和谐共生，生态环境领域国家治理体系和治理能力现代化全面实现，建成美丽中国。"[②]

"当今世界正经历百年未有之大变局，我国正处于实现中华民族伟大复兴关键时期，改革发展稳定任务之重前所未有，风险挑战之多前所未有。"[③] 现阶段，我国生态环境领域存在发展不平衡、不充分的情况，整体生态环境距离人民的新需求、新期待尚有差距。"治理体系和治理能力现代化还存在一些不足和短板，生态文明制度建设还存在碎片化、分散化、部门化、短期化现象。"[④] 推进生态文明建设离不开科学完备的制度体系，单靠短期政令难以实现生态环境的持续优化，更无助于美丽中国目标的实现。

加强生态文明建设作为我国经济社会可持续发展的重要基础作用日益凸显，党的十九届四中全会《决定》专设第十部分，将"坚持和完善生态

---

① 张长娟：《推进生态环境领域治理体系和治理能力现代化》，《河南日报》2020 年 2 月 7 日。

② 《坚决打好污染防治攻坚战 推动生态文明建设迈上新台阶》，《光明日报》2018 年 5 月 20 日，第 1 版。

③ 中国社会科学院习近平新时代中国特色社会主义思想研究中心：《确保实现国家治理体系和治理能力现代化》，《人民日报》2020 年 1 月 2 日。

④ 燕继荣：《现代化与国家治理》，《学海》2015 年第 2 期。

文明制度体系，促进人与自然和谐共生"等关键内容纳入国家治理体系和治理能力现代化实施体系。"从实行最严格的生态环境保护制度、全面建立资源高效利用制度、健全生态保护和修复制度、严明生态环境保护责任制度"①等维度作出系统化战略部署，用制度保护生态环境，推进生态文明建设。

## 二、习近平生态文明思想是人与自然和谐共生现代化的重要指针

党的十八大以来，以习近平同志为核心的党中央高度重视生态文明建设，从党和国家事业发展、普惠民生福祉的全局高度，"深刻而系统地回答了为什么建设生态文明、建设什么样的生态文明、怎样建设生态文明等重大理论和实践问题"②，推动生态文明建设和生态环境保护从实践到认识发生了历史性、转折性、全局性变化，并最终形成了习近平生态文明思想。习近平生态文明思想自提出伊始就始终与我国生态文明建设实践相伴相生，并在长期的科学实践中得到验证检验和充实优化。作为一个系统全面的理论体系，习近平生态文明思想从生态文明建设的战略地位、总体目标、基本框架、核心原则、根本途径、重点任务、制度保障等维度入手，确立起中国特色社会主义生态文明理论的"四梁八柱"。

习近平生态文明思想内涵丰富，意义深远，视域广阔，从历史到现今，从自然到社会，从部分到整体，从国内到全球，是中国特色社会主义理论在生态文明领域的重大发展。作为一个系统全面的理论体系，习近平生态文明思想的核心内容体现为"生态兴则文明兴"的深邃历史观、"人与自然和谐共生"的科学自然观、"绿水青山就是金山银山"的绿色发展观、"良好生态环境是最普惠的民生福祉"的基本民生观、"山水林田湖草是生命共同体"的整体系统观、"实行最严格生态环境保护制度"的严密法治观、"共同建设美丽中国"的全民行动观及"共谋全球生态文明建设之路"的共赢全球观等八个方面。对这八个方面关系的论述与解答，涵盖了生态与人类文明、人类社会、经济、民生、生态系统、制度和法治、美

---

① 高世楫、王海芹、李维明：《改革开放 40 年生态文明体制改革历程与取向观察》，《改革》2018年第 8 期。

② 郝栋：《习近平生态文明建设思想的理论解读与时代发展》，《科学社会主义》2019 年第 1 期。

丽中国、美丽地球之间的关系。八个方面相互依托、彼此联系，作为一个整体系统，从三个维度深刻回答了为什么建设生态文明、建设什么样的生态文明、怎样建设生态文明的重大理论和实践问题。正确解读这八个方面，是科学认知习近平生态文明思想内涵、精准把握习近平生态文明思想的关键，也是深入贯彻落实习近平生态文明思想的前提。

习近平生态文明思想不仅具有完备的理论体系和深邃的理论内涵，其思想价值还体现在有力推动我国生态文明建设实践、引领世界范围生态建设等方面。在习近平生态文明思想的指导下，全党全国贯彻绿色发展理念的自觉性和主动性显著增强，生态环境保护思想认识程度之深、污染治理力度之大、制度出台频度之密、监管执法尺度之严、环境质量改善速度之快前所未有。尤其是在 2018 年 5 月，全国生态环境保护大会之后，习近平生态文明思想进入了全面实践阶段。在长期的实践检验中，习近平生态文明思想成为破解生态环境保护和生态文明建设难题的法宝和利器，开创了我国生态文明建设的新局面，提供了美丽中国建设的行动指针，并对全球生态文明治理发挥积极示范作用。

## 三、习近平生态文明思想是人与自然和谐共生现代化的制胜法宝

生态文明思想是中国共产党长期探索实践的智慧结晶，习近平生态文明思想是当前中国共产党生态文明智慧的最高发展阶段。习近平生态文明思想的形成，为中国特色社会主义生态文明建设校正了前行方向和时代坐标，标志着我国生态文明建设正式步入了新时代。一系列科学论断和决策部署，成为当前和今后一个时期引领我国生态文明建设的航标导向，不断加快并有力推进了生态文明建设的顶层设计和制度体系建构。2019 年 10 月，党的十九届四中全会从实行最严格的生态环境保护制度、全面建立资源高效利用制度、健全生态保护和修复制度、严明生态环境保护责任制度四个方面提出了坚持和完善生态文明制度体系的努力方向和重点任务①。至此，"中国特色社会主义生态文明理论达到了体系化的全新阶段，体现了

---

① 《中共中央关于坚持和完善中国特色社会主义制度 推进国家治理体系和治理能力现代化若干重大问题的决定》，《人民日报》2019 年 11 月 6 日，第 1 版。

习近平新时代中国特色社会主义生态文明思想与时俱进的创新思维"①。

"国家治理体系治理能力现代化包含着治理手段法治化、治理主体多元化、中央与地方形成稳定的国家权力结构等重要内容。只有治理形式法治化，人们对其行为才能有明确预期，社会才能形成有效的秩序。"② 生态环境领域治理体系和治理能力现代化，是国家治理体系和治理能力现代化的重要组成部分。生态环境领域治理体系和治理能力现代化的实现离不开习近平生态文明思想的科学引领。相应地，习近平生态文明思想对于国家治理体系和治理能力现代化而言同样具有显著的助推效用。

# 第二节　人与自然和谐共生思想

作为习近平生态文明思想的基础出发点，人与自然和谐共生是习近平新时代中国特色社会主义思想核心内容"八个明确"和"十四个坚持"之一。习近平同志在十九大报告中提出把"坚持人与自然和谐共生"作为新时代国家发展的基本方略之一，明确了人与自然之间的共生关系，并将其作为发展中国特色社会主义的基本方略之一。以人与自然的和谐共生为内容的科学自然观是生态文明建设的基本要义。人对自然界的认识随着人的认识能力和水平的提高而不断深化，这是一个由"肤浅"到"深邃"、由"必然"到"自由"的过程。习近平生态文明思想的核心内容包括：人既是社会人，也是生物人；"人与自然是一种共生关系，是生命共同体，人类必须尊重自然、顺应自然、保护自然"③。人与自然和谐共生思想代表了人对自然界认识的高阶成果，是人与自然和谐共生现代化的思想基础。

## 一、习近平人与自然和谐共生思想的科学内涵

习近平人与自然和谐共生思想作为一个内涵丰富的体系对生态文明实践发挥重要引领作用，其丰富内涵至少体现在以下三个维度。

维度一：人是自然的一分子。"人与自然是生命共同体，人类必须尊

---

① 邓永芳、刘国和：《南京林业大学学报（人文社会科学版）》2019 年第 6 期。

② 吴传毅：《国家治理体系治理能力现代化：目标指向、使命担当、战略举措》，《行政管理改革》2019 年第 11 期。

③ 刘剑虹、尹怀斌：《把握人与自然和谐共生的丰富内涵》，《经济日报》2018 年 5 月 17 日。

重自然、顺应自然、保护自然。进入工业时代后，大气污染、水污染、土壤污染等环境问题日益严重，全球性生态危机成为人类共同面对的问题，保护生态环境、实现可持续发展成为各国共识。"① 人因自然而生，人对自然的伤害最终会伤及人类自身。习近平同志深刻指出："要像保护眼睛一样保护生态环境，像对待生命一样对待生态环境。"生态环境没有替代品，用之不觉，失之难存，必须坚持人与自然和谐共生，坚持节约优先、保护优先、自然恢复为主的方针，坚定不移走生产发展、生活富裕、生态良好的文明发展道路，建设人与自然和谐共生的现代化，建设望得见山、看得见水、记得住乡愁的美丽中国②。为实现生态文明目标，需"重新"认识自然，在认识自然的基础上，尊重自然，按照自然规律行事，做到人与自然和谐，"天人合一"，倡导绿色、低碳、循环、可持续的生产与生活方式。

党的十八大以来，以习近平同志为核心的党中央从实现中华民族永续发展的高度，提出并坚持人与自然和谐共生的理念，努力走出一条生产发展、生活富裕、生态良好的文明发展道路。我国生态文明建设成效显著，生态文明制度体系加快形成，全面节约资源有效推进，重大生态保护和修复工程进展顺利，生态环境治理明显加强，环境状况得到有效改善。与此同时，我国在全球生态文明建设中作为重要参与者、贡献者、引领者的地位和作用不断凸显，彰显了我国作为负责任大国的担当。

维度二：人与自然共生共存。中华民族五千年文明史中，生态智慧早就在历史长河中得到积淀。无论古今，只有在尊重自然规律、恪守自然法则的基础上利用自然，才能够避免走弯路、入歧途，也才能真正维护好人与自然的生命共同体。2016年1月18日，习近平同志在省部级主要领导干部学习贯彻党的十八届五中全会精神专题研讨班上的讲话中引用经典："孔子说：'子钓而不纲，弋不射宿。'意思是不用大网打鱼，不射夜宿之鸟。荀子也说：'草木荣华滋硕之时则斧斤不入山林，不夭其生，不绝其长也；鼋鼍、鱼鳖、鳅鳝孕别之时，罔罟、毒药不入泽，不夭其生，不绝其长也。'《吕氏春秋》中记载：'竭泽而渔，岂不获得？而明年无鱼；焚薮而田，岂不获得？而明年无兽。'这些关于对自然要取之以时、取之有度的

---

① 熊辉、吴晓：《坚持人与自然和谐共生》，《人民日报》2018年2月9日。

② 《十三、建设美丽中国——关于新时代中国特色社会主义生态文明建设》，《人民日报》2019年8月8日，第6版。

思想,有十分重要的现实意义。"① 习近平同志在继承中国古人生态智慧的基础上提出了"自然是生命之母,人与自然是生命共同体,人类必须敬畏自然、尊重自然、顺应自然、保护自然"等精辟论断,将自然生态与经济发展、社会民生有机融合在一起,从而深刻回答了人与自然和谐共生的关系问题。

维度三:人与自然荣辱与共。当人类合理、友好、保护性地开发和利用自然时,自然的回报和恩惠常常是慷慨的;当人类以毁坏性、盲目性、掠夺性的方式向自然索取时,自然的惩罚和报复也往往是无情的。正如伟大革命导师恩格斯所指出的那样,"我们不要过分陶醉于我们人类对自然界的胜利。对于每一次这样的胜利,自然界都对我们进行了报复"②。我们既要承认人类利益,要在全人类利益的基础上用全人类的道德、原则谋求世界各国人民的共同繁荣,也要承认地球生命的生存权利,顺应自然,倡导人与自然的协同进化,谋求人与自然的共同繁荣,并对人的行为进行约束。早在2014年3月14日,习近平同志在中央财经领导小组第五次会议上对这一问题作出预见性阐述,他明确指出:"建设生态文明,首先要从改变自然、征服自然转向调整人的行为、纠正人的错误行为。要做到人与自然和谐,天人合一,不要试图征服老天爷。"③ 对于生态文明建设,习近平同志历来主张"在保护中发展,在发展中保护"。"既要绿水青山,也要金山银山",强调要兼顾生态保护和生产发展,要在尊重自然、人与自然和谐共生的观念下谋求发展。"宁要绿水青山,不要金山银山",强调生态环境是脆弱的,一旦遭到破坏,将很难恢复原状,脱离环保搞经济发展,是"竭泽而渔";离开经济发展抓环境保护,是"缘木求鱼"。"绿水青山就是金山银山"的观点,说明保护生态环境与发展生产并不是对立的,二者之间可以转化。

---

① 中共中央文献研究室编《习近平关于社会主义生态文明建设论述摘编》,中央文献出版社,2017,第12页。

② 《马克思恩格斯选集》第3卷,人民出版社,1972,第517页。

③ 习近平:《建设美丽中国,改善生态环境就是发展生产力》,中国共产党新闻网 http://cpc.people.com.cn/xuexi/n1/2016/1201/c385476-28916113.html,访问日期:2021年12月3日。

## 二、人与自然和谐共生理念是新时代现代化建设的必然要求

党的十九大报告指出，"建设生态文明是中华民族永续发展的千年大计"，"人类只有遵循自然规律才能有效防止在开发利用自然上走弯路，人类对大自然的伤害最终会伤及人类自身，这是无法抗拒的规律"。这一重要论述，深刻阐释了人与自然和谐共生现代化建设的必然性，昭示着我国人与自然和谐共生现代化建设业已开始。

第一，人与自然和谐共生是经济发展方式革新的思想引领。生态文明是对旧有工业文明的升级，是对传统粗放式发展方式的革新，对经济社会发展提出了新的更高的要求。要达到这一要求，必须着力改变资源短缺趋紧的局面，改变生态环境恶化的状况，需要满足人民日益增长的美好生活需要。

第二，人与自然和谐共生是新时代现代化的核心驱动。"新时代生态文明建设是通过实现人与自然的和谐来促进人与人、人与社会关系的和谐，是实现人类的生产方式、生活方式、消费方式与自然生态系统相互协调，最终实现人类的可持续发展，其根本目的是实现人与自然和谐共生，使人类更加幸福。以尊重自然、顺应自然、保护自然为关键内容的生态文明理念，是新时代生态文明建设的核心驱动。"①唯有树立科学理念，才能保障生态文明实践方向更加明晰、步伐更加平稳。

第三，人与自然和谐共生是实现中华民族永续发展的根基所在。"人与自然和谐共生，是解决人与自然关系的最佳方案，是保护生态环境的思想基础，关系人民的根本利益和民族发展的长远利益。"②生态环境是不可替代的，处理好人与自然之间的关系才是根本之计。人与自然和谐共生着眼于保护生态环境，关系到人民的根本利益和中华民族的长远利益，绿色发展理念成为实现上述目标的应有之义。"人与自然和谐共生是正确处理经济发展与生态环境保护之间关系的思想基础，在经济发展的各方面融入绿色发展理念，推动形成绿色发展方式和生活方式，这是实现中华民族永

---

① 李绍广、陈猛：《习近平关于社会主义生态文明建设的重要论述探析》，《沈阳工业大学学报（社会科学版）》2020 年第 3 期。

② 冯留建、韩丽雯：《坚持人与自然和谐共生 建设美丽中国》，《人民论坛》2017 年第 34 期。

续发展的根本保障。"①

## 第三节　"绿水青山就是金山银山"思想

"以'绿水青山就是金山银山'为精髓的'两座山理论'发源于浙江，首先践行于浙江并在全国开花结果，迄今已成为习近平生态文明建设理论的核心思想，成为治国理政的重要理念。"②2005年习近平同志在浙江安吉县考察时首次提出"我们既要绿水青山，也要金山银山。宁要绿水青山，不要金山银山，而且绿水青山就是金山银山"③。习近平同志在担任浙江省委书记时，就多次论及"我们追求人与自然的和谐，经济与社会的和谐，通俗地讲就是要'两座山'：既要绿水青山，又要金山银山"。在其后的发展历程中，习近平同志"绿水青山就是金山银山"的科学论断形成了科学完整的理论体系。

"两座山理论"要求人们：坚决摒弃"只要金山银山，不要绿水青山"的饮鸩止渴式的经济发展观；身体力行"既要金山银山，又要绿水青山"的辩证思维的科学发展观；努力追求"绿水青山就是金山银山"的诗意栖居的生态发展观；当经济发展与环境保护产生尖锐矛盾时，必须有"宁要绿水青山，不要金山银山"的壮士断腕式的哲学发展观。因此，"'两座山理论'蕴含着经济生态化与生态经济化的辩证统一……'两座山理论'在对人与自然关系的整体性思维中更加欣赏原生态的魅力、更加承认审美体验、更加强调'化入自然中'"④。尤其党的十八大以来，"绿水青山就是金山银山"的思想融入国家治理体系和治理能力现代化，并上升为国家发展战略。归根结底，"绿水青山就是金山银山"的核心要求在于正确处理好生态环境保护和发展的关系，而这正是人与自然和谐共生现代化目标实现的基础所在。

① 冯留建、韩丽雯：《坚持人与自然和谐共生　建设美丽中国》，《人民论坛》2017年第34期。

② 张惠远：《建立以生态价值观为准则的生态文化体系》，《绿叶》2020年第1期。

③ 《弘扬人民友谊　共同建设"丝绸之路经济带"》，《人民日报》2013年9月8日，第1版。

④ 范希春：《人类命运共同体：科学社会主义的最新理论成果及其世界性贡献》，《中共杭州市委党校学报》2020年第1期。

## 一、"绿水青山就是金山银山"思想是对生态与经济共赢关系的发展

改革开放以来，我国经济高速发展，人民的生活全面进步，但一段时期内的发展与进步是以牺牲环境换取的。在局部地区，环境保护与发展之间产生了巨大的矛盾与冲突，被破坏的环境已经严重影响了经济的发展，抑制了生活水平的进一步提高，甚至危及人民的健康及生命①。面对特定历史阶段存在的发展问题和保护难题，习近平同志高瞻远瞩地看到了先污染后治理的弊端，作出了"发展的同时进行生态环境保护"等科学决策。早在 2005 年 8 月，习近平同志在浙江主政时就指出："我们过去讲，既要绿水青山，又要金山银山。其实，绿水青山就是金山银山。"② 正是在习近平同志的大力推动下，自然生态环境保护被放在更加突出的战略位置上。

党的十八大以来，习近平同志又多次论述"两座山理论"，一再强调"宁要绿水青山，不要金山银山"，并把"两座山理论"分为三阶段进行辩证关系论述。绿水青山与金山银山，二者并不矛盾，既要发展经济，也要保护环境。保护环境与发展经济可以实现双赢，绿水青山是生态资源也是经济资源。以绿色发展来解决经济与生态之间的矛盾，让绿色生活方式转化为人民的自觉行动，还大自然以常蓝的天、常青的山、常绿的水、常新的空气。既要绿水青山，又要金山银山，绿水青山就是金山银山。这是习近平同志对发展的全新论述和认识，纠正了发展思路，指明了发展方向，点出了发展的重点，是发展理论的最新表达，回答了生态与经济的关系，展现了生态文明思想的绿色发展理念。2016 年 5 月，联合国环境大会指出，"以'绿水青山就是金山银山'为导向的中国生态文明战略为世界可持续发展理念的提升提供了'中国方案'和'中国版本'"③，对我国生态文明建设成果给予高度评价。

---

① 刘明福、王忠远：《习近平民族复兴大战略——学习习近平系列讲话的体会》，《决策与信息》2014 年第 7~8 期。

② 习近平：《绿水青山也是金山银山》，《浙江日报》2005 年 8 月 24 日。

③ 黄世贤、李志萌：《绿水青山就是金山银山——学习领会〈习近平谈治国理政〉第二卷关于生态文明建设的重要论述》，《中国林业产业》2018 年第 Z1 期。

## 二、"绿水青山就是金山银山"思想加速环境生产力论的形成

在一段时期内，传统生产力在利用和改造自然的实践中，盲目追求经济增长，造成了严重的环境污染和资源危机。2013 年 5 月 24 日，习近平同志在十八届中共中央政治局第六次集体学习时指出，"要正确处理好经济发展同生态环境保护的关系，牢固树立保护生态环境就是保护生产力、改善生态环境就是发展生产力的理念，更加自觉地推动绿色发展、循环发展、低碳发展，决不以牺牲环境为代价去换取一时的经济增长。"① 环境生产力论，"就是强调人与自然的和谐发展，以开发和保护并行为原则，使经济增长幅度在生态的承载区间内，不仅要求经济社会的发展，也强调生态环境的可持续发展"②。处理好绿水青山和金山银山的关系，也就是处理好生态环境保护和发展的关系。处理得当，既可以促进经济的发展，也能守护好生态。

从生态文明的实践历程来看，环境生产力论等生态文明理论的生成并非一蹴而就。2006 年 3 月 23 日，习近平同志在《浙江日报》的《之江新语》专栏发表的《从"两座山"看生态环境》一文深刻指出，关于"两座山"间关系的认识经过了三个阶段：第一个阶段是用绿水青山去换金山银山，一味索取资源。第二个阶段是既要金山银山，但是也要保住绿水青山。第三个阶段是肯定绿水青山可以源源不断地带来金山银山，绿水青山本身就是金山银山。这一阶段是一种更高的境界，体现了科学发展观的要求，体现了发展循环经济、建设资源节约型和环境友好型社会的理念③。

## 三、"绿水青山就是金山银山"思想促动绿色发展模式确立

"'绿水青山就是金山银山'重要思想是习近平同志长期研究思考我国经济社会发展方式的认识飞跃，是对中国特色社会主义规律认识的深化，也是对人类文明发展道路深刻反思的思想结晶，涵盖了生态文明、绿色发展、人与自然和谐、经济与社会和谐、生态环境保护治理、生态建设法治

---

① 《坚持节约资源和保护环境基本国策　努力走向社会生态文明新时代》，《人民日报》2013 年 5 月 25 日，第 1 版。

② 陈光清：《我国现阶段环境保护问题及对策分析》，《祖国》2014 年第 12 期。

③ 姜来文、冯欣、栗欣如等：《习近平治水理念研究》，《中国农业资源与区划》2020 年第 4 期。

保障等各个方面，发展了马克思主义自然观、生态观、生产力理论、法治理论……"① 对绿水青山的重视和保护以及对人类长远发展的高瞻远瞩，为人与自然和谐共生现代化理念的生成打下了基础。

2015 年 10 月，习近平同志在党的十八届五中全会报告中提出了创新、协调、绿色、开放、共享五大新发展理念，其中绿色发展理念的提出为新时代发展奠定了生态底色。2015 年 11 月，《中共中央关于制定国民经济和社会发展第十三个五年规划的建议》强调指出，"坚持绿色富国、绿色惠民，为人民提供更多的优质生态产品，推动形成绿色发展方式和生活方式"②，"要大力弘扬生态文明理念和环保意识，坚持绿色发展、绿色消费和绿色生活方式"③。建立可持续的经济发展模式、健康合理的消费模式以及和睦和谐的人际关系成为贯穿整个"十三五"规划始终的一条金线，牵动了我国生态发展、循环发展、低碳发展以及生态环境改善的多维发力。正是在绿色发展模式的指引下，全社会进一步树立生态绿色文化理念，增强生态知识储备，大力推行绿色生产模式，践行生态环保观念，绿色生产、绿色生活、绿色消费逐渐成为每一个公民的共同责任，低碳环保的生产、生活、消费思想与模式正在自觉形成，美丽中国建设目标得到深入推进，而人与自然和谐共生现代化也必将借此实现。

## 第四节 "良好生态环境是最普惠民生福祉" 思想

2013 年 4 月，习近平同志在海南考察工作时指出，"良好生态环境是最公平的公共产品，是最普惠的民生福祉"④。2015 年 5 月 27 日，习近平同志在华东七省市党委主要负责同志座谈会上讲话指出："要科学布局生产空间、生活空间、生态空间，扎实推进生态环境保护，让良好生态环境成

---

① 杨道喜：《"绿水青山就是金山银山"重要思想的价值意蕴和实践指向》，《广西日报》2017 年 6 月 29 日。

②《中共中央关于制定国民经济和社会发展第十三个五年规划的建议》，《人民日报》2015 年 11 月 4 日，第 1 版。

③ 习近平：《携手推进亚洲绿色发展和可持续发展》，《人民日报》2021 年 4 月 10 日，第 1 版。

④ 光明日报评论员：《良好生态环境是最普惠的民生福祉》，《光明日报》2014 年 11 月 7 日，第 1 版。

为人民生活质量的增长点，成为展现我国良好形象的发力点。"① 基本民生观逐步上升为党的主张。党的十八大报告明确提出"建设生态文明，是关系人民福祉、关乎民族未来的长远大计"，党的十九大报告也指出"建设生态文明是中华民族永续发展的千年大计"。2018 年 5 月，在全国生态环境保护大会上，习近平同志进一步强调，"生态文明建设是关系中华民族永续发展的根本大计"。关于生态文明建设地位由"长远大计"到"千年大计"，再到"根本大计"的表述变迁，说明习近平生态文明思想在认识自然、历经检验的过程中得以不断完善，表明生态文明在我国整体工作布局中地位的日渐提升。以"良好生态环境是最普惠的民生福祉"为内容的基本民生观是习近平生态文明思想的重要构成，深刻揭示了生态环境与人民福祉之间的辩证关联。"最普惠的民生福祉"体现了以人民为中心的发展思想，是生态文明建设的"本质论"，是习近平生态文明思想的根本宗旨。同时，基本民生观也是人与自然和谐共生现代化的核心主旨，科学回答了这一现代化依靠谁、为了谁的根本问题。

## 一、良好生态是民生福祉的基本保障

安全的生产和生活都需要良好的生态环境。"当前，随着人民生活水平的逐步提高，人们对优美生存环境的需求比以往更加明显，生态环境问题成为广大民众日益关注的重要民生问题之一。"② 但一系列生态环境负面事件的出现，提醒我们生态问题已经影响到人民的生存与健康。以牺牲人民的健康和生命为代价的盲目发展不仅会影响中国的民生建设，更将威胁中华民族的永续发展。民生福祉更是离不开良好生活环境这一基本构成。实现绿色发展，拥有良好生态环境，为人们提供更为优越的生活环境，可以改善人们的生活质量，提高人们的幸福指数。毕竟，生活在优美生态环境中人民的身心会更加愉悦，幸福感也会提高。生态环境状况成为关系当前社会民生问题的主要因素之一。

---

① 《抓住机遇立足优势积极作为 系统谋划"十三五"经济社会发展》，《人民日报》：2015 年 5 月 29 日，第 1 版。

② 李全喜：《习近平生态文明建设思想中的思维方法探析》，《高校马克思主义理论研究》2016 年第 4 期。

### 二、美丽环境是幸福生活的重要内容

生态文明建设关系到每个人的幸福。在人类生存中，最为基础的条件就是生态环境，它既是关系到党的使命和宗旨的重大政治问题，也是关系到民生的重大社会问题。2015 年 3 月 6 日，习近平同志在参加十二届全国人大三次会议和全国政协十二届三次会议江西代表团审议时指出："环境就是民生，青山就是美丽，蓝天也是幸福。"① 在人类社会发展的早期，人们食不果腹，衣不蔽体，解决温饱问题是当时人们的最高追求和幸福。随着经济的发展，人们的生活得到不断改善，人们"对环境质量的要求也越来越高，良好的生态环境给人类带来巨大的精神享受，放大了人民的幸福感，加快生态文明建设已经是提高人民群众生活质量和幸福感的重要途径"②。

"生态环境是人民幸福生活的重要内容，绿水青山在一定程度上重于金山银山。"③ 正是清醒认识到生态环境没有替代品，用之不觉、失之难存，习近平同志就生态文明建设对民生的影响给予了长期持续的关切。2013 年 5 月 24 日，习近平同志在十八届中共中央政治局第六次集体学习时讲话中指出："建设生态文明，关系人民福祉，关乎民族未来。"④ 生态环境保护是功在当代、利在千秋的事业。正是在习近平生态文明思想的指引下，我国生态文明建设确定了始终坚持以人民为中心，提升生态环境质量，从而提升人民幸福感的目标和方向。这既是习近平生态文明思想所表达的民生观，也是中国共产党全心全意为人民服务宗旨在生态文明建设中的具体表现。

### 三、生态红线是民生建设的原则底线

虽然我国经济建设取得了巨大成就，但经济快速发展同时也带来了诸多生态环境问题，污染严重的大气、水、土壤已经成为突出短板，这已成

---

① 《习近平张德江俞正声王岐山分别参加全国两会一些团组审议讨论》，《人民日报》2015 年 3 月 7 日，第 1 版。

② 黄桂宝：《生态获得感的影响因素与提振途径》，《理论探讨》2019 年第 2 期。

③ 李桂花、杜颖：《"绿水青山就是金山银山"生态文明理念探析》，《新疆师范大学学报（哲学社会科学版）》2019 年第 4 期。

④ 中共中央文献研究室编《习近平关于社会主义生态文明建设论述摘编》，中央文献出版社，2017，第 5 页。

为民生之患、民心之痛，人民对此反映强烈①。生态红线论正是在这一背景下应运而生的。生态红线论要求我们在生产过程中必须始终严守生态环境保护的红线，必须坚持底线思维和适度原则。

习近平同志对于生态的保护，既着眼全局，又善抓关键环节，尤其聚焦于土地资源、空间开发和污染物控制三个重要领域。2018 年 5 月，习近平同志在全国生态环境保护大会上的讲话中强调指出："要加快划定并严守三条红线，即'生态保护红线'、'环境质量底线'和'资源利用上线'"②。在制度层面，2017 年 2 月 7 日，中共中央办公厅、国务院办公厅出台了《关于划定并严守生态保护红线的若干意见》，从制度安排上为生态保护红线的确立及保障提供了依循。针对当前频发的环境污染等具体生态问题，习近平同志也多次在不同场合明确表示："环境就是民生，青山就是美丽，蓝天也是幸福。""要像保护眼睛一样保护生态环境，像对待生命一样对待生态环境。"在习近平生态文明思想的科学引领下，各级党委、政府积极回应人民群众所想、所盼、所急，大力推进生态文明建设，提供更多优质生态产品，不断满足人民日益增长的优美生态环境需要，为人与自然和谐共生现代化奠定坚实基础。

## 第五节　"山水林田湖草是生命共同体"思想

"人类社会发展过程是一个不断地认识和利用自然资源的过程。由于气候和地形的差异，不同区域形成了不同的自然生态系统，这些自然生态系统为人类的生存和发展提供了必要的物质、环境、人文条件。"③ 以"山水林田湖草是生命共同体"为内容的整体系统观同样是习近平生态文明思想的重要内涵所在。具体而言，习近平生态文明思想体系中的整体系统观是指，将自然界中的山水林田湖草视为统一的有机整体，以生态系统的良性循环和动态平衡为着眼点，按照自然生态的整体性、系统性及其内在规律，统筹考虑自然生态各要素，进行系统整体保护、综合治理，增强生态系统的循环能力，维护生态功能，实现人与自然之间和谐共生的各种理念

---

① 秋石：《新发展理念是治国理政方面的重大理论创新》，《求是》2016 年第 23 期。
② 习近平：《推动我国生态文明建设迈上新台阶》，《求是》2019 年第 3 期。
③ 白江宏：《呵护"山水林田湖草"生命共同体》，《内蒙古日报》2018 年 9 月 11 日。

和看法的总和①。这是人与自然共生现代化理念中共生要义的理论根源。把握好整体系统论的观点，就需要我们认识到生态环境本身是一个自然系统，各种自然要素在这一自然系统中能够实现内在自我循环。

## 一、自然界是由"山水林田湖草"等多元要素构成的有机整体

"山水林田湖草都是自然界不可或缺的组成部分，它们谁也离不开谁，是生死相依的关系。破坏其中任何一类或一点，所带来的往往是对整个自然系统和整体生态环境的侵害。"② 山、水、林、田、湖、植被、空气等各种自然要素构成自然界这一整体，虽然各个要素在自然界中发挥着不同的作用，但彼此之间相互依存，构成一个联系紧密的生命统一体，且缺少其中任何一种要素，都会对其他要素产生影响，进而影响到自然界。"山是流域水资源与降雨径流的主源地，治水就应做好山区水源涵养；森林素有'绿色水库'之称，不仅能涵养水源，调节河川径流，而且能防止水土流失，保护土地资源；草是先锋植物，素有'地球皮肤'的美称，不仅能固沙保土，而且可为林木的生长创造条件；农田是天然透水性土地，深耕深松以土蓄水，是保护水资源的重要途径；湖泊是水资源的重要载体，是调蓄洪水的主要水域空间，保护水域也就是保护水资源之'本'。"③ 对此，习近平同志曾作出深刻阐述："如果破坏了山、砍光了林，也就破坏了水，山就变成了秃山，水就变成了洪水，泥沙俱下，地就变成了没有养分的不毛之地，水土流失、沟壑纵横。"④

## 二、生命共同体是由人与自然构成的共同体

生命共同体既包含人的因素，也反映了人与自然的关系。一方面，"人的生存与发展离不开自然界，不管是物质生存资料，还是物质生产资

---

① 刘彤彤：《整体系统观：中国生物多样性立法保护的应然逻辑》，《理论月刊》2021年第10期。

② 中共中央文献研究室编《习近平关于社会主义生态文明建设论述摘编》，中央文献出版社，2017，第47页。

③ 吴浓娣、吴强、刘定湘：《系统治理——坚持山水林田湖草是一个生命共同体》，《水利发展研究》2018年第9期。

④ 陈二厚、董峻、王宇等：《为了中华民族永续发展——习近平总书记关心生态建设纪实》，《人民日报》2015年3月10日，第1版。

料，人都需要从自然界中获取"①；另一方面，自然界也受到人的影响。在人类出现之前，自然界完全处于原生状态，人类对自然界的改造虽然会破坏自然的原生状态，但也极大地发掘了自然本身所蕴藏的巨大价值，促进自然界的更好发展。人与自然之间呈现出相互依存并相互影响的关系，人是生命共同体中的一分子。山水林田湖草各要素相互影响、相互制约，构成不可分割的整体。"'生命共同体'理念科学界定了人与自然的内在联系和内生关系，蕴含着重要的生态哲学思想，在对自然界的整体认知和人与生态环境关系的处理上为我们提供了重要的理论依据"②，习近平同志敏锐捕捉并深刻认识到人与自然生命共同体对经济社会发展的根本保障作用。

2013年12月12日，习近平同志在中央城镇化工作会议上发表讲话时指出："城市规划建设的每个细节都要考虑对自然的影响，更不要打破自然系统。为什么这么多城市缺水？一个重要原因是水泥地太多，把能够涵养水源的林地、草地、湖泊、湿地给占用了，切断了自然的水循环，雨水来了，只能当作污水排走，地下水越抽越少。解决城市缺水问题，必须顺应自然。比如，在提升城市排水系统时要优先考虑把有限的雨水留下来，优先考虑更多利用自然力量排水，建设自然积存、自然渗透、自然净化的'海绵城市'。许多城市提出生态城市口号，但思路却是大树进城、开山造地、人造景观、填湖填海等。这不是建设生态文明，而是破坏自然生态。"③2018年5月4日，习近平同志在纪念马克思诞辰200周年大会上指出："学习马克思，就要学习和实践马克思主义关于人与自然关系的思想。"④

### 三、保护自然必须系统保护包括"山水林田湖草"在内的整体生态环境

2013年11月9日，习近平同志在十八届三中全会上所作的《关于

---

① 彭玉婷、王可侠：《着力推进生态文明国家治理体系和治理能力现代化》，《上海经济研究》2020年第2期。
② 王夏晖、何军、饶胜等：《山水林田湖草生态保护修复思路与实践》，《环境保护》2018年第Z1期。
③ 中共中央文献研究室编《习近平关于社会主义生态文明建设论述摘编》，中央文献出版社，2007，第49页。
④ 习近平：《在纪念马克思诞辰200周年大会上的讲话》，《人民日报》2018年5月5日，第2版。

〈中共中央关于全面深化改革若干重大问题的决定〉的说明》指出："我们要认识到，山水林田湖是一个生命共同体，人的命脉在田，田的命脉在水，水的命脉在山，山的命脉在土，土的命脉在树。用途管制和生态修复必须遵循自然规律，如果种树的只管种树、治水的只管治水、护田的单纯护田，很容易顾此失彼，最终造成生态的系统性破坏。"① 生态环境系统是一个复杂庞大、各元素相互交织的整体系统，保护生态环境的良效运行同样是一个复杂艰巨的系统工程。单纯孤立地保护任何一种生态要素，都不足以实现对整体生态的保护。

唯有按照自然生态的整体性、系统性及其内在规律，统筹考虑自然生态各要素，进行系统整体保护、综合治理，增强生态系统的循环能力，维护生态功能，才能使自然得到休养生息，环境得到根本改善。作为一个系统工程的生态文明建设，同样不能单打独斗，必须建立和完善生态保护机制和监管机制的顶层设计，对生态环境进行全过程、全地域、全方位的保护。习近平生态文明思想整体系统观为当前和今后一段时期生态文明建设提供了系统理念与系统思维方法，对生态文明建设实践活动具有重要的指导意义，并为实现人与自然和谐共生现代化目标提供了重要理论积淀。

## 第六节 "用最严格制度、最严密法治保护生态环境"思想

"用最严格制度、最严密法治保护生态环境"思想是我国依法治国方略在生态环保领域的科学延伸和有益发展，是在新时代条件下坚持和发展中国特色社会主义以及实现国家治理体系和治理能力现代化的重要体现②。习近平同志的"用最严格制度、最严密法治保护生态环境"思想，要求用最严格制度、最严密法治保护生态环境，加快制度创新，强化制度执行，让制度成为刚性的约束和不可触碰的高压线。保护生态环境，必须依靠制度、依靠法治，必须把法律法规落到实处。法治建设强调的是动态管理，

---

① 习近平：《关于〈中共中央关于全面深化改革若干重大问题的决定〉的说明》，《人民日报》2013 年 11 月 16 日，第 1 版。

② 丁国峰：《十八大以来我国生态文明建设法治化的经验、问题与出路》，《学术界》2020 年第 12 期。

只有将生态文明制度建设和法治建设协调统一起来，才能覆盖社会运行的方方面面。"科学立法、严格执法、公正司法、全民守法"既是生态文明领域的全民遵循，更为人与自然和谐共生现代化目标的实现提供了强力保障。

## 一、立法严密化是运用最严格制度、最严密法治保护生态环境的必要前提

在相当长的一段时期内，尽管我国在制定和完善生态文明制度方面进行了不懈努力，但环境监管和生态保护等诸多领域仍然存在法条陈旧或者无法可依、无规可循的现实困境。早在 2013 年 12 月 10 日，习近平同志在中央经济工作会议上的讲话中敏锐指出："只有实行最严格的制度、最严密的法治，才能为生态文明建设提供可靠保障。"2016 年 11 月 28 日，在《关于做好生态文明建设工作的批示》中习近平同志进一步强调："尽快把生态文明制度的'四梁八柱'建立起来，把生态文明建设纳入制度化、法治化轨道。"[①] 在以习近平同志为核心的党中央坚强领导下，人大各级部门结合生态文明建设的新形势、新任务，对国家立法和地方立法作出了系统性、针对性的立、改、废、释等工作，陆续出台了一系列生态文明建设方面的规章制度，其中典型代表是《环境保护督察方案（试行）》《生态文明体制改革总体方案》等。2013 年环境污染罪入刑，2014 年《中华人民共和国环境保护法》作出全面修订，2018 年《中华人民共和国宪法修正案》将"生态文明"写入我国根本大法宪法当中。此外，《中华人民共和国大气污染防治法》《中华人民共和国土地管理法》等相关立法中与生态文明建设不符的内容也得到了及时的修订和完善。诸多法律文件从不同层面、不同角度为生态文明建设提供了法律指引和法治保障，充分彰显了坚持生态优先的思想导向。

---

① 中共中央文献研究室编《习近平关于社会主义生态文明建设论述摘编》，中央文献出版社，2017，第 109 页。

## 二、执法严格化是运用最严格制度、最严密法治保护生态环境的重要措施

制度的生命力在于执行。习近平同志指出，制度不能"成为'稻草人'、'纸老虎'、'橡皮筋'"，"不得作选择、搞变通、打折扣"，贯彻执行法规制度"关键在真抓，靠的是严管"①。坚持制度创新与制度落实并重，实行最严格的制度、最严密的法治，才能真正改变生态环境制度法治失之于软、失之于松、失之于宽的局面，才能切实把生态文明建设和生态环境保护纳入制度化、法治化轨道，从而有效提升生态环境领域国家治理体系和治理能力现代化水平。

在生态文明相关法律法规的具体执行过程中，要切实做到不逾越、不破坏生态环境法治红线，确保习近平同志提出的"最严格的制度"不变形、不走样，真正落到实处。尤其要注重对不同对象执法的公平性，不论是普通群众还是领导干部，只要其存在"破坏自然生态环境""损害群众生态权益"的行为，都要受到法律的制裁。着力硬化制度执行、强化法治落实，做到执法必严、违法必究，确保制度、法律在执行落实中踏石留印、抓铁有痕。"2019 年，全国实施行政处罚案件 16.29 万件，罚款金额119.18 亿元；按日连续处罚等五类案件达 2.87 万件。"②

## 三、司法公正化是运用最严格制度、最严密法治保护生态环境的必由之路

生态文明的建设是一个复杂的系统工程，司法是保障其顺利实施的重要利器。在党中央的领导下，最高人民法院于 2015 年 1 月制定并实施了《最高人民法院关于审理环境民事公益诉讼案件适用法律若干问题的解释》。2018 年 6 月 4 日，最高人民法院发布《关于深入学习贯彻习近平生态文明思想 为新时代生态环境保护提供司法服务和保障的意见》，要求各级法院更好地发挥环境资源审判职能作用，加强生态文明建设司法服务和

---

① 习近平：《推动我国生态文明建设迈上新台阶》，《求是》2019 年第 3 期。

② 李干杰：《坚决打赢污染防治攻坚战 以生态环境保护优异成绩决胜全面建成小康社会》，《环境保护》2020 年第 Z1 期。

保障。在习近平生态文明思想的科学引领下，全国各级法院不断探索完善环境公益诉讼制度等生态文明司法机制，畅通生态司法救济渠道，加大生态司法公开力度，积极推进生态案件跨行政区划集中管辖，努力实现环境司法公正化、权威化。

现阶段，环境公益诉讼制度的办案程序、标准和办案规则等得以完善，生态环境损害赔偿诉讼制度的应有活力得以释放。跨行政区划法院的建设，破解了环境资源案件生态属性与区域分割、主客场难题，优化了环境资源立案规则、证据规则、裁判规则，建立了相对统一的环境案件裁判标准。环境资源保护的多元共治机制得到有效推行，在涉生态环境损害的民事、行政以及刑事案件办理过程中，生态环境的修复保护理念得到高度重视和充分彰显。

### 四、党规体系化是运用最严格制度、最严密法治保护生态环境的特色创新

党的十八届四中全会以来，党内法规体系被确立为中国特色社会主义法治体系的重要组成内容。党的十九大报告指出，要坚持"依法治国和依规治党有机统一"，并将其作为新时代坚持和发展中国特色社会主义的基本方略的重要内容。在习近平生态文明思想的科学指引下，从党的十八届四中全会提出"形成完善的党内法规体系"到 2021 年 6 月"较为完善党内法规体系"的形成，一批涉及生态文明领域的党内法规相继制定并施行。2013 年 11 月，《中共中央关于全面深化改革若干重大问题的决定》明确指出要独立进行环境监管和行政执法。2015 年 4 月，中共中央、国务院联合发布了《关于加快推进生态文明建设的意见》，将生态文明建设上升到国家战略的高度[①]。2015 年 8 月，《党政领导干部生态环境损害责任追究办法（试行）》首次对追究党政领导干部生态环境损害责任作出制度性安排，着力扭转我国"重经济责任、轻环境责任，重企业责任、轻政府责任"的局面[②]。2016 年 12 月，中共中央办公厅和国务院办公厅联合发布了

---

① 《抓紧顶层设计 着力解决资源环境紧迫问题——国家发展改革委主任徐绍史解读〈关于加快推进生态文明建设的意见〉》，《紫光阁》2015 年 6 期。

② 刘倩：《〈党政领导干部生态环境损害责任追究办法〉评析与建议》，《环境与可持续发展》2015 年 6 期。

《生态文明建设目标评价考核办法》。2019 年 6 月,为了规范生态环境保护督察工作,压实生态环境保护责任,推进生态文明建设,建设美丽中国,根据《中共中央国务院关于全面加强生态环境保护 坚决打好污染防治攻坚战的意见》《中华人民共和国环境保护法》等的要求颁布实施了《中央生态环境保护督察工作规定》。党的十八大以来,涉及生态环境的制度改革措施达 60 余项,绝大多数改革措施都是以党内法规的形式出现的。生态文明领域党内法规的日趋体系化,体现了党中央、国务院推进生态文明建设、加强生态环境保护工作的坚强信念,为我国生态文明建设增加了新的刚性约束,对推动生态文明在法治轨道上行进发挥着重要作用。

## 第七节　共谋全球生态文明建设思想

现阶段,气候变暖、生态破坏、资源短缺等生态问题成为全球性挑战,任何一国都无法置身事外,只有将其放在全球一体化框架中才能彻底解决。"建立人类命运共同体、建设美丽地球,是人类共同的目标与追求。"① 习近平同志在关注美丽中国建设的同时,以全球视野系统回答了生态文明建设的命运共同体和国际话语权问题。"共谋全球生态文明建设大计"旨在呼吁建设人类命运共同体,从环境与政治、经济、社会等相连的角度来审视生态文明建设。习近平共谋全球生态文明建设思想意味着生态文明建设已经超越国界,要在全球范围内构建崇尚自然、绿色发展的经济结构和产业体系,开展全球环境治理,实现世界的可持续发展和人的全面发展。这一思想也推动人与自然和谐共生现代化作为中国方案提供给世界各国学习和借鉴。

### 一、平等是习近平共谋全球生态文明建设思想的基本前提

平等指的是在世界范围内各个国家无论大小、强弱,在意识形态和政治体制上有何差异,在国际事务中都有平等的话语权。国与国之间的交往应本着平等的原则,相互尊重。各国共同投身于生态文明保护的前提,同样在于各参与主体的彼此平等。2016 年 4 月 5 日,习近平同志在参加首都

---

① 吴志成、吴宇:《人类命运共同体思想论析》,《世界经济与政治》2018 年第 3 期。

义务植树活动时指出："建设绿色家园是人类的共同梦想。"① 共谋全球生态文明、建设清洁美丽世界是推动构建人类命运共同体的关键之策，符合世界绿色发展潮流和各国人民共同意愿，彰显了习近平生态文明思想的鲜明世界意义②。国际社会应该团结一致，"共谋全球生态文明建设之路，牢固树立尊重自然、顺应自然、保护自然的意识，坚持走绿色、低碳、循环、可持续发展之路"③。诚然，发达国家和发展中国家的历史责任、发展阶段、应对能力都不同，但对于全球生态保护和生态文明建设都负有共同的责任。我们欣喜地看到，正是在习近平同志的大力倡导和推动下，建设清洁美丽新世界的理念得到广泛推广，并逐步成为全人类共同的自觉行动。

## 二、开放是习近平共谋全球生态文明建设思想的重要保障

人类命运共同体思想是习近平共谋全球生态文明建设思想的重要内容，该思想的关键即在于开放。开放指的是在全球生态环境保护和生态文明建设过程中，各国对待与己不同的文明成果时，不是排斥，而是接纳、包容，尤其要杜绝以邻为壑的消极做法。习近平同志曾指出："必须从全球视野加快推进生态文明建设，把绿色发展转化为新的综合国力和国际竞争新优势。"④ 为更好地保护人类赖以生存的地球家园，中国作为负责任的大国，历来坚持环境友好，与世界各国共同应对全球环境挑战。"全人类与自然环境和谐发展新局面形成之时，就是清洁美丽世界建成之日。"⑤ 下一步，我国也将与世界各国一道以人与自然和谐共生为目标，加快构筑尊崇自然、绿色发展的全球生态体系，解决好传统工业文明带来的矛盾，实现世界的可持续发展和人的全面发展。

---

① 中共中央文献研究室编《习近平关于社会主义生态文明建设论述摘编》，中央文献出版社，2017，第 138 页。

② 评论员：《凝聚起人人参与携手奋进的美丽力量》，《贵州日报》2018 年 7 月 7 日。

③ 范希春：《人类命运共同体：科学社会主义的最新理论成果及其世界性贡献》，《中共杭州市委党校学报》2020 年第 1 期。

④ 《审议〈关于加快推进生态文明建设的意见〉研究广东天津福建上海自贸区有关方案 》，《人民日报》2015 年 3 月 25 日，第 1 版。

⑤ 孙佑海：《学习贯彻习近平生态文明思想 奋力推进生态文明建设》，《天津日报》2018 年 6 月 25 日。

### 三、参与是习近平共谋全球生态文明建设思想的主动作为

人类命运共同体是清洁美丽世界共同体，是一种生态共同体，需要各国人民共同努力为全球生态文明建设贡献智慧与力量，参与是鼓励各国积极投身于全球环境治理工作，并最终达到上述目标的根本路径。早在2013年10月，习近平同志在出席亚太经合组织工商领导人峰会闭幕式时就曾表示："我们不再简单以国内生产总值增长率论英雄，而要强调以提高经济增长质量和效益为立足点。"[①] 这一论述体现了对中国自身负责以及对世界负责的鲜明态度。2015年11月，习近平同志在气候变化巴黎大会上发表主旨演讲时面向世界作出郑重承诺："虽然需要付出艰苦的努力，但我们有信心和决心实现我们的承诺。"[②]2017年10月，习近平同志在党的十九大报告中明确将我国定位为"全球生态文明建设的重要参与者、贡献者、引领者"。上述论断体现了中国正主动承担起大国责任，对推动构建人类命运共同体作出的卓越努力。在这一科学理念的指引下，我国正在不断共谋全球生态文明建设，深度参与全球环境治理。

### 四、协作是习近平共谋全球生态文明建设思想的实践路径

协作是指在全球环境事务处理中，各国求同存异，发挥各自的作用，产生1+1>2的合力。2013年7月18日，习近平同志在致生态文明贵阳国际论坛2013年年会的贺信中代表中国郑重承诺："中国将继续承担应尽的国际义务，同世界各国深入开展生态文明领域的交流合作，推动成果分享，携手共建生态良好的地球美好家园。"[③]2017年10月，习近平同志在党的十九大报告明确提出"构建人类命运共同体，建设持久和平、普遍安全、共同繁荣、开放包容、清洁美丽的世界"的目标任务。

"无论是发展中国家还是发达国家，都共同面临生态环境的挑战，生活在美丽家园是全人类的梦想，共同应对环境问题才能保护我们唯一的家

---

① 《习近平在亚太经合组织工商领导人峰会上的演讲》，新华网 http://www.xinhuanet.com/politics/2013-10/08/c_125490697.htm，访问日期：2021年4月22日。

② 习近平：《携手构建合作共赢、公平合理的气候变化治理机制》，《人民日报》2015年12月1日，第2版。

③ 《生态文明贵阳国际论坛2013年年会开幕》，《人民日报》2013年7月21日，第1版。

园——美丽的地球。"① 上述目标承诺的实现，有赖于国际社会携手同行，构建尊崇自然、绿色发展的经济结构和产业体系，解决好工业文明带来的矛盾，共谋全球生态文明建设之路，实现世界的可持续发展和人的全面发展。对此，我国率先颁布实施 2030 年可持续发展目标的计划。同时，为应对气候变化，我国还积极签署《巴黎协定》，积极践行绿色发展理念，与世界各国通力合作来推动绿色"一带一路"建设，为全球生态环境治理以及人与自然和谐共生现代化目标的实现提供了中国智慧和中国方案。

① 吴志成、吴宇：《人类命运共同体思想论析》，《世界经济与政治》2018 年第 3 期。

# 第四章　人与自然和谐共生现代化的
# 理念遵循

党的十九届五中全会通过的《中共中央关于制定国民经济和社会发展第十四个五年规划和二〇三五年远景目标的建议》的第十部分在关于生态文明建设的部署中强调指出，我们要建设的现代化，是"人与自然和谐共生"的现代化。这一重要论述充分说明我国当前致力于建设并将长期坚持的人与自然和谐共生现代化与一般意义上的现代化在内涵和外延上都存在显著的差异。人与自然和谐共生现代化绝非对其他国家样板的翻刻，而是世界上其他国家（包括一些发达国家）当前和历史上所未曾实现过的。人与自然和谐共生现代化立足中国国情、社情、民情，具有鲜明的中国特色，是以追求人与自然和谐共生为目标的更高境界的新型现代化。人与自然和谐共生现代化目标的实现，离不开科学发展理念的指引。以创新、协调、绿色、开放、共享为基本构成的新发展理念，"双碳"战略目标以及高质量发展定位，是新时期引领我国经济社会高质量发展的行动纲领，更是人与自然和谐共生现代化的核心理念依循。准确把握以新发展理念为核心的科学理念，是推动人与自然和谐共生现代化目标实现的重要保证。

## 第一节　新发展理念

党的十八届五中全会提出的新发展理念（创新、协调、绿色、开放、共享）是中国共产党在继承以往发展理念的基础上，依据当前世情、国情、党情的变化，在宏观理念和战略构想上实现的实质性飞跃。党的十九大报告再次强调指出，必须坚定不移贯彻创新、协调、绿色、开放、共享的新发展理念。新发展理念不仅反映了中国共产党对时代发展规律认识的又一次飞跃，而且折射出中国特色社会主义实践的再次升级。

## 一、新发展理念的基本内涵

新发展理念，是在深刻总结国内外发展经验教训、分析国内外发展趋势的基础上形成的，是针对我国发展中的突出矛盾和问题提出来的，是我国长期发展思路、发展方向、发展着力点的集中体现。新发展理念关系到我国发展全局的一场深刻变革，也是对人与自然和谐共生现代化目标实现的重要价值指引。

第一，创新。坚持创新发展，就是把创新摆在国家发展全局的核心位置，解决发展动力问题。具体来说，包括推动产业创新、科技创新、制度创新、管理创新，增强企业发展的活力和竞争力。当前，我国经济发展业已进入新常态，依据经济发展规律，在投资增速放缓和效率下降的情况下，必须更多依靠科技进步和创新推动经济发展，实现从"要素驱动""投资驱动"向"创新驱动"的转变，使经济增长获得新的动力源泉①。有鉴于此，我们必须把创新摆在国家发展全局的核心位置，不断推进理论创新、制度创新、科技创新、文化创新等各方面创新，让创新贯穿党和国家一切工作，让创新在全社会蔚然成风。

第二，协调。坚持协调发展，就是实现辩证发展、系统发展、整体发展，解决发展不平衡问题。协调的关键在于，促进国有企业与民营企业积极合作、大中小企业协同发展、军民深度融合和城乡协调发展，实现优势互补、互利共赢。"一段时间以来，我国城市化发展迅速，但农村现代化进程相对缓慢，农村仍有大量贫困人口；在唯 GDP 时代，经济实现了高速增长，但引发了各种社会问题和矛盾；世界第二大经济体的硬实力背后，是软实力的相对不足，国民素质和文明程度有待进一步提高。"② 由于我国发展不平衡问题主要集中在城乡二元结构、区域发展失衡、社会文明程度和国民素质与经济社会发展水平不匹配等方面，习近平同志指出："在经济发展水平落后的情况下，一段时间的主要任务是要跑得快，但跑过一定路程后，就要注意调整关系，注重发展的整体效能。"③ 简言之，协调发展，就是要改变单一发展偏好，打破路径依赖，实现整体发展。

---

① 任保平、甘海霞：《中国经济增长质量提高的微观机制构建》，《贵州社会科学》2016 年第 5 期。

② 张广昭、陈振凯：《五大理念的内涵和联系》，《人民日报（海外版）》2015 年 11 月 12 日。

③ 习近平：《在党的十八届五中全会第二次全体会议上的讲话（节选）》，《求是》2016 年第 1 期。

第三，绿色。坚持绿色发展，其核心在于大力发展绿色经济，推进清洁生产，自觉履行环保责任，实现经济效益、社会效益、生态效益有机统一。改革开放以来，我国经济飞速发展，但这一成就是以粗放型增长方式为支撑，以资源环境的透支为代价的。习近平同志强调，我们既要绿水青山，也要金山银山。宁要绿水青山，不要金山银山，而且绿水青山就是金山银山。"坚持绿色发展，就是在中国发起一次生态革命，解决人与自然和谐问题。无论是生态环境承载力的不足，还是人们环保意识、权利意识的增强，都要求国家调适发展理念，将绿色发展摆在更加突出的位置。"① 人民对美好生活的向往，是中国共产党念兹在兹的执政目标和努力方向，而生态美好是人民心目中"美好生活"的重要内容。在人民的崭新认知里，生态是否美好、能否尽享绿色，与幸福感息息相关。必须坚持节约资源和保护环境的基本国策，坚持可持续发展，坚定走生产发展、生活富裕、生态良好的文明发展道路，加快建设资源节约型、环境友好型社会，形成人与自然和谐发展现代化建设新格局。

第四，开放。开放是中国发展不断取得新成就的重要法宝。"当前，随着综合国力的提升和我国开放型经济的国内外形势发生了较大变化，我国对外开放需在更高层次上进行。国际上，全球经济一体化转向区域高水平的一体化，这种一体化具有明显的排他性，中国的贸易环境从比较自由宽松转向不确定性。国内经济发展进入新常态，传统贸易结构已经很难贡献更多增长动能，我国的比较优势已经发生深刻变化，必须加快优化升级。"② 坚持开放发展，就是紧紧抓住打造内陆开放高地的机遇，大力"引进来"，主动"走出去"，争当开放发展排头兵。开放发展理念，也是在面向世界昭告，中国会继续坚持对外开放的基本国策。对于中国来说，现在的问题不是要不要对外开放，而是如何提高对外开放的质量和发展的内外联动性。中国作为世界第二大经济体，需要更多地参与全球经济治理，提高制度性话语权。无论是"一带一路"建设，还是牵头设立亚投行，都是对开放发展理念的深刻践履③。

① 张广昭、陈振凯：《五大理念的内涵和联系》，《人民日报（海外版）》2015 年 11 月 12 日。

② 李志忠：《五大发展理念的基本内涵与重要意义》，《滁州日报》2016 年 8 月 26 日。

③ 孙吉胜：《当前全球治理与中国全球治理话语权提升》，《外交评论（外交学院学报）》2020 年第 3 期。

第五，共享。坚持共享发展，就是着力增进人民福祉，增强获得感，解决社会公平正义问题。"改革开放以来一段时间里的经济社会发展，关注效率较多，兼顾公平不够，由此导致不同行业、不同地区、不同群体收入悬殊，城乡公共服务水平差距较大。社会分配不公的问题如不能有效解决，将影响发展力量的积聚和改革共识的达成，也不利于社会秩序的建构。"① 对广大人民群众在共享改革发展成果过程中所面临的一些体制机制障碍，都要坚决地予以破除，打破既得利益阻力。只有找准打点、瞄准痛点，才能推动就业创业，兴办社会事业，为社会作出更大贡献。只有这样，才能实现人民对美好生活的向往，中国共产党长期执政才能牢固。

## 二、新发展理念要素之间的内在逻辑

理论的生命力在于指导实践。要想充分发挥新发展理念的指导作用，就必须深刻认识新发展理念各个发展理念之间的内在联系，将这些理念贯穿落实到经济社会发展的各个领域中。新发展理念相互贯通、相互促进，是具有内在联系的集合体。作为实现中华民族伟大复兴的重要指引，新发展理念辩证联系在一起，构成了不可分割的整体；作为指导中国社会主义现代化发展的重要指南，新发展理念实现了马克思主义理论的全面升级；作为紧抓时代机遇的关键理念，新发展理念从发展主体、发展重点、发展原则等方面创新了发展实践模式。

一是创新发展，位于新发展理念之首。新发展理念本身就是一种创新，它贯穿其他四个发展理念，起着统领全局的作用。创新发展，注重的是更高质量、更高效益。坚持创新发展，将使一国、一地区的发展更加均衡、更加环保、更加优化、更加包容。也就是说，创新发展对协调发展、绿色发展、开放发展、共享发展具有很强的推动作用。

二是协调发展，就是解决不协调的问题。"过去的发展是'快跑'的发展，而新的历史条件下需要'有氧慢跑'，绿色、开放、共享这三个发展理念是实现协调发展的最佳路径，协调发展理念要求在处理发展中各个环节的关系时，必须坚持'绿色发展'的理念，最重要的就是对于生态环境和自然资源的保护，在发展过程中突出生态文明，以牺牲自然环境为代

---

① 李志忠：《五大发展理念的基本内涵与重要意义》，《滁州日报》2016 年 8 月 26 日。

价的发展是对下一代以及自身的不负责任。"① 坚持协调发展，将显著推进绿色发展和共享发展进程。更加注重生态保护、社会保护，是协调发展的题中之义。

三是绿色发展，注重的是更加环保、更加和谐。任何以牺牲自然环境为代价的发展，都是对下一代以及自身的不负责任。坚持绿色发展，将深刻影响一个地区的发展模式和幸福指数。要想实现绿色发展，就需要不断进行技术创新和理念创新。同时，绿色发展将显著提高人们的生活质量，使共享发展成为有质量的发展。

四是开放发展，注重的是更加优化、更加融入。坚持开放发展，将增强我国经济的开放性和竞争性。开放发展是一国繁荣的必由之路。改革开放以来几十年取得的经验表明，只有坚持走开放的道路才能发展自身，才能站在整个人类社会的高度，将我国和世界视为一个整体，从而为我国和平崛起开辟出一条畅通的国际轨道。纵观世界，凡是走封闭之路的国家，无一不步入了失败国家的行列。开放发展，将使发展更加注重创新，更加重视生态文明的影响，有利于我国人与自然和谐共生现代化与国际社会的同拍合步，进而实现全球范围内的共享发展。

五是共享发展，注重的是更加公平、更加正义。坚持共享发展，是坚持其他四种发展的出发点和落脚点。一切的发展，都是为了人的发展。坚持共享发展，将为其他四种发展提供伦理支持和治理动力。坚持共享发展理念，最终目的就是要让全国人民共享改革开放取得的发展成果，包括人与自然和谐共生现代化的成果。

新发展理念缺一不可。哪一个发展理念贯彻不到位，就如同木桶之上的短板，将对发展进程乃至国计民生造成重大影响。唯有新发展理念统一部署、统一安排、统一贯彻，坚持出实招、亮实策、破难题，才能保障新发展理念的均衡化贯彻落实，推动人与自然和谐共生现代化目标的早日实现。

## 三、新发展理念助推人与自然和谐共生现代化的重大意义

新发展理念是以习近平同志为核心的党中央治国理政新理念、新思

---

① 赵海萍:《五大发展理念及其内在关系》,《世纪之星（交流版）》2016 年 8 期。

想、新战略的一个标志性重大理论成果。"要从历史、现实与未来的发展脉络中，从当代中国和当今世界面临的时代课题中，深刻认识新发展理念对于在新的历史条件下坚持和发展中国特色社会主义、丰富和发展马克思主义，所具有的突出理论贡献和重大实践价值。"① 尤其要科学把握新发展理念对人与自然和谐共生现代化的科学指引作用。

第一，新发展理念完美契合了中国经济社会发展的客观规律。当前，我国经济发展已经进入新常态，所面临的重要战略机遇期的内涵也发生了深刻变化。近年来经济运行、经济发展的情况不断验证一个事实，那就是传统的发展方式、旧常态下的发展路径已经无法持续，迫切需要一场发展理念的深刻变革，在理念上进一步破题。崇尚创新、注重协调、倡导绿色、厚植开放、推进共享，是一场由灵魂深处的思想革命引领的触及社会实践各领域、各方面的深刻变革。新发展理念的适时提出，反映了新常态下发展的内在要求、科学原则和价值诉求，强调了发展的综合性、多维度，厘清了我国经济社会发展的思路、发展方式、发展着力点，是我们党顺应时代潮流的战略抉择。

回顾改革开放以来我们走过的历程，从改革计划经济体制到建立社会主义市场经济体制，从加入世贸组织到积极引领经济全球化发展，每一次思想的解放、观念的转变，都激荡起滚滚的改革浪潮，带来了发展的脱胎换骨、经济的腾飞跨越。在决胜全面建成小康社会的历史关头，以习近平同志为核心的党中央协调推进"四个全面"战略布局，审时度势提出新的发展理念，必将引领从思想观念层面向社会实践层面、制度机制层面，从经济领域向各个领域延伸拓展的一场深刻变革。这场全方位、深层次的变革，必将在中国特色社会主义发展进程中、在中华民族伟大复兴道路上，开辟新的境界。

第二，新发展理念是新时代对现代化建设的认识的一次重大升华。改革开放 40 多年来，我们党高度重视理论指导和理论创新。新发展理念作为我们党的重大理论创新成果，是当代中国共产党人运用马克思主义立场、观点和方法解决中国问题的典范，是当代马克思主义政治经济学的最新成果。"它集中体现着实事求是、与时俱进的马克思主义理论品格，体

---

① 黄坤明：《深刻认识新发展理念的重大理论意义和实践意义》，《光明日报》2016 年 7 月 25 日，第 6 版。

现着全面、辩证、系统的整体思维，体现着科学社会主义的基本原则，是破解中国经济突出问题、引领未来长远发展的根本选择，书写了中国特色社会主义政治经济学的新篇章。"①

第三，新发展理念是人与自然和谐共生现代化的内在灵魂。理念在理论、纲领、规划等中居于灵魂地位，具有统摄作用。新发展理念是我们党治国理政尤其是关于发展的新理念，是我国在相当长一段时期内经济社会建设实践的旗帜引领，是协调推进"四个全面"战略布局的关键，更是决胜人与自然和谐共生现代化的灵魂所在。党的十八大以来，党中央提出协调推进"四个全面"战略布局。在"四个全面"战略布局中，全面建设社会主义现代化国家处于中心位置；全面深化改革、全面依法治国是战略举措，全面从严治党是战略保证，而最后要取得成功的关键决胜之策则是发展。新发展理念创造性地回答了新形势下我们要实现什么样的发展、如何实现发展的重大问题。从某种意义上说，"五大理念"是"四个全面"的具体展开或延伸。新发展理念鲜明体现了对经济发展新常态的引领性。新发展理念把握了发展速度变化、结构优化、动力转换的新特点，顺应了推动经济保持中高速增长、产业迈向中高端水平的新要求，点明了破解发展难题的新路径。更为关键的是新发展理念是实现"两个一百年"奋斗目标的行动指南。新发展理念不仅成功指导"十三五"如期全面建成了小康社会，而且对"十四五"规划及面向 2035 年远景目标的实现，以及我们党确定的第二个百年奋斗目标的完成具有强力指导作用。

第四，绿色发展是实现人与自然和谐共生现代化的必由之路。2017 年 5 月 26 日，习近平同志在十八届中共中央政治局第四十一次集体学习讲话中指出："推动形成绿色发展方式和生活方式，是发展观的一场深刻革命。"② 是否践行绿色发展模式，是衡量习近平生态文明思想贯彻与否的试金石，是关乎生态文明建设成败的胜负手。党的十八届五中全会提出了"创新、协调、绿色、开放、共享"的新发展理念；党的十九大报告指出，必须坚定不移贯彻"创新、协调、绿色、开放、共享"的新发展理念。党

---

① 黄坤明：《深刻认识新发展理念的重大理论意义和实践意义》，《光明日报》2016 年 7 月 25 日，第 6 版。

② 《推动形成绿色发展方式和生活方式 为人民群众创造良好生产生活环境》，《人民日报》2017 年 5 月 28 日，第 1 版。

的十九届四中全会进一步作出了"必须践行绿水青山就是金山银山的理念"的战略部署。走绿色发展道路，践行绿色发展模式，既是中国共产党一以贯之的政策导向，更是人与自然和谐共生现代化目标实现的重要价值依托，不容打折扣、作选择、搞变通。绿色发展的实现需从如下方面着手。

一是牢固树立绿色发展理念是坚定不移推动人与自然和谐共生现代化的必要保障。站在新时代的风口浪尖，"传统的不平衡、不协调、不可持续的粗放型发展模式已走到尽头"①，绿色发展才是高质量发展的应有之义。我们要深刻认识到，发展决不能以牺牲环境为代价，更不能以子孙后代的幸福为筹码。必须坚持以习近平生态文明思想为指引，勇于冲破短视思维的迷雾，算好长久账、民心账，做到惜"绿"如金、尽善其用，让"绿水青山就是金山银山"的理念入脑入心、化为行动。科学布局绿色生产、生活和生态空间，倡导简约适度、绿色双碳、文明健康的生活方式和消费模式，形成人与自然和谐共生新格局。同时，要保持战略定力和发展耐心，不被外界杂音所扰，不为一时的"数字增长"所惑，将绿色发展理念贯穿高质量发展的方方面面。树立绿色发展理念的关键在于"两座山理论"。"两座山理论"是习近平同志对马克思主义历史观、自然观、发展观的创新发展。既要绿水青山，也要金山银山，绿水青山可以带来金山银山，但金山银山却买不到绿水青山，这是经济发展与生态保护的辩证法。就政府主体而言，要牢固树立创新、协调、绿色、开放、共享的新发展理念，坚定不移走生态优先、绿色发展道路，统筹协调经济增长与生态保护的关系，探索经济建设与生态文明建设并举的发展道路，协同推动经济高质量发展和生态环境高水平保护，实现资源利用方式由粗放型向集约型转变。就市场主体而言，要在生态环境保护上算大账、算长远账、算整体账、算综合账，大力推广清洁、低碳、循环生产方式，持续提升传统产业，培育壮大新型产业，发展节能环保、清洁能源等产业，加快构建循环型工业、农业、现代服务业和绿色金融业，努力实现经济效益、社会效益、生态效益同步提升。

二是革新传统经济发展方式是强力推动人与自然和谐共生现代化建设的关键之举。改革开放以来，我国经济增长取得了举世瞩目的成绩。伴随着工业化、城镇化、市场化的快速发展，"先污染后治理"的发展思路也

① 《传统的粗放型经济增长模式已走到尽头》，《人民日报（海外版）》2012年11月27日。

带来了资源约束趋紧、环境污染严重、生态系统退化等诸多问题。生态环境的恶化不仅直接降低了人民生活的质量，而且严重影响了党和政府的形象。针对中国经济增长已经进入新的转折点的新形势，习近平同志为生态文明建设开出了"转变经济发展方式"这一良方，并指出"必须从'先污染后治理'转向'边发展边治理'，要'更加自觉地推动绿色发展、循环发展、双碳发展'，才能'给自然留下更多修复空间，给农业留下更多良田，为子孙后代留下天蓝、地绿、水净的美好家园'"①。为子孙后代留下可持续发展的"绿色银行"、保护生态环境是利国利民利子孙后代的大事等一系列重要论述的提出，一方面揭示了生态环境与经济社会发展之间的密切关系，另一方面也表达了对人民群众长远利益的关注。从"生态环境就是生产力"的基本理念出发，政策制定者必须摒弃对 GDP 增长的盲目崇拜，更加关注经济与环境的关系。在习近平同志的大力推动下，生态文明建设业已成为人类文明发展的重要形式和人与自然和谐发展的必然要求。在当前和今后一个时期的生态文明建设实践中，要坚决执行创新、协调、绿色、开放、共享的新发展理念，走生态优先与绿色发展之路，促使经济与生态协同发展。

要积极推动形成绿色生产和生活方式。绿色生产方式是对绿色发展理念的直接贯彻，需要在生产过程中调整好产业结构，积极发展绿色产业，加快对传统产业的绿色变革。尤其是各个生产部门，必须从源头上杜绝污染，推广绿色生产方式。同时，要着力推动绿色生活方式，生态文明建设需要全民参与，这就要求培养全民的绿色生活方式，比如绿色出行、绿色居住、绿色旅游、绿色消费等。通过奖惩的方式，在全社会积极倡导绿色生活方式。要使"生态环境就是生产力"的理念真正进头脑，就要摒弃对 GDP 增长的过分热衷与崇拜，更加重视经济与生态的关系，实现绿色发展与科学发展。

三是牢固树立绿色发展理念是破解人与自然和谐共生现代化建设难题的有力武器。"新发展理念是一个整体，是全方位的，绝不只是经济指标

---

① 中共中央文献研究室编《习近平关于社会主义生态文明建设论述摘要》，中央文献出版社，2017，第 20 页。

这一项。绿水青山是人民幸福生活的重要内容,是金钱不能替代的。"①绿色发展是高质量发展的基本内涵,也是解决突出环境问题的根本之策。习近平同志多次强调,要加快绿色发展、循环发展、双碳发展,这是基本途径和方式。中国特色社会主义进入新时代,我国社会主要矛盾已经转化为人民日益增长的美好生活需要和不平衡不充分的发展之间的矛盾。绿色发展的推进要着力在解决突出环境问题上下功夫。"要加快确立绿色发展战略和规划,形成全国绿色空间格局;大力推进生产绿色化发展,通过财税、金融、价格等市场机制,集聚绿色技术创新资源,推动企业研发绿色技术,持续推动化解落后和过剩产能,加快产业结构绿色转型;大力开展创建节约型机关、绿色家庭、绿色学校、绿色社区和绿色出行等行动,完善绿色产品推广政策,加快形成绿色生活方式。"②始终坚定不移深入贯彻习近平生态文明思想,坚持统筹兼顾,综合施策,点面结合,求真务实,更多运用好市场经济和技术的手段,重点聚焦现实生态环境问题,坚决避免形式主义、表面文章,确保环境治理、环境质量改善没有水分,经得起历史和时间检验。

绿色发展不是孤立的,应实现绿色发展与协调发展的同轨并进。"在经济社会发展的横向层面获取绿色发展的空间,以引领、约束协调发展实践,提升其绿色发展的要素或成分,真正实现绿色发展的要求。协调发展必须遵循绿色发展理念,在区域协调发展、城乡协调发展特别是支援革命老区、民族地区、边疆地区、贫困地区的过程中不能忽略这些区域的绿色发展方面的指向,要注重提升这些区域生产方式的层次,维护其生态环境质量。"③绿色发展与协调发展看似指向有异,但它们实质上相互贯通,并在实践中互为促进。绿色发展看似束缚了协调发展的"手脚",但实质上优化了协调发展质效,而协调发展反过来又提升了绿色发展水平。

绿色发展不能靠傻干、蛮干,而要靠实干加巧干。应积极依托现有的科技手段及智慧资源,想方设法降低生产成本、经营成本,千方百计减小生产、经营过程中废弃物对环境造成的影响。善于运用科技手段、创新思维破解绿

---

① 吴舜泽:《推动绿色发展要正确处理好生态环保与经济发展的关系》,新华网 http://www.xin-huanet.com/energy/2019-12/28/c_1125398240.htm,访问日期:2021 年 10 月 29 日。

② 陶良虎:《深刻把握习近平生态文明思想的内涵》,《湖北日报》2019 年 10 月 13 日。

③ 张定鑫:《深刻认识绿色发展在新发展理念中的重要地位》,《光明日报》2019 年 12 月 12 日。

色发展难题，特别是关键技术瓶颈，将绿色理念贯穿生产、经营全过程。同时，要清醒地认识到科技创新的"双刃剑"效用，在将科技成果运用于生产与经营过程时，必须充分考虑并妥善防范新科技成果对生产、经营以及生态环境可能造成的破坏。发展必须遵循绿色发展理念，适应绿色发展的要求，而非唯经济效率马首是瞻。"绿色发展与创新发展相互贯通、相互促进：绿色发展对创新发展具有约束作用而使之具有环保性、生态性；创新发展对绿色发展具有动力支撑作用，创新发展构成绿色发展的技术支点或智能依托。"[1] 现阶段，我国生态治理过程中科技手段的运用在不断加强。

## 第二节　双碳战略目标

党的十八大以来，党中央提出了生态文明理念和新的要求，明确了绿色发展、循环发展、低碳发展是未来我国的基本发展路径[2]，确立了我国低碳经济发展的总基调。在低碳发展模式的基础上，2020 年 9 月 22 日，国家主席习近平在第七十五届联合国大会一般性辩论会上发表重要讲话时提出，中国二氧化碳排放力争于 2030 年前达到峰值，努力争取 2060 年前实现中和，首次正式提出了双碳战略目标。2021 年 3 月 15 日，习近平同志在主持召开中央财经委员会第九次会议时强调："实现碳达峰、碳中和是一场广泛而深刻的经济社会系统性变革。"[3] 在 2021 年 9 月 21 日举行的联合国大会上，国家主席习近平承诺中国"不再新建境外煤电项目"，这是中国为应对全球气候变化作出的又一重大标志性努力。双碳战略目标的适时提出和强力推动，是我国作为负责任大国对全球作出的庄严承诺，体现了中国在全球舞台上的气候领导力，并对全球和其他国家的气候行动产生了积极影响。双碳战略目标的提出恰逢其时，更是人与自然和谐共生现代化战略实现的必经步骤。对双碳战略目标的科学解构，同样是保障人与自然和谐共生现代化行稳致远的关键之举。

---

① 张定鑫：《深刻认识绿色发展在新发展理念中的重要地位》，《光明日报》2019 年 12 月 12 日。
② 秦书生、杨硕：《习近平的绿色发展思想探析》，《理论学刊》2015 年第 6 期。
③ 《推动平台经济规范健康持续发展 把碳达峰碳中和纳入生态文明建设整体布局》，《人民日报》2021 年 3 月 16 日，第 1 版。

## 一、双碳战略目标是实现人与自然和谐共生现代化目标的内在要求

从世界范围来看，双碳战略目标绝不仅仅是我国的努力方向，世界各国都在采取有力措施来应对全球的环境恶化，这深刻体现了人类的生存和发展依赖于自然界，只有顺应自然界的规律，才能从自然界里获得更大的自由的铁律。放眼全球，部分发达国家在实现碳排放达峰后，相继明确了碳中和的时间表。譬如，芬兰在 2035 年，奥地利和冰岛在 2040 年，瑞典在 2045 年实现净零碳排放，英国、挪威、加拿大、日本等将碳中和的时间节点定在 2050 年。作为世界上最大的发展中国家和最大的煤炭消费国，中国双碳战略目标的提出对全球气候应对至关重要。之所以将双碳战略目标提升到如此高度，并非单纯对国际社会通行做法的复制，而是由于这一发展模式契合我国的现实国情和发展前景。

改革开放以来，我国的经济社会发展取得了举世瞩目的伟大成就，但发展模式依然在较大程度上存在粗放式样态，导致我国环境资源形势日趋严峻。中国是世界上最大的能源消费国和碳排放国，根据煤炭工业规划设计研究院发布的《中国煤炭行业行业"十三五"煤控中期评估及后期展望》执行报告，2019 年中国煤炭消费量占全球总消费量的 51.7%[①]，是当之无愧的世界第一煤炭消费大国。近年来，虽然煤炭在中国的能源消耗中所占的比例在下降，但依然牢牢占据能源消费总量的半壁江山。占比极高且持续增长的煤炭耗能，对我国的能源安全乃至国家安全构成严峻挑战，并对国内以及全球生态环境保护构成重大挑战。结合我国面临的资源环境约束，双碳战略目标是当前和今后相当长一段时期我国经济社会发展的一条必由之路。坚定不移走双碳战略目标道路，是保障人与自然和谐现代化目标早日实现的正确道路。

进入新时代，抓好双碳战略目标主线，有助于协同推进节能和优化能源消费结构等能源问题的破解，有助于协同解决环境末端治理和生态建设问题，有力地促进中国经济社会在资源环境约束下的可持续发展。双碳战略目标实现是在资源环境约束下推动中国经济社会可持续发展的内在要

---

① 陈樟福生、刘雅萍：《我国煤炭行业前景及授信策略分析》，《供应链管理》2021 年第 4 期。

求，也是顺应全球绿色双碳战略目标新常态的必然选择，更是彰显中国负责任大国形象的政治名片①。致力于双碳目标的发展，是新时代人类社会发展的新形态、新模式、新潮流，我国庄严承诺并将其列为重要战略目标，有利于我国在全球范围率先占领战略制高点。

## 二、双碳战略目标是人与自然和谐共生现代化实现的必经步骤

双碳战略的实现，是要在新时代生态文明建设规划中定准把牢的远景目标，更是我国强力推进人与自然和谐共生现代化的必经步骤。在双碳战略目标提出后，一系列碳减排规划和行动在"十四五"规划中得到了充分体现。"十四五"时期，我国生态文明建设进入了以降碳为重点战略方向、推动减污降碳协同增效、促进经济社会发展全面绿色转型、实现生态环境质量改善由量变到质变的关键时期。抓好双碳战略目标，不但可以解决好节能和优化能源消费结构这两个能源利用的核心问题，还有助于协同解决环境污染问题，并助力人与自然和谐共生现代化目标的早日实现。

为保障双碳战略目标的顺利实现，党和国家相继颁布并实施了多项政策措施。2021 年 10 月 24 日，《中共中央国务院关于完整准确全面贯彻新发展理念做好碳达峰碳中和工作的意见》发布实施，对碳达峰、碳中和工作进行了系统谋划和总体部署。这是我国提出双碳战略目标后发布的首份纲领性文件，为我们呈现了一幅双碳总蓝图。10 月 26 日，国务院发布《2030 年前碳达峰行动方案》，该方案将碳达峰贯穿经济社会发展全过程和各方面，在重点任务中明确列出"碳达峰十大行动"，提出到 2025 年，非化石能源消费比重达到 20% 左右，单位国内生产总值能源消耗比 2020 年下降 13.5%，单位国内生产总值二氧化碳排放比 2020 年下降 18%，为实现碳达峰奠定坚实基础；到 2030 年，非化石能源消费比重达到 25% 左右，单位国内生产总值二氧化碳排放比 2005 年下降 65% 以上，顺利实现2030 年前碳达峰等阶段性的目标任务②。

---

① 李凤亮、古珍晶：《"双碳"视野下中国文化产业高质量发展的机遇、路径与价值》，《上海师范大学学报（哲学社会科学版）》2021 年第 6 期。
② 胡鞍钢：《中国实现 2030 年前碳达峰目标及主要途径》，《北京工业大学学报（社会科学版）》2021 年第 3 期。

## 三、双碳战略目标对推动经济社会系统性变革具有重大贡献

温室气体随着人类工业文明的不断发展而不断增加。不断排放的温室气体导致全球气候显著恶化，进而使人类社会的可持续发展面临愈发严峻的考验和挑战，双碳战略目标恰恰为人类社会提供了新的更优选项。做好双碳战略目标的目标定位，是实现双碳战略目标的先决条件。放眼世界，各国都在致力于提出并推动双碳战略目标的实现，并为此投入大量人力、物力和财力。双碳战略目标已经成为当前全球的新趋势、新潮流，并掀起全球范围内的一场发展模式竞赛。在这场看不见硝烟的竞赛中，我国不能落伍，必须尽快抢占新的战略制高点，这对率先实现人与自然和谐共生现代化至关重要。

针对中国经济增长已经进入新的转折点的新形势，习近平同志将实现碳达峰、碳中和的重要性提升到了一场经济社会系统性变革的高度，并提出了将其纳入生态文明建设整体布局这一良方。实现双碳战略目标，意味着中国经济增长与碳排放深度脱钩，而中国当前能源结构以高碳的化石能源为主，能源消费总量居高不下且上升趋势明显。双碳战略目标所引发的变革既覆盖国家发展方式，又覆盖社会生活观念。作为世界上最大的发展中国家，双碳战略目标事关当前的碳排放规模限制、众多行业结构优化以及资源能源结构调整，是破除人与自然和谐共生现代化发展所面临痼疾沉疴的破冰战略。双碳战略目标在未来数十年是持续的、不间断的，而且对双碳，不应当机械地理解成两个阶段，或者一个阶段的两个部分，而是彼此关联、互为保障的整体。要在 2030 年前实现碳达峰，其重中之重是切实抓好双碳战略目标提出后的第一个五年规划，即"十四五"规划。采取有力措施，在"十四五"时期围绕双碳战略目标以及人与自然和谐共生现代化目标，持续深化经济社会系统性变革，加快形成节约资源和保护环境的产业结构、生产方式、生活方式、空间格局，才能保障在 2030 年前实现碳达峰，并把峰值稳定在合理水平，使得碳达峰到碳中和的过渡更为平稳。

具体而言，推动双碳战略目标的实现，对经济社会系统性变革的贡献至少体现在如下方面。

第一，推动新型工业化目标的早日实现。不同的工业化道路和产业结构对于国家经济发展目标实现的推动效力存在较大差异，对于资源环境碳排放的代价也有显著不同。中国经济还要发展，同时资源环境压力很大，这就要求必须走一条"高科技、高附加值、低消耗、低污染"的新型工业化道路，产业经济要由规模扩张型向质量效益型转变，以更小的资源环境碳排放代价实现经济发展目标。衡量质量效益的关键定量指标就是实现同样的经济产出，要做到占地少、碳排放（能耗）低、环境污染小，核心是提高资源、环境和碳排放代价的产出效率。用合理的工艺、技术提供合理的产品（服务）产出来实现我们的经济增长目标，是走新型工业化道路的关键所在。走新型工业化道路，首先是生产什么、生产多少来实现经济目标，这是战略层面的问题；其次才是采用什么样的工艺、技术、能源品种去生产，这是战术层面的问题。只有战略、战术都日趋科学合理，才能真正走出一条绿色低碳的新型工业化道路。

第二，推动新型城镇化目标的早日实现。近年来，随着党的惠民政策的落地生根，农村地区民众的收入水平和生活水平显著提高，这就导致在相当长一段时期我国在消费领域的碳排放数量显著提升。因此要求走一条"集约、智能、绿色、低碳"的新型城镇化道路，以更少的资源环境和碳排放代价来满足老百姓日益提高的合理的生活质量要求。在工业化和城镇化都已经完成的发达国家，工业、建筑、交通领域的能耗和碳排放基本上各占1/3，但是中国的建筑、交通等消费领域的能耗和碳排放总共才占1/3左右①，这并非仅仅源自节能，更是由于部分地区的少数民众当前的生活水平还很有待进一步提升。双碳战略目标的持续推动，通过碳排放交易等制度安排，有助于科学、及时调节我国客观存在的地区发展不平衡、城乡发展不平衡等问题，并为新型城镇化目标的实现注入新的动能。

三是推动能源清洁低碳目标的早日实现。清洁能源有别于传统能源，在带来同等甚至更高能量的同时，对资源的消耗、对环境的污染显著减小。如何通过科技革新和技术投入，逐步完成清洁能源对传统能源的替换，成为重大而现实的研究课题。"不同品种的能源碳排放差别很大，同样发一度电，煤的碳排放是天然气的2倍以上，而可再生能源则是零排

① 刘清杰：《"一带一路"沿线国家资源分析》，《经济研究参考》2017年第15期。

放"①，所以能源清洁双碳化就要求"控煤、提气、发展非化石能源"。"但目前中国煤炭消费超过全球煤炭消费总量的 50%，相应碳排放超过碳排放总量的 3/4，而东部一些发达省市单位国土面积的煤炭消费量是世界平均水平的 30~40 倍；可再生能源虽然在快速发展，但是包括核电和可再生能源的非化石能源仅占一次能源总量的 11.2%。"② 这种高能耗的能源利用模式，依然是我国当前部分地区的真实写照。如何摆脱这一陈旧落后的模式，如何尽早实现与世界范围内清洁能源模式接轨，双碳战略目标将是重要的且必要的选项。"由于资源环境碳排放的外部成本尚未充分反映到能源价格中，导致不同能源品种的比价关系不合理，同时相关清洁双碳能源利用技术成熟度与产业化也需要加快解决。"③ 唯有大力加强碳排放指标控制，推进能源节约，加快发展非化石能源及新能源，才能解决上述问题，而这些目标任务都是双碳战略实施的应有之义，且是实现人与自然和谐共生现代化的必备要件。

总体来看，双碳战略目标的实现与人与自然和谐共生现代化是合拍同步的。在碳达峰、碳中和目标提出后，全国上下的经济社会转型正在提速。但双碳战略目标实现所面临的诸多工作都是难啃的"硬骨头"，目标实现绝非易事。但在习近平新时代中国特色社会主义思想的指引下，党中央、国务院根据我国的现实国情、经济社会发展状况等因地制宜地制定了相关实施方案，并陆续出台了一批与双碳战略目标相关的党内法规以及行政规章，为双碳战略目标的实现提供了强大的制度保障。上述政策行动充分反映了党和政府对双碳战略目标的高度重视和坚定决心。

## 第三节　高质量发展定位

"在全面建设小康社会阶段，我们主要解决的是量的问题；在全面建设社会主义现代化国家阶段，必须解决好质的问题，在质的大幅提升中实

① "中国能源发展战略与政策研究报告"课题组：《中国能源发展战略与政策研究报告（上）》，《经济研究参考》2004 年第 83 期。

② "中国能源发展战略与政策研究报告"课题组：《中国能源发展战略与政策研究报告（上）》，《经济研究参考》2004 年第 83 期。

③ 蒋海舲、肖文海、魏伟：《能源气候外部性内部化的价格机制与实现路径》，《价格月刊》2019 年第 8 期。

现量的持续增长。"① 回顾历史，高质量发展定位是我们党在推动经济建设不断向高级形态迈进过程中形成的，走向高质量发展是带有历史必然性的渐进过程。党的十九届六中全会通过的《中共中央关于党的百年奋斗重大成就和历史经验的决议》明确指出，要"坚持以高质量发展为主题、以供给侧结构性改革为主线、建设现代化经济体系、把握扩大内需战略基点，打好防范化解重大风险、精准脱贫、污染防治三大攻坚战等"。可以说高质量发展是人与自然和谐共生现代化的基本特征，也是通向建设现代化强国的必由之路。

## 一、新时代高质量发展定位的丰富内涵

党的十九大根据发展阶段和社会主要矛盾重大变化，经过充分论证，明确提出我国经济已由高速增长阶段转向高质量发展阶段。十九大报告明确指出，进入新时代，我国社会主要矛盾已经转化为人民日益增长的美好生活需要和不平衡不充分的发展之间的矛盾。坚持质量第一、效益优先成为经济发展必然要求。2017 年 12 月，习近平同志在党外人士座谈会、中共中央政治局会议以及中央经济工作会议等几次重要会议上反复强调，要"推动高质量发展"。2020 年 10 月，党的十九届五中全会指出，"我国已转向高质量发展阶段"，并确立了"以推动高质量发展为主题"的目标方向。此刻，"高质量发展"的定语，从"我国经济"变成了"我国"。2020 年 11 月，习近平同志在对《中共中央关于制定国民经济和社会发展第十四个五年规划和二〇三五年远景目标的建议》的说明中，专门围绕"高质量"主题作出解读，强调"新时代新阶段的发展必须贯彻新发展理念，必须是高质量发展"，"经济、社会、文化、生态等各领域都要体现高质量发展的要求"。2021 年 3 月 5 日，在参加第十三届全国人大四次会议内蒙古代表团审议时，习近平指出："要深化改革开放，优化营商环境，积极参与共建'一带一路'，以高水平开放促进高质量发展。"在 3 月 6 日看望全国政协医药卫生界、教育界委员并参加联组会时，习近平强调："织牢国家公共卫生防护网，推动公立医院高质量发展。"3 月 7 日，习近平同志在参加十三届全国人大四次会议青海代表团审议时强调，高质量发展是"十四五"乃

---

① 刘鹤：《必须实现高质量发展》，《人民日报》2021 年 11 月 24 日，第 6 版。

至更长时期我国经济社会发展的主题，关系到我国社会主义现代化建设全局。习近平同志指出，高质量发展"不是一时一事的要求，而是必须长期坚持的要求"。

立足习近平同志一系列科学论述和对中央相关文件精神的解读，我们认为高质量发展是结合当下新时代特征和中国国情对马克思主义发展观的改造和升华。新时代语境下，推动高质量发展是立足社会主义现代化建设全局的战略选择。高质量发展并非短时间内的规划方案，更非权宜之计，既是对我国经济发展的要素条件、组合方式、配置效率发生改变，面临的硬约束明显增多，资源环境的约束越来越接近上限等客观困难的妥善应对，也是指导当前和今后一段时期经济社会发展的科学理念，将得到长期、广泛的贯彻实施。此外，高质量发展还体现为渐进性，绝非靠一蹴而就在短时间内匆忙实现的，而是在以习近平同志为核心的党中央坚强领导下，按照既定的时间表、路线图有计划、分步骤地渐次实现的，是解答新时代经济社会发展问题的最优解，是人与自然和谐共生现代化建设的强力推进剂。

## 二、高质量发展对人与自然和谐共生现代化的强力推动作用

高质量发展是对传统经济模式的改进，其价值魅力尤其表现为对人与自然和谐共生现代化的强力推动作用，在我国经济社会发展过程中得到了充分彰显。要确保高质量发展定位的落地生根，需要深刻领会高质量发展的价值和意义。

第一，高质量发展是降低资源消耗、解决资源矛盾的重要举措。改革开放以来，我国经济指标取得了几十年如一日的高速发展。与此同时，我国的资源消耗、环境污染等呈现严峻的态势，并逐步成为制约我国经济发展的瓶颈。新形势下，受国际局势和能源环境的因素影响，国内能源供应的内外部形势不稳定性、不确定性显著增强。譬如，2021 年国内先后有十多个省份出现能源紧张局面，被迫实行有序用电等措施。如果不及时改变这种粗放式的能源利用模式，我国的资源状况和环境态势势必愈发恶化，甚至对来之不易的经济社会发展成果形成反噬。

当前，我国经济发展对资源的依赖性比较大，重工业中采掘业、原材

料工业所占比重过高，资源型、初加工型和粗放型工业占主导地位。但资源的人均占有水平低，开采强度过大，导致资源的支撑力下降，造成后备资源不足。"高质量发展通过推进资源利用方式从粗放向节约的转变，缓解了经济发展和资源不足的矛盾。"① 高质量发展通过对自然资源的合理开发、科学利用提出新的更高要求，可以更为有效地达到节约资源的目的，进而有效缓解人与自然之间的资源利用矛盾。在高质量发展大潮的推动下，资源综合利用、科学利用、循环利用将逐步由自发转化为自觉。通过节约资源、增加效益、创造新的财富，有力保护自然环境，并推动经济社会健康发展，从而实现人与自然和谐共生现代化的目标。

第二，高质量发展是实现经济建设和生态保护协调发展的必然选择。进入新时代，经济发展态势相较于以往更是充满挑战，节能减排、应对气候变化等压力巨大。我国一次能源的对外依存度依然居高不下，能源成本直接受到国际能源价格变化的影响。中国是一个能耗大国，同时也是一个二氧化碳排放大国，为应对气候变化，在提高能效和减排方面需要更多的投入。从国内角度来看，我国经济发展前景广阔，但产业结构不合理等问题仍亟待解决，不持续、不协调问题仍旧显著，因此必须加快实现产业优化转型，提高能源、资源使用效率。

为应对新时代发展中存在的挑战，以创新、协调、绿色、开放、共享为内容的发展理念被适时提出，高质量发展也成为人与自然和谐共生现代化的必然选项。制定科学的法律、法规、政策对高质量发展尤为重要，更直接关乎人与自然和谐共生现代化目标的实现。人与自然和谐共生现代化对高质量发展意义重大，是实现社会经济绿色、低碳、循环、全面、协调、可持续发展的重要支撑。

## 三、强化高质量发展定位的全民思想引领

曾经在相当长的一段时期，"传统的粗放型发展模式在我国占据主导地位，节约资源、保护环境的全民意识一度相对淡漠"②。思想是行动的先导。当前和今后一个时期，高质量发展模式落地生根的关键就在于贯彻

---

① 李湘舟、肖君华、邓清柯等：《科学发展的道路越走越宽广》，《新湘评论》2011 年第 17 期。

② 李伟、张占斌：《中国渐进式经济转型经验及其发展道路探索》，《中共党史研究》2008 年第 3 期

习近平生态文明思想，始终以新发展理念为依循。高质量发展事关人民群众的身体健康和切身利益，是一个重大的社会民生问题，每个人都应做绿色发展的倡导者、践行者、推动者①。针对当前高质量发展的新形势、新任务，唯有在全社会树立起人人尊重自然、人人顺应自然、人人保护自然的高质量发展观，使习近平生态文明思想成为广大人民群众的世界观、价值观的重要组成部分，才能有效提升人民群众的参与意识、参与能力和参与水平。具体可从以下三个方面着手。

第一，在增强全社会高质量发展观念上下功夫。高质量发展作为一项复杂的系统工程，绝不仅仅是一个简单、纯粹的技术问题②。要想从根本上贯彻高质量发展定位，处理好人与自然的关系，有效推进高质量发展，必须切实增强广大民众的高质量发展观念。

一是科学把握高质量发展观念培育的主体范围。对于高质量发展观念，不同的参与主体应依据自身实际作出有针对性的、有侧重的把握。对于各级党委而言，"必须从创新执政理念、提升执政水平的角度审视高质量发展的战略地位，加强生态治理能力，把生态执政理念体现在治理的方方面面"③。尤其要强化"一盘棋"意识，彻底扭转学习贯彻高质量发展定位只是党政机关、公务人员等"官方"职责义务的狭隘观念，建立全社会各阶层、各领域、各行业、各部门、各群体之间通力协作的良好形态，形成强大的共同合力。通过持续引导和长期培育，将高质量发展观念转化为社会主流思想，把行动汇聚到高质量发展的事业中，推动绿色变革的最终实现。

二是始终坚守高质量发展观念的战略定力。2019年3月，习近平同志在参加十三届全国人大二次会议内蒙古代表团审议时特别提出，"要保持加强生态文明建设的战略定力"。对习近平同志提出并倡导的高质量发展精神的学习和贯彻，同样不能搞"一阵风""三分钟热度"，而要切实将其贯穿生态环境保护、生态文明建设以及全局性发展建设的始终。"要坚持按客观规律办事，充分认识高质量发展的历史特点和时代特征，尊重自然

---

① 李龙、范兴科：《发展主义人权观的法哲学研究》，《中共浙江省委党校学报》2017年第5期．

② 习近平：《与时俱进的浙江精神》，《今日浙江》2006年第3期．

③ 任中义：《习近平生态文明思想的内在逻辑与实践向度》，《中共福建省委党校学报》2018年第10期。

主体，遵守自然法则，遵循自然规律，像保护眼睛一样保护生态环境，像对待生命一样对待生态环境；决不以牺牲环境为代价去换取一时的经济增长，决不走先污染后治理的老路，决不能以牺牲后人的幸福为代价换取当代人的富足，让全体人民共享改革发展的生态红利"[①]，扎实推进"美丽中国"建设。

第二，在培养全民高质量发展意识上下功夫。在一段时期内，由于欠缺高质量发展定位的系统知识，人们对生态环境秉持"局外人"的思维，多是批评政府、指责环保部门、控诉污染企业，却没有意识到保护生态环境人人有责。而生态环境保护和生态文明建设没有广大人民群众的共同参与将难以为继。习近平同志在党的十九大报告中强调："我们要牢固树立社会主义生态文明观，推动形成人与自然和谐发展现代化建设新格局，为保护生态环境作出我们这代人的努力！"其中的"我们"既包括了各级党委政府，同样也涵盖了广大的社会民众。建议采取灵活多样的方式和大众喜闻乐见的形式，强化对高质量发展意识的培养和塑造。既要明确高质量发展定位，强化政府的责任意识，也要对社会公众普及高质量发展观念，增强全民的生态责任感，让生态理念内化于心、外化于行，变成公众生活常识，推动健康与良性的高质量发展。

一是培养人与自然和谐共生意识。人与自然和谐共生意识是人类对工业文明时期所造成的生态破坏、环境污染等一系列问题进行深刻反思后形成的一种如何处理人与自然关系的思想观念。人类必须正确处理自身与大自然的关系，倘若继续肆意污染环境、破坏生态，将最终毁灭人类的共同家园。在人与自然之间建立一种和谐关系，成为科学认知习近平生态文明思想的应有之义。树立尊重自然、顺应自然、保护自然的高质量发展定位，是培养人与自然和谐共生意识的关键所在。

二是培养全民的理性节约意识。习近平同志在党的十八大报告中指出，"节约资源是保护生态环境的根本之策"，将节约资源上升到了国家战略的高度。要千方百计引导人民群众在生产和生活中爱护环境、保护环境，自觉地形成一种节约资源、爱护环境的意识，并善用科学意识指导生态环境保护和高质量发展实践。要始终形成勤俭光荣、浪费可耻的良好社

① 刘明福、王忠远：《习近平民族复兴大战略——学习习近平系列讲话的体会》，《决策与信息》2014 年第 7~8 期。

会风尚，推崇节约适度、绿色双碳、文明健康的生活方式和消费模式，努力将资源节约意识融入日常生产、生活方式当中，为自然界自我修复和自我净化留出足够空间。

三是树立全民生态责任意识。一段时期内，部分民众对高质量发展的参与度有限，究其根源在于其保护生态环境的意识相对薄弱。正如习近平同志在党的十九大报告中所倡导的"为保护生态环境作出我们这代人的努力"，要积极引导社会各界彻底摒弃高质量发展"局外人"的思维，以实际行动参与其间。一方面，"要着力强化政府的生态责任意识，将高质量发展定位深入贯彻到政府制度、行为、文化等方面，构建生态型政府；另一方面，要增强全民的生态责任感，倡导绿色、低碳、健康的生态消费方式，放弃能耗高的生活方式和不理性的消费方式，促进人与自然的和谐，让生态理念内化于心、外化于行，变成公众生活常识，推动高质量发展健康与良性发展"①。

四是提升全体公民的生态道德意识。"所谓生态道德意识，是指人们对协调人与自然关系、保护人类自身生存与发展环境所必须遵循的道德准则和行为规范的认知能力，是生态意识的道德基础。"② 要结合时代特点，借助信息化手段的便利，通过多元媒介手段、针对性教育活动、主题社会实践活动等丰富形式，加强生态道德观、生态法治观教育，促进全体公民对生态文明的认知和理解。引导广大民众用生态道德准则和行为规范约束自己的言行，积极助力社会主义高质量发展。着力加速传统价值观、发展观、伦理观的转变与优化，以及人与自然和谐共生、永续发展理念在民众头脑中的自觉形成。不断促进工业文明向高质量发展方向及时转变，让生态伦理原则和规范在高质量发展实践中发挥积极的引导作用。

第三，在凝聚全民参与合力上下功夫。能否形成整体合力，事关高质量发展成败。将高质量发展意识贯穿到生产、生活中，鼓励以节能、绿色、低碳为关键词的高质量生活方式，是凝聚全民参与的整体合力的应然举措。要通过教育、宣传与引导，提升民众的生态意识，倡导高质量发展

---

① 杜飞进：《关于 21 世纪的中国马克思主义——论习近平治国理政新思想的理论品格》，《邓小平研究》2016 年第 3 期。

② 陈俊：《习近平生态文明思想的当代价值、逻辑体系与实践着力点》，《深圳大学学报（人文社会科学版）》2019 年第 2 期。

的价值观，进一步发挥主导推动作用。能否充分调动社会公众的参与热情，是影响高质量发展定位能否落地生根的关键要素。

在高质量发展中，政府的引导和表率作用非常重要，应重点抓好主要领导干部这一"关键少数"。各级党委、政府既要做好高质量发展总方向的指引、总措施的制定，也要做好高质量发展的体系维护工作，确保高质量发展从低级有序向高级有序演化。要进一步树立科学政绩观。科学的政绩观，是各级党委政府尤其是领导干部组织、实践高质量发展的指南针。在高质量发展中，必须放弃旧的政绩观，以"功成不必在我"的精神境界和"功成必定有我"的历史担当，按照高质量发展的要求，做到在发展中保护生态环境，在保护中求得发展。引导各类企业充分肩负起社会生态环境责任，推进高质量发展、绿色经济和双碳经济，增加生态产品的供给，减少污染，并使企业在生态治理体系下高效生产。花工夫、下力气强化对高质量发展定位的宣传教育，使双碳环保的生活方式成为人们的自觉行为，在生态环保中真正做到知行合一。要着力提高党员领导干部的政治站位，使高质量发展定位家喻户晓、深入人心，把高质量发展重大部署和重要任务落到实处。通过在学懂、弄通、做实上下功夫，引导社会各界将学习贯彻习近平高质量发展置于重要位置，切实提高全民重视程度和社会参与氛围。通过讲好"高质量发展"故事，从源头上解决好学习贯彻习近平生态文明思想的"总开关"问题，不断坚定党员领导干部以及全体国民主动参与高质量发展的自觉和自信，在全社会推动形成"党委领导、政府主导、企业主责、公众参与"的整体合力，为高质量发展以及人与自然和谐共生现代化目标的实现而奋斗。

# 第五章　人与自然和谐共生现代化的
## 治理体系优化

　　2013 年 11 月，党的十八届三中全会创造性地提出了"推进国家治理体系和治理能力现代化"的重大命题，并将其作为全面深化改革的总目标。关于国家治理体系和治理能力现代化，习近平同志作出"坚持和完善中国特色社会主义制度、推进国家治理体系和治理能力现代化，是关系党和国家事业兴旺发达、国家长治久安、人民幸福安康的重大问题"①的重要论断。党的十九大报告将"坚持人与自然和谐共生"作为新时代坚持和发展中国特色社会主义基本方略的重要组成部分，集中体现了党中央全面提升生态文明、建设美丽中国的坚定决心和坚强意志，为进一步加强生态环境保护、满足人民对优美生态环境的需要提供了强大思想引领、根本遵循和实践动力。十九届六中全会"明确中国特色社会主义事业总体布局是经济建设、政治建设、文化建设、社会建设、生态文明建设五位一体"，"明确全面深化改革总目标是完善和发展中国特色社会主义制度、推进国家治理体系和治理能力现代化"②，充分肯定了国家治理体系和治理能力现代化的巨大价值和功效。

　　自然是人类生存和发展的基础，要发展就必须处理好人与自然的关系，只有在政治、经济、文化和社会管理制度上深化国家治理体系和治理能力现代化，才能实现资源的合理、可持续利用和生态环境的有效保护，从而形成人与自然和谐发展现代化建设的新格局。所谓国家治理体系，是在党领导下管理国家的制度体系，包括经济、政治、文化、社会、生态文明和党的建设等各领域的体制机制、法律法规安排，是一整套紧密相连、

---

　　① 习近平：《坚持和完善中国特色社会主义制度 推进国家治理体系和治理能力现代化》，《求是》2020 年第 1 期。

　　② 《中共中央关于党的百年奋斗重大成就和历史经验的决议》，《人民日报》2021 年 11 月 17 日，第 1 版。

相互协调的国家制度①。国家治理体系现代化，是人与自然和谐共生现代化治理的重要着力点。

# 第一节　人与自然和谐共生现代化的政治体系优化

促进人与自然和谐共生现代化，离不开政治体系现代化。政治体系是政治行为主体所依赖的制度形式，是政治行为主体与政治制度的有机统一。它不仅包括政府机构和国家体系，还包括它们之间的互动关系。政治体系支配国家的整个政治生活，是政治文明的核心。衡量一个国家政治现代化程度高低的主要标志就是看该国是否建立了一套科学合理、行之有效的民主政治体系。政治体系现代化的主要内容就是为国家提供群众支持的政治民主化过程，以及促进更广泛的政治参与制度的建立。党的十九届四中全会作出一个重要判断："中国特色社会主义制度是党和人民在长期实践探索中形成的科学制度体系，我国国家治理一切工作和活动都依照中国特色社会主义制度展开，我国国家治理体系和治理能力是中国特色社会主义制度及其执行能力的集中体现。"②正因为如此，推进政治体系现代化的主要任务就是要通过积极稳妥地推进政治体制改革来"坚持和完善人民当家作主制度体系，发展社会主义民主政治"③，从而实现人与自然和谐共生的现代化。

## 一、着力增强多元主体力量建设

人与自然和谐共生现代化是国家治理的一项战略任务，涉及各方利益相关者，包括政党、政府、市场和社会在内的多元主体。要实现人与自然和谐共生的现代化，必须明确多元主体各方的定位和作用，寻求多元治理的合作路径。只有加强多元主体力量建设，才能充分发挥促进人与自然和谐共生现代化的作用。在多元主体之中，政党处于核心地位，发挥着引导与调节的枢纽性作用，人民政协作为政党协商的组织机构，

---

① 张文显：《国家制度建设和国家治理现代化的五个核心命题》，《法制与社会发展》2020 年第 1 期。
② 《中国共产党第十九届中央委员会第四次全体会议公报》，人民出版社，2019，第 4 页。
③ 同上书，第 9 页。

"吸纳了大量党派、社团、企业家、专家学者、社会各界代表人物和港澳台人士，凸显着国家治理体系构建中要求参与主体多元化和包容性的基本特质"①。一方面，中国共产党是国家治理现代化的核心力量，它代表着最广大人民的根本利益，能够有效地调整各种主体和对象的利益，从而有效地调整人与自然的关系；另一方面，在中国社会主义初级阶段，各民主党派仍然发挥着连接社会重要力量的作用，能够将社会力量吸收到国家治理中，发挥着重要的连接和调节作用，从而促进现代化建设中人与自然和谐共生战略任务的实现。新型政党制度不仅可以直接影响客体，还可以通过其他主体影响客体，因而它对人与自然和谐共生现代化的路径选择具有指导意义②。

要发挥新型政党制度的制度优势来推进人与自然和谐共生的现代化，需要充分发挥新型政党制度对于增强人与自然和谐共生现代化主体力量建设的指导作用。一是坚持和完善中国共产党领导的多党合作和政治协商制度。坚持长期共存、相互监督、肝胆相照、荣辱与共，巩固中国特色社会主义政党制度。充分发挥社会主义协商民主的独特优势，提高建言资政和凝聚共识能力。统筹推进政党协商、人大协商、政府协商、政协协商、人民团体协商、基层协商、社会组织协商。加强人民政协专门协商机构建设，丰富协商形式和协商规则，促进协商民主广泛、多层、制度化发展，建立健全协商制度、协商程序和协商参与方式，确保人民享有广泛的权利，持续深入地参与日常政治生活③。二是坚持和完善民族区域自治制度。全面贯彻党的民族政策，坚持走中国特色解决民族问题的道路。增强中华民族共同体意识，增强广大人民对伟大祖国、中华民族、中华文化、中国共产党、中国特色社会主义的认同感。高举中华民族大团结的旗帜，推动各民族团结奋斗，共同繁荣发展。全面贯彻民族区域自治法，依法管理民族事务，维护各民族合法权益④。三是全面贯彻党的宗教工作基本方针。全

---

① 董明：《角色与功能：人民政协与现代国家治理体系的互动互构》，《浙江社会科学》2015年第5期。

② 陈惠丰：《关于人民政协与新型政党制度的几个问题》，《人民政协报》2021年12月15日，第8版。

③ 孙小垒：《不断激发新型政党制度的效能》，《联合日报》2021年11月25日，第5版。

④ 郝时远：《新时代坚持和完善民族区域自治制度》，《中南民族大学学报（人文社会科学版）》2021年第11期。

面贯彻党的宗教信仰自由政策，依法管理宗教事务，坚持独立自主自办原则，积极引导宗教与社会主义社会相适应。坚持宗教中国化方针，充分发挥宗教界人士和信教群众在促进经济社会发展中的积极作用，努力调动积极因素，遏制消极因素①。四是完善基层自治制度。健全基层党组织领导的基层群众自治机制，提高群众自我管理、自我服务、自我教育、自我监督的效能。完善企事业单位民主管理制度，保障职工的知情权、参与权、表达权、监督权，维护职工合法权益。五是要发挥工会、共青团、妇联等人民团体的作用。加强人民团体等群团组织的政治性、先进性、大众性，健全联系广泛、服务群众的群团工作体系，把各自联系的群众紧紧凝聚在党的周围，更好地发挥群众的桥梁和纽带作用②。明确新型政党制度在人与自然和谐共生现代化建设中的作用，通过不断创新和发展，使新型政党制度的建设主体功能制度化，为人与自然和谐共生现代化提供源源不断的动力。

## 二、坚持和完善人民代表大会制度

我国政治制度的完善发展是国家全面发展进步事业的重要组成部分，也是实现人与自然和谐共生现代化的根本保障。人民代表大会制度是坚持党的领导、人民当家作主、依法治国有机统一的根本政治制度安排。它是实现人与自然和谐共生现代化的根本政治制度。习近平总书记在党的十九大报告中强调："坚持人与自然和谐共生。建设生态文明是中华民族永续发展的千年大计。"建设人与自然和谐共生的生态文明，关系人民福祉，关乎民族未来。我们党明确指出：我们要建设的现代化是人与自然和谐共生的现代化，既要创造更多物质财富和精神财富以满足人民日益增长的美好生活需要，也要提供更多优质生态产品以满足人民日益增长的优美生态环境需要。所以，在领导人民为实现社会主义现代化和中华民族伟大复兴的奋斗中，我们党旗帜鲜明地把生态文明建设纳入中国特色社会主义事业总体布局之中，把推进生态文明建设，建设美丽中国，实现中华民族永续发展作为党的神圣使命，作为党对中华民族的庄严承诺，而人民代表大会制

①　何虎生、韩玉瑜：《中国共产党宗教政策基本内涵研究》，《世界宗教文化》2021 年第 4 期。
②　王晨：《推进中国特色社会主义政治制度自我完善和发展》，《人民日报》2020 年 11 月 24 日，第 6 版。

度是最能体现我们党的执政理念、最能保证人民当家作主、最符合中国国情的民主政治制度。人民代表大会制度是中国特色社会主义制度的重要组成部分，也是支撑中国国家治理体系和治理能力的根本政治制度。新形势下，我们要毫不动摇坚持人民代表大会制度，也要与时俱进完善人民代表大会制度。各级国家机关的权力由人民代表大会行使。追根溯源，一切权力来自人民[①]。只有坚持和完善人民代表大会制度，坚持和完善人民当家作主制度，发展社会主义民主，充分发挥中国特色社会主义制度和国家治理体系的优势，才能真正实现人与自然和谐共生的现代化。确保人大制度和人大工作在人与自然和谐共生现代化建设的战略目标下与时俱进、不断完善和发展，必须立足实践、理论联系实际，结合中国国情和实际，不断丰富具有实践特色和时代特色的人民代表大会制度。坚持和完善中国特色社会主义制度，推进人与自然和谐共生的现代化建设，中国正朝着更加美好的未来前进。

党的十九大报告中鲜明提出了"中国特色社会主义进入新时代，我国社会主要矛盾已经转化为人民日益增长的美好生活需要和不平衡不充分的发展之间的矛盾"的重大判断。这一重大判断，不仅为新时代的经济建设、政治建设、文化建设、社会建设和生态文明建设指明了新的发展方向，而且为实现人与自然和谐共生的战略布局提供了决策依据和理论支撑。改革发展稳定任务比以往任何时候都更艰巨，问题、风险、挑战比以往任何时候都更多。人民代表大会制度有明显的优势，但也需要与时俱进，根据时代发展和人民需要不断加以完善。坚持国家的一切权力属于人民，支持和保证人民通过人民代表大会行使国家权力，保证各级人大代表都由民主选举产生，对人民负责，受人民监督，保证各级国家机关都由人大产生，对人大负责，受人大监督，加强人大对"一府一委两院"的监督，保障人民依法通过各种途径和形式管理国家事务、管理经济文化事业、管理社会事务。支持和保证人大及其常委会依法行使立法权、监督权、决定权、任免权，密切人大代表同人民群众的联系，健全代表联络机制，更好地发挥人大代表的作用。健全人大组织制度、选举制度和议事规

---

[①]　本报评论员：《坚持和完善人民代表大会制度——论学习贯彻习近平总书记中央人大工作会议重要讲话》，《人民日报》2021 年 10 月 16 日，第 1 版。

则，适当增加基层人大代表数量，加强地方人大及其常委会建设①。

## 三、优化人民政协职能

人与自然和谐共生现代化作为国家治理的战略任务，实现制度化与高效化是其重要内容，这依赖于人民政协职能的细化，离不开人民政协与同级党委、人大、政府等其他组织关系的明确化和规范化。中国人民政治协商会议之所以能够获得广泛的政治支持并继续发挥政治效力，是因为它能够维护人民的根本利益，符合中国的基本国情。人民政协是一项具有中国特色的制度安排。它是政党政治和民主政治理论与实践的创新发展。它在许多方面具有显著的比较优势和独特优势，有利于实现人与自然和谐共生的现代化进程的制度化和高效化。

中共十九届四中全会对人民政协在国家治理体系中的重要作用提出了明确要求，强调要"发挥人民政协作为政治组织和民主形式的效能，提高政治协商、民主监督、参政议政水平，更好凝聚共识"，要"进一步完善人民政协专门协商机构制度，丰富协商形式，健全协商规则，优化界别设置，健全发扬民主和增进团结相互贯通、建言资政和凝聚共识双向发力的程序机制"。在已有的政治协商、民主监督、参政议政三大职能基础上，现今新增了凝聚共识职能，形成了人民政协全新的四大职能体系。新时代，科学配置并理顺四大职能的内在关系，成为全面高效发挥人民政协职能的重要前提。凝聚共识是人民政协的初心和本心，在继续发挥已有三大职能的基础上，再通过凝聚共识这个新理念的实践为新时代的人与自然和谐共生的战略任务作出新贡献。首先，始终坚持中国共产党的领导。人民政协必须坚持党的全面领导，以党的政治建设为统领加强政协党的建设，通过制度运行、民主程序和有效工作，把党的主张转化为参加人民政协各党派团体各族各界人士的广泛共识和自觉行动。其次，做好广泛凝聚共识工作。牢牢把握加强思想政治引领、广泛凝聚共识这一政协履职工作的中心环节，建立健全委员联系界别群众制度，为党领导人民有效治理国家厚植政治基础、社会基础，积极开展对外交往，为实现人与自然和谐共生的战略任务贡献智慧和力量。再次，紧扣党和国家中心任务履职尽责。践行

① 王晨：《推进中国特色社会主义政治制度自我完善和发展》，《人民日报》2020年11月24日，第6版。

以人民为中心的发展思想，努力把党中央关于不断满足人民对美好生活的需要、维护社会公平正义和推动人的全面发展、全体人民共同富裕取得更明显的实质性进展的决策部署，落实到政协具体的履职工作中去，为党和国家科学决策、民主决策提供更多务实管用的对策建议。复次，加强人民政协专门协商机构建设。要把协商民主贯穿履行职能全过程，推进政治协商、民主监督、参政议政和更好凝聚共识制度建设，不断提高人民政协协商民主制度化规范化程序化水平，更好协调关系、汇聚力量、建言献策、服务大局。最后，不断提升履职能力和水平。人民政协要着力增强政治把握能力、调查研究能力、联系群众能力、合作共事能力，以改革思维、创新理念、务实举措大力推进履职能力建设。

## 第二节　人与自然和谐共生现代化的经济体系优化

党的十九大报告明确指出，"贯彻新发展理念，建设现代化经济体系"；"我国经济已由高速增长阶段转向高质量发展阶段，正处在转变发展方式、优化经济结构、转换增长动力的攻关期，建设现代化经济体系是跨越关口的迫切要求和我国发展的战略目标"①。现代化经济体系是能够很好地满足人民日益增长的美好生活需要的经济体系，是充分体现新发展理念的经济体系，是促进人与自然和谐共生现代化的经济体系。从某种意义上讲，绿色低碳循环发展的经济体系是谋求中华民族永续发展的新经济体系，是从源头和全过程充分利用资源、减少排放、有效提高经济质量和效益，彻底转变经济领域传统发展方式的经济体系。

社会主义基本经济制度是中国特色社会主义制度的根基，对人与自然和谐共生的现代化有着重要影响。社会主义基本经济制度要随着实践的发展不断完善，经济治理体系也要与之相适应并进一步完善。根据马克思主义政治经济学的理论，在经济体系存在生产、分配、交换和消费四个环节，我们提倡绿色生产，将流通环节与低碳消费紧密匹配，绿色低碳循环将贯穿整个经济活动的四个环节，最终形成与资源、环境和生态经济协调的体系。此外，要通过四个环节改革发展的质量、效率和动

---

① 习近平：《决胜全面建成小康社会 夺取新时代中国特色社会主义伟大胜利——在中国共产党第十九次全国代表大会上的报告》，《人民日报》2017年10月28日，第1版。

力，实现资源、过程和产出全生命周期的绿色、低碳、循环，构建资源节约型和环境友好型生产和消费方式。事实上，现代经济体系与绿色、低碳、循环经济有着紧密的联系。绿色低碳循环发展的经济体系不是绿色、低碳、循环经济等单一形态的简单叠加，而是三者的有机结合和协同推进。绿色低碳循环发展作为一种突破生态约束和资源瓶颈的新发展理念，是由绿色、低碳、循环经济的原始概念演变而来的，其产生的系统效应大于整体的局部累积效应。推进人与自然和谐发展的现代化，要建立健全绿色低碳循环发展的经济体系，这是一项长期而艰巨的任务。要"全方位全过程推进绿色规划、绿色设计、绿色投资、绿色建设、绿色生产、绿色流通、绿色生活、绿色消费，使发展建立在高效利用资源、严格保护生态环境、有效控制温室气体的基础上，统筹推进高质量发展和高水平保护"①。

## 一、健全人与自然和谐共生现代化的生产体系

生产体系是指一定地理范围内的工业经济活动与由此形成的整体空间流动之间的有机联系，即工业系统。人与自然和谐共生现代化下的生产体系，应该符合绿色低碳循环发展的要求。首先，推进工业绿色升级，即加快实施钢铁、石化、化工、纺织等行业绿色化改造，推行产品绿色设计，建设绿色制造体系，强化资源综合利用，全面推行清洁生产。其次，加快农业绿色发展，即积极发展生态种植、生态养殖，加强绿色食品、有机农产品认证和管理，发展生态循环农业，强化耕地质量保护与提升，推进退化耕地综合治理，大力推进农业节水，推广高效节水技术，推行水产健康养殖。再次，提高服务业绿色发展水平，即促进商贸企业绿色升级，培育一批绿色流通主体，有序发展出行、住宿等领域共享经济，规范发展闲置资源交易，加快信息服务业绿色转型，建立绿色运营维护体系。复次，壮大绿色环保产业，即建设一批国家绿色产业示范基地，推动形成开放、协同、高效的创新生态系统，加快培育市场主体，鼓励设立混合所有制公司，打造一批大型绿色产业集团，引导中小企业聚焦主业增强核心竞争力，培育"专精特新"中小企业，适时修订绿色产业指导目录，引导产业

---

① 国务院：《国务院关于加快建立健全绿色低碳循环发展经济体系的指导意见》，《中华人民共和国国务院公报》2021 年第 7 期。

发展方向，积极提升产业园区和产业集群循环化水平。最后，构建绿色供应链，即鼓励企业开展绿色设计、选择绿色材料、实施绿色采购、打造绿色制造工艺、推行绿色包装、开展绿色运输、做好废弃产品回收处理，实现产品全周期的绿色环保，开展绿色供应链试点，探索建立绿色供应链制度体系，鼓励行业协会通过制定规范、咨询服务、行业自律等方式提高行业供应链绿色化水平①。

## 二、完善人与自然和谐共生现代化的流通体系

人与自然和谐共生现代化离不开现代流通体系建设。习近平总书记多次强调要把建设现代流通体系作为一项重要战略任务来抓，从而实现绿色低碳循环发展新格局。现代流通体系是指满足经济发展所需要的流通体系，主要包括流通运行体系、流通保障体系和流通调节体系②。加强流通主体建设，培育具有国际竞争力的现代流通企业，优化资源配置和整合，加强流通企业的信息化建设和品牌建设。加强基础设施建设，推动能源体系绿色低碳转型，升级城市环境基础设施，推进绿色社区基础设施和既有建筑节能改造。建设绿色物流，推动多式联运，完善综合运输渠道布局，推进绿色低碳运输，为物流企业搭建数字化运营平台，推动移动产业数字化转型升级。鼓励建立区域再生资源贸易中心，创新商业模式，优化贸易结构，深化绿色合作。积极引导商品交易市场优化升级，优化市场营商环境，运用信息技术建立产品可追溯体系，完善信用监管新机制。

## 三、优化人与自然和谐共生现代化的消费体系

消费体系是为满足人们的需要、实现商品价值而形成的制度体系。绿色经济发展的战略基础是人与自然和谐共生的现代化建设，经济改革中最

---

① 国务院：《国务院关于加快建立健全绿色低碳循环发展经济体系的指导意见》，《中华人民共和国国务院公报》2021 年第 7 期。

② 现代流通体系是指适应现代经济发展需要的流通实体系统和流通制度系统。主要包括三大体系：一是由现代流通主体、流通客体、流通载体和流通方式构成流通运行体系；二是由流通基础设施、流通标准、信息监测服务、商品应急储备、市场应急调控等构成的保障体系；三是由流通管理体制、流通政策、流通法律法规、市场营商环境等构成的规制体系。参见祝合良：《如何统筹推进现代流通体系建设》，《中国经济评论》2020 第 Z1 期。

重要的一部分就是要建设绿色消费体系，为经济循环增添动力，增强经济抗压能力①。通过全民教育和主题宣传，努力培育绿色消费观念，加强舆论监督，营造良好的社会氛围。倡导绿色低碳生活方式，坚决制止浪费行为，因地制宜推进生活垃圾分类和减量化、资源化，扎实推进塑料污染全链条治理，推进过度包装治理，推动生产经营者遵守限制商品过度包装的强制性标准，提升交通系统智能化水平，积极引导绿色出行，开展绿色生活创建活动。促进绿色产品消费，加大政府绿色采购力度，扩大绿色产品采购范围，加强对企业和居民采购绿色产品的引导，推动电商平台设立绿色产品销售专区，加强绿色产品和服务认证管理，完善认证机构信用监管机制，推广绿色电力证书交易，引领全社会提升绿色电力消费，严厉打击虚标绿色产品行为②。

## 四、建构人与自然和谐共生现代化的技术创新体系

人与自然和谐共生现代化的技术创新体系以解决资源、环境、生态等方面突出问题为目标，以激发技术的市场需求为切入点，以强化创新主体、增强创新活力为核心，以优化创新环境为重点，加强产品全生命周期的绿色管理。加快以企业为主体的体制机制建设，整合产学研，完善基础设施和服务体系，优化资源配置，畅通成果运用。构建市场导向的人与自然和谐共生现代化的技术创新体系是实现人与自然和谐共生现代化的关键动力和重要支撑。通过规范人与自然和谐共生现代化的技术创新企业的认定标准，培育技术创新主体，加强对企业技术创新的支持，强化企业技术创新主体地位③；完善科研人员考核激励机制，培养技术创新人才，推动产学研深度融合，激发高校等科研机构在人与自然和谐共生现代化技术创新中的活力。加强绿色技术创新方向引导，推动各行业技术装备升级，鼓励和引导社会资本投向绿色产业，强化对重点领域绿色技术创新的支持，推动研制一批具有自主知识产权、达到国际先进水

① 庄贵阳、窦晓铭：《现代化经济体系建设的绿色路径》，《中国环境监察》2021年第4期。
② 国务院：《国务院关于加快建立健全绿色低碳循环发展经济体系的指导意见》，《中华人民共和国国务院公报》2021年第7期。
③ 吕指臣、胡鞍钢：《中国建设绿色低碳循环发展的现代化经济体系：实现路径与现实意义》，《北京工业大学学报（社会科学版）》2021年第6期。

平的关键核心绿色技术,切实提升原始创新能力。推进绿色技术创新评价和认证,推进绿色技术创新成果转化示范应用,建立健全绿色技术转移转化市场交易体系,完善绿色技术创新成果转化机制,强化绿色技术创新转移转化综合示范。优化绿色技术创新环境,强化绿色技术知识产权保护与服务,加强绿色技术创新金融支持,加强绿色技术创新对外开放与国际合作[①]。

## 第三节　人与自然和谐共生现代化的文化体系优化

党的十九届六中全会将"建设社会主义精神文明,发展社会主义先进文化,推动社会主义文化大发展大繁荣"作为加快推进社会主义现代化必须坚持的基本方向,从文化制度体系建设的角度明确了文化建设的战略定位、发展方位、职责使命和目标任务,并把"发展社会主义先进文化、广泛凝聚人民精神力量"作为"国家治理体系和治理能力现代化的深厚支撑"。以文化为符号的价值共识、观念建构以及意义相通,恰恰是推进人与自然和谐共生现代化的重要途径。当前,文化治理体系改革已进入新的历史阶段。面对人与自然和谐共生现代化的迫切任务,在中国特色社会主义进入新时代的背景之下,理应重新思考和精准把握文化改革发展的时代使命。

### 一、厘清人与自然和谐共生现代化的文化根因

习近平总书记多次强调,文化是一个国家、一个民族的灵魂。独特的文化传统、独特的历史命运、独特的基本国情,注定了我们必然要走适合自己特点的发展道路[②]。要实现人与自然和谐共生现代化的战略任务,需以厚重的文化底蕴作为支撑,推进文化传承与发展。任何一个国家、一个民族,若不珍惜自己的思想文化,丢掉了思想文化这个灵魂,则这个国家、这个民族是立不起来的。在文化激烈变动之格局中中国更要树立高度的文

---

① 《国家发展改革委 科技部关于构建市场导向的绿色技术创新体系的指导意见》,中国政府网 http://www.gov.cn/zhengce/zhengceku/2019-09/29/content_5434807.htm,访问时间:2022 年 4 月 24 日。

② 齐卫平:《习近平新时代中国特色社会主义思想与中国式现代化建设》,《江汉论坛》2021 年第 9 期。

化自信，创造繁荣兴盛的优秀文化，若人云亦云，丧失本民族文化之特性，又何从谈起中华民族之伟大复兴①？面对百年未有之大变局，文化之重要性日益凸显，渐渐成为民族凝聚力和创造力的源泉、提高国家治理能力和综合国力的重要支撑、推动经济社会持续发展的关键要素。体现一个国家综合实力最核心的、最高层的是文化软实力，这事关一个民族精气神的凝聚②。文化兴则国运兴，文化强则民族强。文化软实力不仅关系到我国在国际上的地位和影响力，关系到我国在文化博弈中的角色定位，更关系着"中国之治"进程的推进以及"两个一百年"奋斗目标的实现，更关乎人与自然和谐共生现代化这一中国梦的实现。人与自然和谐共生现代化关乎中华民族永续发展，成败事关文化兴衰。以习近平同志为核心的党中央高瞻远瞩，深刻领会战略意义，部署文化软实力建设，求解人与自然和谐共生现代化之路，描绘了文化强国的美好愿景；着力推动文化建设，增强文化软实力，昭示了推进生态文明建设的坚定决心与实现人与自然和谐共生现代化的强烈信心。中华文化和中国精神是中国特色社会主义根植的沃土。习近平新时代中国特色社会主义思想将马克思主义基本原理与中华优秀传统文化相结合，创造性转化、创新性发展了中华优秀传统文化的精华，并赋予其鲜活的时代内涵，将中华文化和中国精神推进到一个新的阶段，标志着新时代所实现的文化创新。

文化创新是推进人与自然和谐共生现代化的内在动力。文化是一个国家、一个民族的灵魂，在潜移默化地浸染着、悄无声息地影响着民族与国家的所有行为和活动。创新是一种技术和社会层面上的系统变革过程，生态创新是"一个基于价值的概念"，是"能够改善环境绩效的创新"③。换而言之，文化在交流的过程中传播，在继承的基础上发展，文化发展的实质，就在于文化创新。文化创新，是社会实践发展的必然要求，是文化自身发展的内在动力，是一个民族永葆生命力和富有凝聚力的重要保证，可以推动社会实践的发展，助力生态文明的建设。人与自然的关系历来为学者关注与讨论之热点，概因人之生产、生活、发展难离自然之"馈赠"，即生态环境是人类生存与发展之首要前提。习近平总书记强调生态环境是

---

① 习近平：《坚定文化自信，建设社会主义文化强国》，《求是》2019 年第 12 期。
② 同上。
③ 张云飞：《建设人与自然和谐共生现代化的创新抉择》，《思想理论教育导刊》2021 年第 5 期。

关系到党的使命与宗旨的重大问题，也是关系到民生的重大社会问题。面对人民日益增长的美好生态环境需要，需多维度发力，既要积极回应人民群众所需所盼，提供优质生态产品，也要弘扬生态价值观念，培育生态文化。文化创新可以推动治理现代化，作为国家治理的战略任务，人与自然和谐共生现代化更需文化创新为其提供强大的精神动力、价值导向和智力支持。

文化动能是衡量人与自然和谐共生现代化效能的重要标准。人与自然和谐共生现代化的效能是指国家在实现人与自然和谐共生目标的过程中所显现的能力和所获取的治理效率、效果、效益的总体反映。它是衡量人与自然和谐共生成效的标尺，是对人与自然和谐共生能力优劣的集中表达。人与自然和谐共生效能的提高，是人类永续发展之前提。人与自然和谐共生现代化与我国文化传统紧密联系、相互贯通，两者的内在关系要求我们不仅要高度重视优秀文化的传承与发展，更要通过制度创新为优秀文化赋能，切实将文化动能转化为协调人与自然关系的效能。

## 二、守住人与自然和谐共生现代化的文化根脉

作为中国特色社会主义理论的重要构成，人与自然和谐共生现代化理念具有独特的文化品格和深厚的文化底蕴。中华优秀传统文化博大精深、源远流长，是中华民族最基本的文化基因，是我们民族的"根"和"魂"。

在人类文明的历史长河中，中国人民创造了源远流长、博大精深的优秀传统文化，为中华民族生生不息、发展壮大提供了强大精神支撑。中华优秀传统文化的丰富哲学思想、人文精神、价值理念、道德规范等，蕴藏着解决当代人类面临的难题的重要启示，可以为人们认识和改造世界提供有益启迪，可以为人与自然和谐共生现代化提供有益启示。中国古代思想家的"天人合一"思想，道法自然思想，"顺时""以时""不违时"的尊重、顺应和保护自然的思想，为当代中国开启了尊重自然、面向未来的智慧之门[1]。习近平总书记关于人与自然和谐共生的重要论述是对中华文明积淀的生态智慧的继承与创新，他提出了"山水林田湖草是生命共同体"的

---

[1]　刘纪兴：《炎黄文化的生态思想与中部地区生态文明建设协同发展》，《社会科学动态》2020年第5期。

思想，要求我们"像保护眼睛一样保护生态环境"，从而将人与自然的关系提升到生命共同体的高度，让"天人合一"的中国智慧在新时代焕发出新的生机①；在中国古代"鱼逐水草而居，鸟择良木而栖""天育物有时，地生财有限"等生态观念的基础上明确提出"绿水青山就是金山银山"，"良好生态环境是最普惠的民生福祉"②，将自然生态与经济发展、社会民生有机融合在一起，从而深刻回答了人与自然和谐共生的关系问题。新时代要实现人与自然和谐共生现代化，必须推进中华优秀传统文化传承发展工程，汲取中华优秀传统文化讲仁爱、重民本、守诚信、崇正义、尚和合、求大同的思想精华，传承传统文化中"为政在人"的民本思想、"天人合一"的价值取向、"中庸之道"的方式方法、"敬德保民"的治国之道、"缘法而治"的法治理念、"天下为公"的博大胸怀等历久弥新的传统治理智慧③。中华优秀传统文化是中华民族的"根"和"魂"，是实现人与自然和谐共生现代化的文化沃土。

传承和弘扬中华优秀传统文化，要重点做好创造性转化和创新性发展，使之与现实文化相融相通。创造性转化，就是要按照时代特点和要求，对那些至今仍有借鉴价值的内涵和陈旧的表现形式加以改造，赋予其新的时代内涵和现代的表达形式，激活其生命力。创新性发展，就是要按照时代的新进步、新进展，对中华优秀传统文化的内涵加以补充、拓展、完善，增强其影响力和感召力。

传承和弘扬中华优秀传统文化，要认真汲取其中的思想精华和道德精髓。讲清楚中华优秀传统文化的历史渊源、发展脉络、基本走向，讲清楚其独特创造、价值理念、鲜明特色，增强文化自信和价值观自信。深入挖掘和阐发中华优秀传统文化讲仁爱、重民本、守诚信、崇正义、尚和合、求大同的时代价值，使之成为涵养社会主义核心价值观的重要源泉。

传承和弘扬中华优秀传统文化，并不意味着故步自封，闭上眼睛不看世界。中华民族是一个兼容并蓄、海纳百川的民族，在漫长的历史进程中，不断学习他人的好东西，把他人的好东西化成自己的东西，这才形成我们的民族特色。文明因多样而交流，因交流而互鉴，因互鉴而发展。对

---

① 习近平：《习近平谈治国理政》第 1 卷，外文出版社，2018，第 85~86 页。
② 习近平：《习近平谈治国理政》第 3 卷，外文出版社，2020，第 362~363 页。
③ 陈江风：《天人合一：观念与华夏文化传统》，生活·读书·新知三联书店，1996，第 28 页。

各国人民创造的优秀文明成果，都应该采取学习和借鉴的态度，都应该积极吸纳其中的有益成分。要坚持从本国、本民族实际出发，坚持取长补短、择善而从，在不断汲取各种文明养分中丰富和发展中华文化。

### 三、筑牢人与自然和谐共生现代化的文化根基

筑牢国家治理现代化的文化根基，最根本的就是要建立健全文化建设制度。坚持和完善中国特色社会主义文化建设制度，需要明晰"靠什么指导""以什么姿态""用什么引领"这三个基本问题。

坚持马克思主义的根本指导地位。习近平同志关于人与自然和谐共生的重要论述继承并发展了马克思主义自然观的精髓，把马克思主义对人与自然关系的认识提升到新的高度，为建设美丽中国提供了思想指引和实践遵循。马克思认为，人与自然之所以能够相互依存，根本原因在于人们所进行的物质资料生产劳动，他指出："劳动首先是人和自然之间的过程，是人以自身的活动来引起、调整和控制人和自然之间的物质变换的过程。"[①]人与自然和谐共生中的"共生"一词表明，人类的生产活动不仅使人与自然发生了关系，而且使人和自然发生了变化。这种关系与变化使人与自然构成了"生命共同体"。在这个"生命共同体"中，人类应该敬畏、尊重、顺应、保护自然，按照大自然规律活动，与自然和谐共生。马克思认为，人与自然的关系是人与人的关系的反映。习近平同志关于人与自然和谐共生的重要论述强调"自然是生命之母，人与自然是生命共同体，人类必须敬畏自然、尊重自然、顺应自然、保护自然"[②]。保护自然就是保护人类，建设生态文明就是造福人类，体现了对马克思关于人与自然和人与人关系思想的创新性发展。坚持马克思主义在人与自然和谐共生现代化中的根本指导地位，要把研究回答新时代重大理论和现实问题作为主攻方向，按照立足中国、借鉴国外、挖掘历史、把握当代，关怀人类、面向未来的思路，建设具有中国特色、中国风格、中国气派的文化体系，着力体现继承性、民族性，体现原创性、时代性，体现系统性、专业性。

坚定中国特色社会主义文化自信。十九届六中全会强调，"必须坚定

---

① 《马克思恩格斯选集》第 1 卷，人民出版社，2012，第 342 页。
② 中共中央文献研究室编《习近平关于社会主义生态文明建设论述摘编》，中央文献出版社，2017，第 24 页。

文化自信，牢牢把握社会主义先进文化前进方向"，激发全民族文化创造活力，更好地构筑中国精神、中国价值、中国力量。这一论断科学回答了我们以什么姿态"坚持和完善中国特色社会主义文化建设制度，推进国家治理现代化"这一基本问题①。文化自信，是在民族历史和文化自觉基础上对自身文化价值的充分肯定，是对自身文化生命力的坚定信念。以自信的姿态坚持和完善中国特色社会主义文化建设制度，彰显了我们对中华传统生态文化的敬意。只有坚定文化自信，才能建立起有自信的文化和有内涵的文化建设制度，从而筑牢人与自然和谐共生现代化的文化根基。发展中国特色社会主义文化，要以马克思主义为指导，坚守中华文化立场，立足当代中国现实，结合当今时代条件，发展面向现代化、面向世界、面向未来的，民族的、科学的、大众的社会主义文化，推动社会主义精神文明和物质文明协调发展；坚持为人民服务、为社会主义服务，坚持百花齐放、百家争鸣，坚持创造性转化、创新性发展，不断铸就中华文化新辉煌。

强化社会主义核心价值观引领。十九届六中全会提出，"坚持以社会主义核心价值观引领文化建设制度"，把社会主义核心价值观要求融入法治建设和社会治理，体现到国民教育、精神文明创建、精神文化产品创作生产全过程。这一论断科学回答了我们用什么引领"坚持和完善中国特色社会主义文化建设制度，推进人与自然和谐共生现代化"这一基本问题。习近平同志关于人与自然和谐共生的重要论述强调保护生态环境关系到人民的根本利益和民族发展的长远利益，对我国改革开放以来积累的大量生态环境问题进行全面反思，体现了发展观上的深刻革命。核心价值观是文化最深层的内核，决定着文化建设制度的性质和方向。坚持以社会主义核心价值观引领文化建设制度，方能真正体现全体中国人民共同的价值追求，昭示中国特色社会主义文化的发展方向和国家治理现代化的光明前景，顺利实现人与自然和谐共生现代化的战略任务。核心价值观是一个民族赖以维系的精神纽带，是一个国家共同的思想道德基础。如果没有共同的核心价值观，一个民族、一个国家就会魂无定所、行无依归。能否构建具有强大感召力的核心价值观，关系到社会和谐稳定，关系到国家长治久

---

① 《中共中央关于党的百年奋斗重大成就和历史经验的决议》，《人民日报》2021年11月17日，第1版。

安。社会主义核心价值观集中体现了当代中国精神，凝结着全体人民共同的价值追求，符合人与自然和谐共生现代化的目标期待。培育和践行社会主义核心价值观，要着力培养担当民族复兴大任的时代新人，造就具有正确世界观、人生观、价值观的社会主义建设者，坚持立德树人、以文化人，弘扬民族精神和时代精神，加强爱国主义、集体主义、社会主义教育，持续深化社会主义思想道德建设，深入实施公民道德建设工程，加强和改进思想政治工作，推进新时代文明实践中心建设，不断提升人民思想觉悟、道德水准、文明素养和全社会文明程度；培育和践行社会主义核心价值观，要注重全方位贯穿、深层次融入，在落细、落小、落实上下功夫，强化教育引导、实践养成、制度保障，把社会主义核心价值观融入社会发展各方面，引导全体人民自觉践行。

## 第四节 人与自然和谐共生现代化的社会治理体系优化

生态环境是关系到党的使命和宗旨、关系到民生的重大社会问题，推进生态环境的社会治理体系现代化，是完善和发展中国特色社会主义制度、推进人与自然和谐共生现代化的重要内容。进入新时代，我们更要从战略高度深刻认识加快推进社会治理体系现代化对于人与自然和谐共生现代化目标实现的重大意义，以强烈的使命感切实把这一重要任务落实好，力争在社会治理重点领域和关键环节取得突破性进展，使社会治理体系基本健全、社会治理能力明显提升、社会风险有效化解、社会生态得到优化，确保人与自然和谐共生现代化建设不断取得重大进展，切实增强人民的获得感、幸福感和安全感。

### 一、社会治理体系的理念现代化

实现人与自然和谐共生的现代化，需要在社会治理理念上予以革新。新时代，推进社会治理现代化，必须坚持以习近平新时代中国特色社会主义思想为指导，推进社会治理理念现代化，促进社会治理体系成熟定型。坚持人与自然和谐共生是习近平新时代中国特色社会主义思想尤其是生态文明建设重要战略思想的鲜明体现，是紧扣我国社会主要矛盾变化、满足人民日益增长的优美生态环境需要的迫切要求，是中华民族实现永续发展和伟大复兴的必然选择，是构建人类命运共同体、建设清洁美丽世界的方向指引。

新形势下，应该以人与自然和谐共生理念为指导，实现环境保护的社会治理理念创新。坚持以党的领导为根本保证，把党的领导和我国社会主义制度优势转化为社会治理效能；坚持以人民为中心，着力解决人民关心的生态优美、环境正义等问题，不断增强人民的获得感、幸福感、安全感；坚持以稳中求进为工作总基调，立足"稳"这个大局，在"稳"的前提下在关键领域有所进取，在把握好度的前提下奋发有为；坚持以人与自然和谐观为统领，把生态环境放在重要地位，以期满足人民日益增长的美好生活需要；坚持以共建、共治、共享为格局，完善党委领导、政府负责、社会协同、公众参与、法治保障的环境保护社会治理体制；坚持以社会公平正义为价值追求，强化环境保护的科学立法、严格执法、公正司法、全民守法；坚持以活力有序为目标导向，确保社会既充满生机活力又保持安定有序；坚持以自治、法治、德治相结合为基本方式，提高环境保护的社会治理社会化、法治化、智能化、专业化水平；坚持以防范化解环境风险为着力点，健全环境风险防控机制，增强环境保护的社会治理预见性、精准性、高效性；坚持以体制改革和科技创新为动力，加快推进生态环境领域全面深化改革，促进环境保护的社会治理科学化、精细化、智能化。

## 二、社会治理工作布局的现代化

第一，健全环境治理企业责任体系。一是依法实行排污许可管理制度。加快排污许可管理条例立法进程，完善排污许可制度，加强对企业排污行为的监督检查。按照新老有别、平稳过渡原则，妥善处理排污许可与环评制度的关系。二是推进生产服务绿色化。从源头防治污染，优化原料投入，依法依规淘汰落后生产工艺技术。积极践行绿色生产方式，大力开展技术创新，加大清洁生产推行力度，加强全过程管理，减少污染物排放。提供资源节约、环境友好的产品和服务。三是提高治污能力和水平。加强企业环境治理责任制度建设，督促企业严格执行法律法规，接受社会监督。重点排污企业要安装使用监测设备并确保正常运行，坚决杜绝治理效果和监测数据造假。四是公开环境治理信息。排污企业应通过企业网站等途径依法公开主要污染物名称、排放方式、执行标准以及污染防治设施建设和运行情况，并对信息真实性负责。鼓励排污企业在确保安全生产前提下，通过设立企业开放日、建设教育体验场所等形式，向社会公众开放 ①。

第二，健全环境治理全民行动体系。一是强化社会监督。完善公众监督和举报反馈机制，充分发挥"12369"环保举报热线作用，畅通环保监督渠道。加强舆论监督，鼓励新闻媒体对各类破坏生态环境问题、突发环境事件、环境违法行为进行曝光。引导具备资格的环保组织依法开展生态环境公益诉讼等活动。二是发挥各类社会团体作用。工会、共青团、妇联等群团组织要积极动员广大职工、青年、妇女参与环境治理。行业协会、商会要发挥桥梁和纽带作用，促进行业自律。加强对社会组织的管理和指导，积极推进能力建设，大力发挥环保志愿者的作用。三是提高公民环保素养。把环境保护纳入国民教育体系和党政领导干部培训体系，组织编写环境保护读本，推进环境保护宣传教育进学校、进家庭、进社区、进工厂、进机关。加大环境公益广告宣传力度，研发、推广环境文化产品。引导公民自觉履行环境保护责任，逐步转变落后的生活风俗习惯，积极开展垃圾分类，践行绿色生活方式，倡导绿色出行、绿色消费。只有坚持全心全意为人民服务的根本宗旨，贯彻党的群众路线，践行以人民为中心的发展思想，持续改进公众参与工作，努力推动构建环境治理全民行动体系，生态环境保护工作才能凝聚最广泛的社会合力，为深入打好污染防治攻坚战、建设美丽中国营造良好的社会氛围 ②。

第三，健全环境治理监管体系。一是完善监管体制。整合相关部门污染防治和生态环境保护执法职责、队伍，统一实行生态环境保护执法。全面完成省以下生态环境机构监测监察执法垂直管理制度改革。实施"双随机、一公开"（即随机抽取检查对象、随机选派执法检查人员，将抽查情况和查处结果及时向社会公开）的环境监管模式。推动跨区域、跨流域污

---

① 《中共中央办公厅　国务院办公厅印发〈关于构建现代环境治理体系的指导意见〉》，《中华人民共和国国务院公报》2020 年第 8 期。

② 董文靖：《构建环境治理全民行动体系》，《中国环境报》2021 年 10 月 21 日，第 5 版。

染防治联防联控。除国家组织的重大活动外，各地不得因召开会议、论坛和举办大型活动等原因，对企业采取停产、限产措施。二是加强司法保障。建立生态环境保护综合行政执法机关、公安机关、检察机关、审判机关信息共享、案情通报、案件移送制度。强化对破坏生态环境违法犯罪行为的查处侦办，加大对破坏生态环境案件的起诉力度，加强检察机关提起生态环境公益诉讼工作。在高级人民法院和具备条件的中基层人民法院调整设立专门的环境审判机构，统一涉生态环境案件的受案范围、审理程序等。探索建立"恢复性司法实践＋社会化综合治理"审判结果执行机制。三是强化监测能力建设。加快构建陆海统筹、天地一体、上下协同、信息共享的生态环境监测网络，实现环境质量、污染源和生态状况监测全覆盖。实行"谁考核、谁监测"，不断完善生态环境监测技术体系，全面提高监测自动化、标准化、信息化水平，推动实现环境质量预报预警，确保监测数据"真、准、全"。推进信息化建设，形成生态环境数据一本台账、一张网络、一个窗口①。加大监测技术装备研发与应用力度，推动监测装备精准、快速、便携化发展。

第四，健全环境治理市场体系。一是构建规范开放的市场。深入推进"放管服"（即简政放权、放管结合、优化服务）改革，打破地区、行业壁垒，对各类所有制企业一视同仁，平等对待各类市场主体，引导各类资本参与环境治理投资、建设、运行。规范市场秩序，减少恶性竞争，防止恶意低价中标，加快形成公开透明、规范有序的环境治理市场环境。二是强化环保产业支撑。加强关键环保技术产品自主创新，推动环保首台（套）重大技术装备示范应用，加快提高环保产业技术装备水平。做大做强龙头企业，培育一批专业化骨干企业，扶持一批"专特优精"中小企业。鼓励企业参与绿色"一带一路"建设，带动先进的环保技术、装备、产能走出去②。三是创新环境治理模式。积极推行环境污染第三方治理，开展园区污染防治第三方治理示范，探索统一规划、统一监测、统一治理的一体化服务模式。开展小城镇环境综合治理托管服务试点，强化系统治理，实行按

① 《中共中央办公厅 国务院办公厅印发〈关于构建现代环境治理体系的指导意见〉》，《中华人民共和国国务院公报》2020年第8期。
② 王伟、江河：《现代环境治理体系：打通制度优势向治理效能转化之路》，《环境保护》2020年第9期。

效付费。对工业污染地块，鼓励采用"环境修复＋开发建设"模式。四是健全价格收费机制。严格落实"谁污染、谁付费"的政策导向，建立健全"污染者付费＋第三方治理"等机制。按照补偿处理成本并有合理盈利的原则，完善并落实污水垃圾处理收费政策。综合考虑企业和居民的承受能力，完善差别化电价政策。

第五，健全环境治理信用体系。一是加强政务诚信建设。建立健全环境治理政务失信记录，将地方各级政府和公职人员在环境保护工作中因违法违规、失信违约被司法判决、行政处罚、纪律处分、问责处理等信息纳入政务失信记录，并归集至相关信用信息共享平台，依托"信用中国"网站等依法依规逐步公开①。二是健全企业信用建设。完善企业环保信用评价制度，依据评价结果实施分级分类监管。建立排污企业黑名单制度，将环境违法企业依法依规纳入失信联合惩戒对象名单，将其违法信息记入信用记录，并按照国家有关规定纳入全国信用信息共享平台，依法向社会公开。建立和完善上市公司和发债企业强制性环境治理信息披露制度②。

## 三、社会治理方式的现代化

在人与自然和谐共生现代化进程中，需要社会治理的现代化转型，这既是思想观念的转变，也是方式方法的深刻变革。应坚持系统治理、依法治理、综合治理、源头治理，充分发挥政治、法治、德治、自治、智治作用，加快推进社会治理方式现代化。一是发挥政治引领作用。政治建设在社会治理中具有引领性、决定性、根本性作用。要把政治建设贯穿社会治理全过程和各方面，教育广大党员干部增强"四个意识"、坚定"四个自信"、做到"两个维护"，引导广大人民群众提高政治觉悟，坚定不移跟党走。二是发挥法治保障作用。法治是社会治理现代化的重要标志。应加强社会治理领域立法，完善公共法律服务体系，针对生产安全、生态环境、食品药品等领域存在的执法不严等问题拿出治本之策，充分发挥执法司法

---

① 黎敏、曾晓峰：《政社共治下环境治理体系建设：困境与突破》，《中南林业科技大学学报（社会科学版）》2020 年第 5 期。

② 《中共中央办公厅 国务院办公厅印发〈关于构建现代环境治理体系的指导意见〉》，《中华人民共和国国务院公报》2020 年第 8 期。

规范社会行为、引领社会风尚的重要作用。健全涉企错案甄别纠正的常态化机制，推动形成明晰、稳定、可预期的产权保护制度体系。三是发挥德治教化作用。道德具有深切、持久的引领力量。应以社会主义核心价值观为统领，深入挖掘中华优秀传统文化，大力弘扬革命文化和社会主义先进文化，加强社会诚信体系建设，打造具有中国特色、彰显时代精神的德治体系。四是发挥自治基础作用。基层群众自治制度是我国宪法规定的一项基本政治制度。应健全以党组织为领导、村（居）委会为主导、人民群众为主体的新型基层社会治理框架，明确基层自治权界，做到民事民议、民事民办、民事民管。五是发挥智治支撑作用。智能化是社会治理方式现代化的重要手段。应加快推进社会治理智能化建设，打造数据驱动、人机协同、跨界融合的智能化治理新模式，助推社会治理决策科学化、防控一体化、服务便捷化。

## 第五节　人与自然和谐共生现代化的生态文明体系优化

党的十九届四中全会围绕如何推进"坚持和完善中国特色社会主义制度、推进国家治理体系和治理能力现代化"这个时代命题，部署了一系列重大任务和举措。全会通过的《中共中央关于坚持和完善中国特色社会主义制度 推进国家治理体系和治理能力现代化若干重大问题的决定》对"坚持和完善生态文明制度体系，促进人与自然和谐共生"作出系统部署，即从实行最严格的生态环境保护制度、全面建立资源高效利用制度、健全生态保护和修复制度、严明生态环境保护责任制度四个方面，提出了坚持和完善生态文明制度体系的努力方向和重点任务[1]。党的十九届六中全会也强调："生态文明建设是关乎中华民族永续发展的根本大计，保护生态环境就是保护生产力，改善生态环境就是发展生产力，决不以牺牲环境为代价换取一时的经济增长。必须坚持绿水青山就是金山银山的理念，坚持山水林田湖草沙一体化保护和系统治理，像保护眼睛一样保护生态环境，像对待生命一样对待生态环境，更加自觉地推进绿色发展、循环发展、低碳发

---

① 《中国共产党第十九届中央委员会第四次全体会议公报》，人民出版社，2019，第7页。

展，坚持走生产发展、生活富裕、生态良好的文明发展道路。"①

生态文明制度体系建设，既是现代国家治理体系建设的关键要件，也是实现人与自然和谐共生现代化的重要内容。自党的十八大以来，我国进入了全面制度建设阶段，加快生态文明体系改革，是重塑国家权力、保障公民权利的重要组成部分，也是建设现代国家制度的重要内容。从本质上讲，建立和完善包括环境监管体系在内的生态文明制度体系，是我国推进国家治理体系和治理能力现代化的重要内容，也是实现人与自然和谐共生现代化战略目标的重要保证。

## 一、不断优化生态文明体制改革的方案设计

一是逐步扩大改革方案制定的参与主体。中央要加强对生态文明体制改革方案制定的统筹协调，尽可能吸收各部门、各地区对改革方案的意见，健全意见征求的实施机制，确保意见征求对象选择精准、覆盖全面，完善意见吸收保障机制。同时，加强智库对生态文明体制改革方案制定的决策咨询支撑，加强方案制定的前期研究、充分论证。健全改革方案的第三方评估机制，吸纳社会组织和公众的充分参与，增强第三方评估的独立性、约束性②。畅通意见诉求渠道，最大限度吸收各部门、各地区以及相关参与主体对改革方案的意见，健全意见处理和反馈机制。在客观评价试点经验的基础上，及时对改革方案和推广的工作安排进行必要的调整。加强生态文明领域方案制定的前期研究和充分论证，进一步发挥智库专家在优化方案目标设定、工具选择等方面的作用。进一步厘清改革方法论，坚持问题导向，找准"真问题"，增强改革系统性、集成性，推动重点和关键改革举措落地有效③。

二是增加正向激励的生态文明制度内容。激发领导干部、企业、社会组织和公众自觉参与生态环境保护的积极性。对积极推动生态文明建设并作出突出贡献的领导干部，给予表彰和更多晋升机会，同时建立健全容错

---

① 《中共中央关于党的百年奋斗重大成就和历史经验的决议》，《人民日报》2021 年 11 月 17 日，第 1 版。

② 李萌：《进一步深化生态文明体制改革的建议》，《人民日报》2021 年 11 月 17 日，第 1 版。

③ 陈健鹏：《完善生态文明制度体系，推进生态环境治理体系和治理能力现代化》，《中国发展观察》2019 年第 24 期。

纠错机制，激发广大干部新担当、新作为；对于遵纪守法和严格执行环保排放标准的企业，给予相应的奖励、税收优惠或政策支持，调动企业守法和保护环境的自主性、自觉性；完善信息公开制度，建立健全生态文明体制改革的社会行动体系，设立专项资金，对保护和改善生态环境有突出贡献的个人给予表彰，树立正确的社会风尚 ①。

三是加强方案设计中的市场培育和市场机制的建设。在以市场调控为主导的生态文明体制改革中，政府是生态环境产权市场的监管主体，而不是直接的建设、管理主体，通过建立生态环境产权市场，进行生态文明体制改革，不仅节省政府的财政投入和自然保护区的运行费用，而且有利于吸收社会资本参与生态环境保护。

## 二、完善责任体系和问责机制，提高环境监管体系的可问责性

一是明确生态文明建设各主体责任。进一步推动各级政府通过权责清单等方式建立分工明确、责权清晰的环境监管和环境保护工作体系，提高环境监管体系的可问责性。进一步完善政府绩效评价考核制度，明晰对政策绩效、监管绩效的评价考核。通过法律法规进一步规范环境监管机构的自由裁量权，细化环境监管机构"尽职免责"的相关规定。防止各级环境监管机构过度依靠督察制度，形成路径依赖。激励并引导各级环境监管机构按照职能法定、规则公正、过程透明、运行专业、决策独立、行为可问责等现代监管的基本原则，依法实施监管，政府鼓励公众或其他政府部门依法对监管机构实施严格问责。引导各级地方政府和环境监管机构树立法治意识，严格依法监管、专业监管、透明执法，既要纠正环境监管中的"不作为"，也要纠正"乱作为"。切实落实《中央生态环境保护督察工作规定》，进一步规范与完善环保督察问责程序，推动督察制度法治化、规范化、程序化。规范问责启动、调查与核实程序、处理决定程序、信息公开程序。在督察问责过程中要综合考虑"因果关系""尽职免责"等因素。建立和完善问责过程中相关责任人的申诉制度 ②。

---

① 李萌：《进一步深化生态文明体制改革的建议》，https://www.163.com/dy/article/FINU9J12051999S5.html，访问日期：2021 年 12 月 6 日。

② 朱坦、高帅：《推进生态文明制度体系建设重点环节的思考》，《环境保护》2014 年第 16 期。

二是建立生态文明目标体系。研究制定可操作、可视化的绿色发展指标体系。制定生态文明建设目标评价考核办法，把资源消耗、环境损害、生态效益纳入经济社会发展评价体系。根据不同区域主体功能定位，实行差异化绩效评价考核。谨慎增加生态文明建设领域约束性考核指标，统筹优化生态文明领域的考评工作。统筹规范生态文明建设领域内容相近的考评工作，减少"运动式"考评、督察、检查等工作。充分考虑生态文明建设目标的科学性、可达性，并与环境政策评价制度进行有效衔接。

三是探索编制自然资源资产负债表。制定自然资源资产负债表编制指南，构建水资源、土地资源、森林资源等的资产和负债核算方法，建立实物量核算账户，明确分类标准和统计规范，定期评估自然资源资产变化状况。在市、县层面开展自然资源资产负债表编制试点，核算主要自然资源实物量账户并公布核算结果。

四是对领导干部实行自然资源资产离任审计。在编制自然资源资产负债表和合理考虑客观自然因素的基础上，积极探索领导干部自然资源资产离任审计的目标、内容、方法和评价指标体系。以领导干部任期内辖区自然资源资产变化状况为基础，通过审计，客观评价领导干部履行自然资源资产管理责任情况，依法界定领导干部应当承担的责任，加强审计结果运用。

五是建立生态环境损害责任终身追究制。实行地方党委和政府领导成员生态文明建设一岗双责制。以自然资源资产离任审计结果和生态环境损害情况为依据，明确对地方党委和政府领导班子主要负责人、有关领导人员、部门负责人的追责情形和认定程序。区分情节轻重，对造成生态环境损害的，予以诫勉、责令公开道歉、组织处理或党纪政纪处分，对构成犯罪的依法追究刑事责任。对领导干部离任后出现重大生态环境损害并认定其需要承担责任的，实行终身追责。建立国家环境保护督察制度①。

## 三、完善绿色生产和消费的政策导向和法律制度

一是完善政策导向。在重大资源环境政策实施的事前、事中、事后环

① 中国行政管理学会、环保部宣教司联合课题组：《建立生态文明制度体系研究》，《中国行政管理》2015年第3期。

节引入制度化的政策评估机制。以法律、法规的形式对环境政策的评估程序、评估机构、评估人员作出具体要求，并将评估结果作为环境政策实施以及调整的重要依据 ①。切实统筹推进包括环境影响评价、环境税、总量控制、排污权交易等在内的监管工具调整。扩大环境税的范围，鼓励重点地区和重点行业提高环境保护税的标准。理性看待排污权交易、碳排放权交易、节能量交易等市场化政策工具在政策体系中的作用。资源环境领域的政策创新要充分考虑制度条件和技术条件。构建包括法律、法规、标准、政策在内的绿色生产和消费制度体系，加快推行源头减量、清洁生产、资源循环、末端治理的生产方式，推动形成资源节约、环境友好、生态安全的工业、农业、服务业体系，有效扩大绿色产品消费，倡导形成绿色生活行为，既是更加自觉地推动人与自然和谐共生现代化的内在要求，也是推动新时代我国经济高质量发展的重要内容。

二是完善法律制度。需要统筹推进绿色生产和消费领域法律法规的立改废释工作，结合实际促进绿色生产和消费，鼓励先行先试，做好经验总结。着力完善能耗、水耗、地耗、污染物排放、环境质量等方面标准，完善绿色产业发展支持政策，完善市场化机制及配套政策，发展绿色金融，推进市场导向的绿色技术创新。制定完善自然资源资产产权、国土空间开发保护、国家公园、空间规划、海洋、应对气候变化、耕地质量保护、节水和地下水管理、草原保护、湿地保护、排污许可、生态环境损害赔偿等方面的法律法规，为生态文明体制改革提供法治保障 ②。

## 四、健全生态文明体制改革的推进机制

一是健全生态文明体制改革方案的实施督办机制。建议中央在现有的督察督办机制中，尤其是在中央环保督察中，扩大有关生态文明体制改革任务落实情况的相关内容。建议各专项方案制定部门，也可选取重点改革任务，定期开展地方执行落实情况督察。评价地方的改革任务执行落实情况，不仅要看地方是否颁布相关的改革文件，还要看改革是否解决了实际问题、取得了哪些务实成效、是否给老百姓带来了获得感。

---

① 王晓红、张亦工：《中国环境政策体系：构建与发展——基于生态文明的视角》，《山东财经大学学报》2021 年第 5 期。

② 黄可佳：《完善生态文明制度体系建设路径研究》，《怀化学院学报》2016 年第 2 期。

　　二是建立跨部门、跨地区的生态保护协作机制。可以专门设置中央垂直管理的生态文明体制改革协调委员会，这个跨部门、跨区域的协调机构应该是一个强势的、实体性的执行机构，而不是一般性的协调机制，要有法定授权，可以审批、环评、审查、检查以及协调实施环保项目。要做好协调机构与区域督察机构以及环境保护主管部门等相关部门的有序衔接，明确领导和协调职责，完善工作机制和程序，新设立区域、流域机构应把协调职能作为重点，而不是解决一般性的各区域环境守法问题，其环境执法权限和属地环境执法应有序衔接。类似这样的强势区域协调和环保机构在美国、法国、韩国等比较通行，它们分片管理全国各个地方，拥有综合协调、行政管理、监督执法和实施项目的职能①。

　　三是建立生态文明体制改革典型案例的推广机制。改革中出现的典型案例往往对形成改革共识、增强改革信心、瞄准改革方向提供较好的示范作用。建议进一步完善生态文明试点、示范制度，在扎实推进试点工作的同时，持续跟踪关注和评估试点进展及成效，尽快建立健全评估验收标准制度，对于不符合要求和偏离目标的项目，及时终止，避免资金浪费，对于可持续可推广的项目，及时总结经验，进行宣传和推广，最大程度地发挥其在生态文明建设中的示范引领作用②。同时，建议中央有关部门定期或不定期开展生态文明体制改革创新案例评选活动，采取案例发布、政府文件、媒体宣传、现场会议等多种形式推介典型改革经验和模式，加快形成改革成果推广复制的良好局面。

## 五、完善生态文明体制改革的支撑配套条件

　　一是加快生态文明体制改革的相关理论研究。生态文明体制改革必须在习近平生态文明思想的指导下，加强相关理论研究和建设，以理论来指导实践，以理论来确保实践的顺畅推进。重点加强在自然资源资产产权、自然资源资产管理、自然资源资产负债表、资源环境承载能力监测预警机制、生态产品价值实现、市场化的生态补偿、生态环境损害赔偿、生态环

---

① 杜健勋、廖彩舜：《论流域环境风险治理模式转型》，《中南大学学报（社会科学版）》2021年第6期。

② 贾绍俊：《新时代生态文明体制改革的指导思想与正确路向》，《观察与思考》2020年第10期。

境治理体系等方面的理论研究①。探索将"绿水青山"转化为"金山银山"的理论路径，推动自然资本价值体现和价值实现，为加快建立自觉保护生态环境的动力机制提供理论支撑。

二是创新生态文明体制改革的投融资机制。在强化财政保障的同时，鼓励、引导社会投资进入生态环保市场。按照"政府主导、多元投入、市场配置、社会参与"的原则，通过政府资金投入引导和有效政策配套，激发市场主体投融资积极性，形成结构多元、规范高效的多层次生态文明建设投融资机制②。可以鼓励各类市场主体通过政府购买服务、PPP（政府和社会资本合作）等方式参与污水处理、垃圾治理、黑臭水体治理、农村环境整治等领域的建设和运营③；有条件的区域可以培育本地环境治理和生态保护市场主体，通过市场化运作不断发展壮大，并将业务拓展到各地；还可以发挥绿色金融服务平台的作用，积极与开发性、政策性金融机构合作，探索以市场化的基金运作等方式，健全多元化投入机制；发展绿色产业，支持污染企业和退养户转岗转产，培育新的经济增长点，构建绿色产业体系，探索生态扶贫等，使绿水青山产生巨大的生态效益、经济效益和社会效益，从而形成生态文明体制改革资金链良性顺畅的循环④。

三是强化生态文明体制改革的人才保障机制。现阶段生态文明体制改革和生态文明建设人才的学历结构不合理、人才培养体制不完善、专业人才占比小、培养途径较少和对知识学习的积极性不高等问题严重制约着生态文明的推进进程⑤。为此建议，一方面可以组建生态文明体制改革专家库，对我国现有的专业人才进行整合和引智、借智，为生态文明体制改革提供智力支撑；另一方面，相关部门加强已有人员的培训和再学习，同时可以通过从国外或其他渠道引入一些高、精、尖的师资团队，并切实保证师资团队的与时俱进，促进师资团队科研能力、教授水平的不断提升，培养新时代生态文明建设所需的新型和复合型人才⑥。

---

① 吕忠梅：《习近平生态环境法治理论的实践内涵》，《中国政法大学学报》2021年第6期。

② 李金惠：《"无废城市"建设：生态文明体制改革的新方向》，《人民论坛》2021年第14期。

③ 陈健鹏：《完善生态文明制度体系，推进生态环境治理体系和治理能力现代化》，《中国发展观察》2019年第24期。

④ 刘学涛：《习近平生态文明体制改革的主要内容及推进路径》，《决策与信息》2020年第12期。

⑤ 贾绍俊：《新时代生态文明体制改革的指导思想与正确路向》，《观察与思考》2020年第10期。

⑥ 本刊编辑部：《全面推进生态环境治理体系和治理能力现代化》，《环境保护》2020年第6期。

　　四是加强舆论引导。面向国内外，加大生态文明建设和体制改革宣传力度，统筹安排、正确解读生态文明各项制度的内涵和改革方向，培育普及生态文化，提高生态文明意识，倡导绿色生活方式，形成崇尚生态文明、推进生态文明建设和体制改革的良好氛围①。

---

① 刘学涛：《习近平生态文明体制改革的主要内容及推进路径》，《决策与信息》2020 年第 12 期。

# 第六章　人与自然和谐共生现代化的治理能力提升

　　坚持和完善中国特色社会主义制度、推进国家治理体系和治理能力现代化，是全党的一项重大战略任务，这是坚持和发展中国特色社会主义的必然要求，也是实现社会主义现代化的应有之义①。人与自然和谐共生现代化既需要深化治理体系，也需要提升治理能力。习近平在党的十九届四中全会《决定》中指出"国家治理能力是运用国家制度管理社会各方面事务的能力"②。治理能力体现了建设、实施过程中的实际效能，是推进人与自然和谐共生现代化过程中的重要一环，治理能力直接影响到人与自然和谐共生现代化的成效。在人与自然和谐共生现代化的语境下，治理能力具体体现在党的领导能力、政府管理能力、全民参与能力、科技支撑能力等方面。进入新时代，人与自然和谐共生现代化在治理能力层面取得显著提升，但仍存在一定不足，有待在实践中不断提升。

## 第一节　人与自然和谐共生现代化语境下党的领导能力的提升

　　习近平同志在十九届六中全会上深刻指出："党的领导是党和国家的根本所在、命脉所在，是全国各族人民的利益所系、命运所系，全党必须自觉在思想上政治上行动上同党中央保持高度一致，提高科学执政、民主执政、依法执政水平，提高把方向、谋大局、定政策、促改革的能力，确保充分发挥党总揽全局、协调各方的领导核心作用。"③完成人与自然和谐共

---

　　①　习近平：《坚持和完善中国特色社会主义制度　推进国家治理体系和治理能力现代化》，《求是》2020年第1期。

　　②　《中国共产党第十九届中央委员会第四次全体会议公报》，人民出版社，2019，第7页。

　　③　《中共中央关于党的百年奋斗重大成就和历史经验的决议》，《人民日报》2021年11月17日，第1版。

生现代化的重大战略任务，必须依靠党的政治领导力、思想引领力、群众组织力、社会号召力，概而言之，就是党的领导力。促进人与自然和谐共生的现代化，迫切需要党的领导能力现代化。提升党的领导力，是贯彻落实党的十九届六中全会精神，把我国制度优势更好地转化为国家治理效能的关键和根本。国家治理能力现代化涉及国家建设层面，与执政党建设有着紧密的关系。国家治理能力现代化由党中央提出，也必须在党的领导下逐步实现。在中国特色社会主义事业发展进程中，加强党的领导能力建设，是实现国家治理能力现代化的根本保证。党的领导能力现代化建设必须从中国特色社会主义制度和国家治理能力现代化的宏观视野和总体构建出发，要把百年大党新的伟大工程与国家制度和国家治理体系建设统一起来，把增强党的领导力与增强国家制度能力和治理能力统一起来，把永葆党的旺盛生命力和强大战斗力与完善国家制度、强化国家治理能力现代化的进展统一起来。

## 一、党的领导是人与自然和谐共生现代化的根本保障

人与自然和谐共生的现代化代表人民群众的利益，是人们对幸福美好生活的追求，而党的领导的实质就是帮助人民群众认识自己的利益，使他们团结起来为自己的利益而奋斗，这和人与自然和谐共生现代化的价值追求一致。党的领导是中国特色社会主义制度的最大优势，也是实现人与自然和谐共生现代化的根本保障。

在中国特色社会主义制度下，执政党建设得如何，直接关系到和影响国家和社会①。习近平总书记指出"中国特色社会主义最本质的特征是中国共产党领导，中国特色社会主义制度的最大优势是中国共产党领导"②，这一论断深刻揭示了党的领导是中国特色社会主义最核心、最根本的属性。站在新的历史起点，坚持和加强党的全面领导，不断完善党的领导方式和执政方式，提高党的执政能力和领导水平，切实增强党把方向、谋大局、定政策、促改革的能力和定力，切实有效发挥好党的领导这一"最大优

---

① 王正:《新时代增强党的政治领导力：逻辑、原则及进路》,《上海理工大学学报（社会科学版）》2022 年第 1 期。

② 习近平:《坚持和完善中国特色社会主义制度 推进国家治理体系和治理能力现代化》,《求是》2020 年第 1 期。

势",实现人与自然和谐共生现代化的战略任务。人与自然和谐共生是我国现代化建设的新要求。党的十九届五中全会第一次正式将"人与自然和谐共生"作为我国下一阶段现代化建设的战略任务,是我国站在"两个一百年"奋斗目标的历史交汇点上,为解决人民日益增长的美好生活需要和不平衡不充分的发展之间的社会主要矛盾而作出的重要战略部署。十九届六中全会再次强调:"中国共产党是领导我们事业的核心力量。中国人民和中华民族之所以能够扭转近代以后的历史命运、取得今天的伟大成就,最根本的是有中国共产党的坚强领导。历史和现实都证明,没有中国共产党,就没有新中国,就没有中华民族伟大复兴。……只要我们坚持党的全面领导不动摇,坚决维护党的核心和党中央权威,充分发挥党的领导政治优势,把党的领导落实到党和国家事业各领域各方面各环节,就一定能够确保全党全军全国各族人民团结一致向前进。"① 所以,为了实现人与自然和谐共生现代化这一战略任务,就必须坚持党的领导,并推进党的领导能力现代化。只有坚持党的领导,按照现代化要求进行有效的治国理政,才能满足让国家变得更加富强、让社会变得更加公平正义、让人民生活得更加美好的群众期待②;只有坚持党的领导,才能继续推进中国特色社会主义伟大事业,才能实现人与自然和谐共生的现代化。党的领导地位是历史的选择,是人民的选择,办好中国的事情,关键在党。坚持党的领导是我们取得一切成就的成功经验和须臾不可动摇的根本原则;只有始终坚持党的领导,我们才能继续把人与自然和谐共生这篇大文章写下去③。站在新的历史起点,新时代开启新征程,在统筹推进"四个伟大"进程中,实现"两个一百年"奋斗目标,实现中华民族伟大复兴的中国梦,完成人与自然和谐共生现代化的战略目标,从根本上讲还是要靠党的领导、靠党把好方向盘④。因此,面向未来,面向人与自然和谐共生现代化的价值追求,关键在党,关键在于始终确保党成为中国特色社会主义事业的坚强领导核心。

---

① 《中共中央关于党的百年奋斗重大成就和历史经验的决议》,《人民日报》2021 年 11 月 17 日,第 1 版。

② 齐卫平:《国家治理现代化与党的领导能力建设》,《光明日报》2014 年 7 月 23 日,第 13 版。

③ 王向明:《正确认识"党的领导是中国特色社会主义最本质的特征"》,《社会科学》2021 年第 3 期。

④ 陈文泽:《治理的中国语境:"党的领导"是中国特色社会主义制度的最大优势》,《河南社会科学》2020 年第 12 期。

## 二、党的领导能力建设是人与自然和谐共生现代化的内在动力

党的十八届三中全会提出的总目标，深刻之处在于将治理现代化的理念植入国家建设的战略思路之中，并且提出"人与自然和谐发展现代化建设新格局"的战略任务。通过全面加强和改进党的领导能力，不断健全和完善党的领导体制机制，并不断转化为国家治理的制度优势，使中国特色社会主义制度彰显出更加强大的生机与活力[①]。为实现人与自然和谐共生的现代化，就必须在国家治理能力现代化理念下对党的领导能力进行设计和推进。

秉持以人民为中心的党的执政理念，是实现人与自然和谐共生现代化的"内燃机"。我们党的根基在人民、血脉在人民、力量在人民。党的十八大以来，习近平总书记反复强调"以人民为中心"这一核心价值理念，并逐步发展成为"以人民为中心"的发展思想，在党的十九大上确立为治党治国治军的基本方略。正是因为始终坚持人民主体地位，坚持立党为公、执政为民，践行全心全意为人民服务的根本宗旨，把人民对美好生活的向往作为奋斗目标，我们才能紧紧依靠人民不断创造历史伟业。新时代我们党积极顺应社会主要矛盾的转变，积极回应人民群众对更舒适居住条件、更优美环境、更丰富精神生活的期盼和诉求，不断完善和创新制度机制，适时调整政策力度和导向，广泛倾听群众呼声，及时回应群众诉求，把最广大人民的根本利益作为一切工作的出发点和落脚点，统筹推进"五位一体"总体布局，协调推进"四个全面"战略布局，将制度优势更好地转化为治理效能，着力补齐民生短板，破解民生难题，坚持共享发展理念，促进实现共同富裕，人民群众的获得感、幸福感、安全感不断增强，最终实现人与自然和谐共生现代化的战略目标。

完善党的领导能力建设，是实现人与自然和谐共生现代化的"核心装置"。一是要完善落实"两个维护"的制度。要把坚决维护习近平同志党中央的核心、全党的核心地位，坚决维护党中央权威和集中统一领导，作为党的政治建设的首要任务，并通过制度机制创新，落实好政治监督首

---

① 金光磊：《新时代增强党的政治领导力路径研究》，《学习论坛》2021 年第 5 期。

责，及时发现和纠正政治偏差，牢固树立"四个意识"，坚定"四个自信"，把坚决做到"两个维护"落实到行动中。二是加快形成和落实党的全面领导的制度体系。要把党的领导通过法律法规的形式确立下来、固定下来，落实到改革发展稳定、内政外交国防、治党治国治军各领域、各方面、各环节，实现党的全面领导的制度化、规范化、常态化。三是建立健全党对重大工作集中统一领导的体制机制。要继续深化党和国家机构改革，从机构设置上、职能配备上厘清党政军群之间、中央和地方之间、机构与机构之间、政府与市场和社会之间的治理边界。扩大党对重大工作领导的覆盖面，健全党中央对全局重大工作的领导体制，优化党中央决策议事协调机构，确保党中央对重大工作的领导。四是强化党组织在同级组织中的领导地位。要理顺党的组织与同级其他组织的关系，依据不同层级和功能定位，更好地推进党的领导全覆盖，确保党的领导全贯穿，建立健全党总揽全局、协调各方的领导体系，确保党的领导真正落到实处。

## 三、党的领导能力提升助力人与自然和谐共生现代化的实现

实现人与自然和谐共生现代化，关键在于党的领导，故对党的领导能力建设至关重要。就执政和领导的关系而言，党的领导能力是执政实践中最重要的能力。中国共产党在缔造和建设国家的过程中，始终扮演着领导党和执政党的双重角色。党的领导能力科学化水平决定着执政基础的扩大和执政地位的巩固①。为实现人与自然和谐共生现代化的战略任务，必须提高党的领导能力科学化水平。

党的十七届四中全会提出了"提高党的建设科学化水平"的任务，十九届六中全会再次强调了"党的建设科学化"的重要性，对于实现国家治理体系和治理能力现代化目标具有决定性的意义，而这关乎人与自然和谐共生现代化战略任务的实现。"提高党的建设科学化水平，必须着力解决好党的领导科学化问题。党的领导科学化的水平必须与国家治理现代化的要求相契合。契合得好，党才能在完善和发展中国特色社会主义制度、推进国家治理体系和治理能力现代化的实践中，真正发挥好领导核心的作用。"② 提高党的领导能力之运用制度能力的科学化水平，探索适合本国国

---

① 齐卫平：《国家治理现代化与党的领导能力建设》，《光明日报》2014 年 7 月 23 日，第 13 版。
② 同上。

情的国家治理模式，是人类社会现代化进程发展的必然规律，在完善和发展中国特色社会主义制度中不断推进国家治理体系和治理能力现代化，不断提高运用中国特色社会主义制度有效治理国家的能力。提高党的领导能力之国家治理资源整合能力的科学化水平。在人与自然和谐共生现代化的视野下，整合治理资源体现的是一种国家汲取能力，最大限度地激发社会各种资源的功能发挥。国家汲取能力的强弱是能不能达到社会善治的重要体现。现代国家治理与传统方式的区别之一是治理主体的多样化，除了行使治理权力的政府外，社会组织、群众团体、基层单位以及民间力量都成为国家治理体系中的组成部分。"国家治理既是从上到下的秩序化建构，也是上下互动的扁平化管理。党在治国理政的实践中，只有充分调动多元主体治理参与的积极性，充分发挥各种治理主体的功能，才能提高领导国家治理资源整合能力的科学化水平，为推进国家治理体系和治理能力现代化提供保证。"①

领导方式体现领导能力，展现领导水平，要想提高执政能力和水平，夯实执政基础，必须不断优化完善领导方式方法。一是要健全提高党的执政能力和领导水平的制度。要坚持民主集中制，发扬党内民主，尊重党员主体意愿，以制度建设为载体，不断建立健全科学决策机制，改进和完善党的领导方式和执政方式，增强各级党组织的政治功能和组织力。要坚持和完善集体领导和个人分工负责相结合的制度，确保"四个服从"真正落到实处②。二是健全为人民执政、靠人民执政的各项制度。要坚持立党为公、执政为民的价值理念，建立健全党联系人民群众的制度机制，把维护和实现人民的根本利益贯穿党治国理政的全部工作，切实走好走实新时代的群众路线，以线上线下相结合的模式，创新互联网时代群众工作机制，不断巩固执政的民意基石③。三是提高法治思维和依法办事能力。各级领导干部要敬畏法律、信仰法律，自觉做依法治国的排头兵和领头羊。要锤炼运用法治思维和法治方式办事的本领，养成办事依法、遇事找法、解决问

---

① 齐卫平：《国家治理现代化与党的领导能力建设》，《光明日报》2014 年 7 月 23 日，第 13 版。

② 谭帅男、李主斌：《从"三种领导"到"全面领导"：新时代党的领导的新发展》，《高校辅导员》2021 年第 5 期。

③ 郑敬斌、任虹宇：《党的领导是中国特色社会主义制度创新的基石》，《当代世界社会主义问题》2020 年第 3 期。

题用法、化解矛盾靠法的法治习惯①。要处理好权力和法律法规的关系，自觉把权力关进制度笼子，做到依法用权、秉公用权、廉洁用权，自觉接受党和人民监督，让权力在阳光下运行。

## 第二节　人与自然和谐共生现代化语境下<br>政府管理能力的提升

促进人与自然和谐共生现代化目标的实现，政府管理能力是重中之重。政府承担着按照党和国家决策部署推动经济社会发展、管理社会事务、服务人民群众的重大职责，是促进人与自然和谐共生现代化的重要实施主体。对政府管理能力进行全方位、系统性、重塑性变革，加快推进政府管理能力现代化，创新行政方式，提高行政效能，努力构建整体智治、高效协同的现代政府，在全面建设社会主义现代化国家新征程中更好地发挥政府的作用，从而助力人与自然和谐共生现代化战略任务的完成。改革开放以来，我国局部地区生态环境恶化的趋势愈演愈烈，生态环境给经济发展带来了前所未有的挑战，政府开始在生态环境治理中发挥能动作用，反思传统的经济发展模式，尝试向可持续的发展模式转变。各级党委、政府在生态环境保护问题上思想认识日益提高，管理能力也取得了显著提升。在取得这些成就的同时，我们应清醒地认识到，在生态环境治理中仍存在很多问题与不足，譬如履行能力、合作能力、技术能力方面还有一定的提升空间。

### 一、政府生态履行能力的提升

提升人与自然和谐共生现代化的政府管理职能，核心为强化政府的生态职能，即提升政府承担生态责任、加强环境保护、实现生态公正的管理能力。这就需要政府在履行生态职能时，强化生态意识，正确处理经济发展和环境保护之间的关系，并整合部门职能，强化环保部门的履职权威，通过绩效考评制度等制度设计来有效保障政府生态履行能力的提升。

---

① 唐皇凤、吴瑞：《提高党的执政能力和领导水平制度的基本内涵、逻辑结构和健全路径》，《探索》2020 年第 2 期。

其一，强化政府的生态意识。目前依然有一些地方政府以经济发展为导向，一味追求地方经济效益最大化，忽视公共服务的职能，特别是生态职能地位不突出，提供的生态服务过少。生态环境治理作为社会性的公共服务，是建设服务型政府的重要组成部分。政府明确自身在生态环境治理中的角色定位，以服务为宗旨，强化生态意识，不能以经济至上为履职信条，而应充分考虑生态职能的落地。生态环境直接关系着人民的生产和生活质量，提升环境质量，实现人与自然和谐共生是广大人民群众的热切期盼，而改善生态环境、扭转环境恶化必须依赖政府发挥其主导作用，强化生态意识，将市场和社会资源合理整合并投入生态治理中去，把生态环境治理放在更突出的位置，增强市场和社会的环保意识，让更多主体参与到生态环境治理中来，构建良好的生态体系，实现国家的长治久安和社会安定。政府是生态共治的主导者，是体制机制的制定者，是环境责任的承担者，是法治规范的保障者，所以政府生态职能的履行首先应在生态意识上予以强化。通过政府内部的定期教育培训，提升行政人员的生态环保意识，使行政人员在具体的履职行为中能具备生态行政的观念，切实把人民群众关心和关注的环境问题放在突出位置，维护人民群众的环境利益，充分利用各类宣传平台在政府内部开展生态文明建设的理念宣传，使生态治理、生态文明成为工作共识，进而在生态履职各个环节都能充分和有效渗入生态环境治理理念。

其二，强化环保部门的履职权威。因为环保部门的管理职责范围涉及建立健全生态环境基本制度、环境污染防治的监督管理、协调和监督生态保护修复工作、生态环境监测等诸多方面，而我国的环境执法体制采取环保部门统一监管与其他部门分工负责的原则，是多部门、多层次的环境行政执法体制，环保部门的权威弱化势必导致政出多门、群龙无首，好的政策和制度难以落实①。故应从制度设置上让环保部门承担对重大生态环境问题的统筹协调和监督管理的职能，从而强化环保部门的履职权威。牵头协调重特大环境污染事故和生态破坏事件的调查处理，指导协调地方政府对重特大突发生态环境事件的应急、预警工作，牵头指导实施生态环境损害赔偿制度，协调解决有关跨区域环境污染纠纷，统筹协调国家重点区域、流域、海域生态环境保护工作，协调解决有关跨区域、跨流域环境污染纠

---

① 邹巧丽、周伟：《地方政府生态环境治理存在的问题》，《天水行政学院学报》2019年第1期。

纷，承担重污染应急指挥部的具体工作。另外，还应对环保部门内部工作人员进行专业素养培训，使其具备过硬的政治素质和职业道德修养，从而勇于执法、精于执法、善于执法，只有执法队伍本身素质过硬，才能凸显履职的权威性。

其三，改革政府绩效考评体系。推进政府绩效管理工作，既是党中央、国务院的战略部署，也是建设创新型、法治型、廉洁型、服务型政府的大势所趋。而目前政府绩效考核评价标准设定及权重分配不合理，依然出现向经济指标倾斜的现象，从而使生态职能被不断地边缘化，这会阻碍政府生态履职的积极性和主动性，影响环境治理的效果[1]。所以应将生态环境执行情况纳入政府的绩效考评体系之中，加大对生态效益考核的权重比，牢牢把握政府绩效考评的目的核心，建立更加全面、高效的绩效管理平台，提高政府部门绩效管理水平，发挥绩效管理的"指挥棒"作用，考核指标科学、合理，工作评价完善、全面，才能真正推动政府生态履行能力的提升。

## 二、政府间合作能力的提升

人与自然和谐共生现代化的实现，要求对跨区域、跨流域的环境问题予以更多关注，这是新时代环境问题的特征，故在生态环境治理中，要求政府之间加强沟通和合作，从而有效解决环境治理问题。

其一，建立信息沟通机制。在跨区域、跨流域的环境治理中，常常出现"囚徒困境"的尴尬局面，其产生的根源在于区域政府之间缺乏信息沟通和交流，环境治理信息不透明，从而使政府间没有建立足够的信任，以致政府之间各自为政，明知区域合作更有利于环境整体效益的实现，但因对对方缺乏信任而往往选择不合作来规避环境风险[2]。要破除这一困境，就应该建立政府之间的信息沟通机制，加强政府之间的沟通与协作。保障政府之间的环境治理信息真实可靠、充分公开、有效交流，从而使政府之间能够进行更为有效的监督以及增强区域合作的信心，为区域环境整体效益

① 谢海燕、程磊磊：《生态文明绩效评价考核和责任追究制度改革进展分析及有关建议》，《中国经贸导刊》2020 年第 22 期。

② 吴光芸、李建华：《跨区域公共事务治理中的地方政府合作研究》，《云南行政学院学报》2011年第 5 期。

带来正效益，提升区域环境治理质量。通过重组政府机构，或者区域政府间签订协定等方式建立信息沟通渠道，用合理有效的法律保障机制来强化政府间的沟通协作，从而助力人与自然和谐共生现代化的实现。

其二，建立利益协调机制。新时代环境治理呈现出广泛性、复杂性等特征，更需要政府之间、政府各部门之间进行通力合作，才能有效予以解决。故应建立利益协调机制来理顺生态环境治理中各级政府、政府各部门之间的关系。首先，应明确各级政府之间的分工和权限。通过制度安排来明确中央和地方的权责定位和划分，明确我国的生态环境治理实行国务院统一领导、地方政府分级负责，避免出现权责不一致现象。其次，应协调各地方政府之间的利益。同一环境区域的不同地方政府之间存在不同的环境利益和经济利益，因此各地方政府在对待经济发展和环境保护的态度上存在较大的差异，也容易在经济与环保问题上产生新的不公平现象，从而不利于区域环境整体利益的实现，甚至出现环境不正义[1]。因此，建立各地方政府之间的利益协调机制，完善区域内政府之间的帮扶政策，通过法律保障机制来使财政帮扶法制化、常态化，激发各地方政府参与区域环境治理的主动性和积极性，从而使各地方政府实现协同合作、共担风险、同承责任、共享利益，有效保障区域环境治理中政府合作的顺利进行，最终保障人与自然和谐共生现代化目标的全面实现。

## 三、政府技术能力的提升

新时代，应运用大数据、云计算、区块链、人工智能等前沿技术推动人与自然和谐共生现代化下政府管理能力的提升。建设数字政府，实现政府管理手段、模式和理念创新，推进政府管理技术能力提升，从而助力人与自然和谐共生现代化的实现。推进数字政府建设是党和国家制定的重要战略，党的十九届四中全会《决定》明确要求，"建立健全运用互联网、大数据、人工智能等技术手段进行行政管理的制度规则。推进数字政府建设，加强数据有序共享"[2]。我国数字政府建设正面临难得历史机遇，处于关键历史节点。数字政府作为数字中国的有机组成部分，不仅是推动数字

---

[1]　张月瀛：《政府协同视角下推进区域绿色发展的路径选择》，《中共郑州市委党校学报》2017年第5期。

[2]　《中国共产党第十九届中央委员会第四次全体会议公报》，人民出版社，2019，第18页。

中国建设、实现高质量发展的重要支撑，更是推动政府管理现代化的重要动能。

其一，以数字政府建设为引领，促进人与自然和谐共生现代化的政府管理能力提升。近年来，以大数据、云计算、人工智能等为代表的新兴信息技术迅猛发展，不仅对人们的生产、生活、思维方式产生了重大影响，而且对政府的管理模式、运行机制和治理方式提出了新要求。建设数字政府是政府运用互联网、大数据、人工智能等信息技术解决公共问题、提供公共服务、实施公共治理的过程和活动。就其本质而言，数字政府就是政府的数字化、智慧化。因此，数字政府建设是当前推动政府管理能力现代化的着力点和突破口，是推进"放管服"改革的重要抓手，是促进政府职能转变的重要动能。在相当长的一段时间里，政府决策不科学、服务水平不高，尤其是行政审批程序烦琐复杂、行政效率不高，民众办事跑腿多、满意度低，是我国各级地方政府治理存在的主要问题。同时，随着经济社会快速发展，公众对政府服务需求越来越高，政府需要解决"管什么、如何管、管得好"的问题，这涉及政府的职能①。以数字政府建设为引领，强化政府服务、提升行政效能，是推动政府职能转变的重要抓手。当前，各级地方政府将"互联网＋政务服务"作为推进数字政府建设的关键，积极搭建公共服务在线平台，为公众提供"一站式"和"一体化"整体服务。数字政府建设有力地推动了政府数字化转型和服务型政府建设，使政府治理行为变得更加规范、透明，行政流程更加优化，行政决策更加科学，行政效能显著提高，行政成本大幅降低，公共服务质量得到有效提升。

其二，以数字政府建设为突破口，推动人与自然和谐共生现代化的政府管理能力建设。数字政府建设顺应时代发展，是推动政府治理转型的重要突破口。首先，推动治理理念创新。技术的发展改变了生产、生活方式，进而改变了社会环境，也改变了人民群众与政府之间的关系，政府越来越多地需要通过与社会和民众的合作来开展工作。这就要求政府必须坚持以人民为中心，树立服务导向和人民至上理念，努力建设服务型政府和责任型政府。通过数字政府建设，创新政府治理理念与模式，使政府能够更及时地感知人民群众的需求，能够更及时地回应社会关切、提供公共服务，能够实现更敏捷、灵活、高效的政府治理。其次，推动治理方式变

---

① 祁志伟：《数字政府建设的价值意蕴、治理机制与发展理路》，《理论月刊》2021 年第 10 期。

革。依托数字政府建设，政府治理方式得到极大的拓展和创新。综合运用大数据、云计算、区块链、人工智能等技术手段，推动新技术在民生服务、社会安全、灾害预测、应急管理等领域的应用，促进政府治理方式更为多元与合理①。再次，推动治理结构重塑。第四次工业革命推动了信息社会的深入发展，政府治理结构必须改革以适应变化了的社会。通过数字政府建设，尤其是随着政府数据的开放与共享的逐步推进，使治理结构更加开放。为了适应信息社会的政府治理，一些组织机构合并了、撤销了，一些组织机构建立了，政府治理结构得以重构。最后，推动治理流程再造。建设数字政府，要求政府治理过程与行为必须与信息运行规律相适应，必须遵循信息获取、存储、分析、运用的内在逻辑与要求，因此需要再造政府治理流程。当前我国各级地方政府在积极推进"放管服"改革中，通过数字政府建设来优化审批流程，降低审批门槛，减少办理环节，压缩办理时限，让数据多跑路，群众少跑路，政府治理流程再造成效显著②。

其三，以数字政府建设为抓手，提升人与自然和谐共生现代化的政府治理能力。政府治理能力是政府管理公共事务、解决公共问题、发展公共利益的各种能力的总和，信息技术的发展为提升政府治理能力提供了机遇与技术支撑。以数字政府建设为抓手，政府治理能力得以全面提升。第一，提升决策能力。利用大数据、云计算等技术手段，政府可以全面、准确、及时掌握各种信息，能够实现"用数据说话，靠数据决策，依数据行动"，从而增强政府决策的科学性、预见性和精准性。第二，提升执行能力。政府治理需要科学决策，更有赖于决策的执行，即"贯彻落实"。以大数据为代表的信息技术可以实现对行为的实时记录，让"贯彻落实"的过程与行为处处留痕，促进了依法行政和廉洁从政，并且能够及时反馈执行过程信息和及时调整执行行为，从而提升了政府执行能力。第三，提升整合能力。数字政府以数据开放、共享、融合为基础，要求推倒政府部门间的"数据烟囱"，连通政府部门间的"信息孤岛"，促进政府部门间的整合与协作。同时，数字政府不仅需要以政府数据为基础，更需要政府数据

---

① 梁华：《整体性精准治理的数字政府建设：发展趋势、现实困境与路径优化》，《贵州社会科学》2021 年第 8 期。

② 《充分发挥数字政府作用 着力提升治理现代化水平》，《光明日报》2020 年 4 月 13 日，第 6 版。

与市场、社会数据的融合，真正形成"政府大数据"。而这极大地促进了政府协调与社会、市场之间关系的整合能力。第四，提升服务能力。当前各地在充分运用大数据、互联网等信息技术推进数字政府建设过程中，纷纷涌现出"最多跑一次""不见面审批""一网通办""'不打烊'网上政府""秒批"等创造性、创新性实践，有效降低了制度性交易成本，创新了政务服务模式，提升了服务效能①。换言之，通过数字政府建设和信息技术在政府治理中的运用，有效地提升了政府服务能力。第五，提升应急管理能力。防范和化解各种风险、维护社会繁荣稳定是政府重要职责，应急管理也就成为政府的重要工作。习近平总书记指出，要依靠科技提高应急管理的科学化、专业化、智能化、精细化水平。要适应科技信息化发展大势，以信息化推进应急管理现代化，提高监测预警能力、监管执法能力、辅助指挥决策能力、救援实战能力和社会动员能力。数字政府正是新兴技术特别是信息技术与政府治理相结合的产物，数字政府建设将有力提升政府应急管理能力②。

## 第三节　人与自然和谐共生现代化语境下全民参与能力的提升

促进人与自然和谐共生的现代化，迫切需要全民参与能力的提升。党的十九大明确指出"构建政府为主导、企业为主体、社会组织和公众共同参与的环境治理体系"③。《关于构建现代环境治理体系的指导意见》（以下简称《环境治理意见》）从治理主体、治理依据、监督执行等方面为加快推进环境治理提供意见，并指出了环境治理体系应坚持的四项基本原则，即坚持党的领导、坚持多方共治、坚持市场导向、坚持依法治理，"到2025 年，建立健全环境治理的领导责任体系、企业责任体系、全民行动体系、监管体系、市场体系、信用体系、法律法规政策体系，落实各类主体

---

① 王皓月、路玉兵：《数字政府背景下地方政府公共服务建设成效、问题及策略研究》，《中国管理信息化》2021 年第 16 期。

② 《充分发挥数字政府作用 着力提升治理现代化水平》，《光明日报》2020 年 4 月 13 日，第 6 版。

③ 习近平：《决胜全面建成小康社会 夺取新时代中国特色社会主义伟大胜利——在中国共产党第十九次全国代表大会上的报告》，《人民日报》2017 年 10 月 28 日，第 1 版。

责任，提高市场主体和公众参与的积极性，形成导向清晰、决策科学、执行有力、激励有效、多元参与、良性互动的环境治理体系"①。党的十八大以来，虽然我国生态环境治理能力不断提高，但全民参与仍然不足，在一些生态环境行为领域存在着"高认知度、低践行度"现象。《中共中央国务院关于加快推进生态文明建设的意见》明确指出，要"广泛动员全民参与生态文明建设"②。加快构建和完善环境治理全民参与体系，要"充分发挥人民群众的积极性、主动性、创造性，凝聚民心、集中民智、汇集民力"③，推动广大人民群众自觉主动参与保护生态环境、建设生态文明的行动之中，形成持续、有效的全民环境治理格局，是解决生态危机、实现人与自然和谐共生、建设美丽中国的关键④。如何立足中国，正确把握全民参与在中国环境治理中的理论与实践逻辑，即如何提升全民参与能力，促进人与自然和谐共生的现代化成为重要的研究命题。

## 一、坚持以人民为中心的全民环境监督

人民群众是生态文明建设的根本力量，环境治理必须坚持走群众路线，接受人民群众的监督。人民群众积极参与环境治理监督是发挥人民主体地位的一种表现。2014 年修订的《中华人民共和国环境保护法》第五十三条规定："公民、法人和其他组织依法享有获取环境信息、参与和监督环境保护的权利。"⑤ 其中舆论监督是全民参与环境治理最集中的一种表现形式，"舆论监督功能的强弱，标志着环保事业的发展程度"⑥，也反映了环境治理现代化的能力和水平。加强舆论监督应从以下两个方面着手。

第一，充分发挥新闻媒体在环境治理中的作用，"对环境保护公共事务进行舆论监督和社会监督"⑦。新闻媒体在环境治理方面既要做好正面宣

---

① 《中共中央办公厅 国务院办公厅印发〈关于构建现代环境治理体系的指导意见〉》，《中华人民共和国国务院公报》2020 年第 8 期。

② 《中共中央国务院关于加快推进生态文明建设的意见》，《人民日报》2015 年 5 月 6 日，第 1 版。

③ 同上。

④ 袁春剑：《论环境治理全民行动的路径》，《南京林业大学学报（人文社会科学版）》2021 年第 1 期。

⑤ 《中华人民共和国环境保护法》，《中国环境报》2014 年 4 月 28 日，第 3 版。

⑥ 刘仪、吴斌翔：《舆论监督在环保事业中的地位和作用》，《青海环境》1997 年第 4 期。

⑦ 环境保护部：《环境保护公众参与办法》，《中国环境报》2015 年 7 月 22 日，第 3 版。

传，又要做好舆论监督，"舆论监督和正面宣传是统一的"①。新闻媒体要反映群众呼声，及时把人民群众关于生态文明建设的经验和环境治理面临的实际情况反映出来。党的十八大以来，新闻媒体报道了许多生态文明建设中涌现出来的英雄事迹和精神，如从"右玉精神"到"塞罕坝精神"，从杨善洲种树到八步沙林场"六老汉"三代人治沙造林先进群体的感人事迹。宣传的方式既有新闻媒体的直接宣传介绍、公益广告，也有电视剧等间接形式。这些正面宣传生态文明建设的事迹，对于激发广大人民群众参与环境治理具有十分重要的作用。习近平同志指出："新闻媒体要直面工作中存在的问题，直面社会丑恶现象，激浊扬清、针砭时弊，同时发表批评性报道要事实准确、分析客观。"②要加强新闻媒体在舆论监督中的作用，"舆论监督水平既是全社会环境意识高低的标志，也是全民参与环境保护事业的表现"③。鼓励新闻媒体对各类破坏生态环境问题、突发环境事件、环境违法行为进行曝光，"省、市两级要依托党报、电视台、政府网站，曝光突出环境问题，报道整改进展情况"④。

第二，发挥环保举报平台，尤其是"12369"网络举报平台的作用。《公民生态环境行为规范（试行）》指出，公民应"遵守生态环境法律法规，履行生态环境保护义务，积极参与和监督生态环境保护工作，劝阻、制止或通过'12369'平台举报破坏生态环境及影响公众健康的行为"⑤。党的十八大以来，以人民为中心的生态文明建设进入快车道，人民群众越来越关心环境问题，积极参与和监督生态环境保护工作，对环境违法问题的举报也越来越多，这也显示出人民群众积极参与环境治理的态度及对生态文明建设的期待。

## 二、坚持以社会团体和社会组织为载体的全民环境治理

群众路线既是生态文明建设的生命线，也是环境治理工作的根本路

---

① 杜尚泽：《坚持正确方向 创新方法手段 提高新闻舆论传播力引导力》，《人民日报》2016 年 2 月 20 日，第 1 版。

② 同上。

③ 刘仪、吴斌翔：《舆论监督在环保事业中的地位和作用》，《青海环境》1997 年第 4 期。

④ 《中共中央国务院关于全面加强生态环境保护 坚决打好污染防治攻坚战的意见》，《光明日报》2018 年 6 月 25 日，第 1 版。

⑤ 《公民生态环境行为规范（试行）》，《中国环境报》2018 年 6 月 6 日，第 2 版。

线，各类社会团体和社会组织在激发和调动广大人民群众参与环境治理、形成最广泛的环境治理战线方面具有十分重要的作用。社会组织是我国社会主义现代化建设的重要力量①，支持社会组织在环境治理、促进社会和谐等方面发挥作用，使之成为生态文明建设的重要主体。《环境治理意见》指出，"工会、共青团、妇联等群团组织要积极动员广大职工、青年、妇女参与环境治理"②，相比以往只强调发挥环保组织的作用，这些群团组织将为环境治理注入新鲜血液。另外，"行业协会、商会要发挥桥梁纽带作用，促进行业自律"③，它们在推进环境治理方面亦具有不可或缺的作用。

第一，发挥工会、共青团、妇联等群团组织在环境治理中的作用。习近平同志强调："加强和改进党的群团工作，把工人阶级主力军、青年生力军、妇女半边天作用和人才第一资源作用充分发挥出来，把 13 亿多人民的积极性充分调动起来。……使之成为推进国家治理体系和治理能力现代化的重要力量。"④ 环境治理需要坚持走群众路线，"群众性是群团组织的根本特点"⑤。加强环境治理、实现美丽中国梦，必须充分发挥工人阶级主力军作用。"工会要坚持以职工为中心的工作导向"⑥，抓住涉及职工群众关心的工作环境、生活环境等直接现实的利益问题。通过工会组织引导职工群众听党话、跟党走，走生态文明建设之路，以"当好主人翁、建功新时代"为主题，把实现党和国家确立的美丽中国目标变成职工的自觉行动。"青年是整个社会力量中最积极、最有生气的力量，国家的希望在青年，民族的未来在青年"⑦，实现美丽中国梦离不开青年的支持和担当。把青年培养成社会主义生态文明建设者和接班人是共青团的根本任务之一。充分发挥共青团在推进环境治理、建设美丽中国方面具有的争取青年人心、汇

---

① 《关于改革社会组织管理制度 促进社会组织健康有序发展的意见》，《光明日报》2016 年 8 月 22 日，第 3 版。

② 《中共中央办公厅 国务院办公厅印发〈关于构建现代环境治理体系的指导意见〉》，《中华人民共和国国务院公报》2020 年第 8 期。

③ 同上。

④ 《切实保持和增强政治性先进性群众性 开创新形势下党的群团工作新局面》，《光明日报》2015 年 7 月 8 日，第 1 版。

⑤ 同上。

⑥ 《团结动员亿万职工积极建功新时代 开创我国工运事业和工会工作新局面》，《人民日报》2018 年 10 月 30 日，第 1 版。

⑦ 习近平：《在纪念五四运动 100 周年大会上的讲话》，《人民日报》2019 年 5 月 1 日，第 2 版。

聚青年力量的独特优势和作用,构建以"保护母亲河"、"三减一节"、垃圾分类为主要内容的新时代共青团参与生态文明建设工作格局,充分发挥青少年生态环保生力军作用。推进环境治理、建设美丽家园是国事也是家事。妇女在美丽家园建设上具有独特的优势,是联系家庭小家园与国家大家园建设的关键主体。充分发挥妇联的"联"字优势,协调联系家庭、社区、学校等多方参与环境治理。在全国妇联组织动员下,广大妇女同志积极参与农村人居环境整治、垃圾分类、厕所革命等,以"清洁卫生我先行""绿色生活我主导""家人健康我负责""文明家风我传承"为抓手,推动"美丽家园"建设①。"家庭是环境的'免疫系统'"②,妇女通过"美丽小家园"建设,推动"美丽大家园"建设,不断建设和增强美丽中国的免疫系统。

第二,发挥环保组织在环境治理中的作用。环保组织涉及领域、行业、群体众多,既有专业性较强的环保组织,又有以宣传教育为主的环保组织。在我国环保组织主要包括由政府部门发起成立的环保组织、由民间自发组成的环保组织、学生环保社团及其联合体、国际环保民间组织四种类型③。环保组织具有广泛的群众基础,是全民参与环境保护和环境治理的核心力量,"也是全民参与最活跃、最有效的组织形式"④。要实现环境治理能力和治理体系现代化,必须大力发展环保组织,激发环保组织的作用。虽然我国环保组织力量目前仍然薄弱,但随着生态文明建设不断加强,环境治理不断深化,将有越来越多的力量充实环保组织,环保志愿者的队伍也将日益壮大。环保组织可以通过环境公益诉讼、环境信息公开和服务、环境社会调查、环境社会监督、环境社会服务、环境宣传教育等途径,参与环境治理⑤。环境公益诉讼是环保社会组织有效参与环境治理的重要途径之一。2020 年 3 月 20 日,昆明市中级人民法院对自然之友提起的绿孔雀栖息地保护公益诉讼作出一审判决,绿孔雀的命运引起全民极大关注。党的十八大以来，环保组织得到了越来越多的人民群众、政府、企业、智库以及其他社会组织的支持和帮助，涉及的领域也越来越广。环保非政府组织（NGO）活动形式灵活，在将环保设施向公众开放的工作中，以亲民、便民、易懂、易接受的方式向公众传播环保知识。民众参与环保行动的平台和形式也多样化，"云种树"与线下实地种树相结合受到越来越多人民群众的支持，如支付宝的蚂蚁森林。

第三，发挥行业协会、商会等组织在环境治理中的作用。行业协会、商会涉及各行各业，是联系政府、企业与市场的桥梁和纽带。行业协会、商会作为服务性、非营利性组织，通过行规、行约对相关经济行业进行规范，促进行业自律，引导行业参与社会主义建设和环境治理。因此，行业协会、商会是推动国家经济建设和生态文明建设的重要力量，在服务经济发展与环境治理方面具有不可替代的地位和优势。社会经济的健康有序发展离不开良好的生态环境，习近平强调生态环境问题归根到底是经济发展方式的问题。经济发展与保护生态环境不是对立的，行业协会、商会要把"绿水青山就是金山银山"的理念贯彻到相关经济行业发展中，充分发挥企业作为社会主义市场和环境治理双重主体的作用。如2020年4月2日，广东8个部门向全省工商界人士联合发出做依法治污的践行者、做绿色发展的推动者、做生态文明的宣传者，"携手治污攻坚、共建美丽广东"的倡议书，"发挥商会、行业、企业优势，主动宣传生态文明理念，投身节能环保产业，助力支持绿色创建，积极参与环保公益"[1]。

### 三、坚持环境宣传教育与践行环保行为相融合

人民群众是生态文明的创造者，环境治理最核心的要素是人。环保素养是环保意识和环保行为的统一体，公众环保素养的高低决定着环境治理成效的好坏，可以说从根本上决定着国家生态治理能力和生态治理水平的高低。要建设生态文明、实现美丽中国梦，必须提高全体公民的环保素养，使保护环境成为社会共识，并形成人人参与环境治理的良好态势。

第一，加强环境保护教育。公众环保意识在很大程度上影响公众参与环境治理的程度，公众环保意识越强，参与环境治理的积极性也就越高，

---

[1]　黄慧诚、钟奇振：《广东8部门联合发出"携手治污攻坚　共建美丽广东"倡议书》，《中国环境报》2020年4月17日，第8版。

反之则低。"环境意识基础条件决定了环保意识的培养中环境教育应作为首要手段"①，通过环境保护教育可以有效提高公众环保意识、提高公众参与质量、促进企业守法自觉及创新政府管理方式，进而为环境多元共同治理奠定社会基础②。环保教育的对象不只是学生，而是社会全体成员，"推进环境保护宣传教育进学校、进家庭、进社区、进工厂、进机关"③。环保教育需要汇聚全民力量，需要政府、企业、社会、学校、家庭、社区等各方面积极参与和配合，这本身也是现代环境治理体系的内在表现。

第二，加大环境公益宣传。拓宽宣传保护环境公益广告渠道，营造保护环境的良好氛围，使广大人民群众在潜移默化中受到生态文明观的熏陶和影响，使保护环境、参与环境治理的意识和理念"入眼入耳""入脑入心"。"新闻媒体应当开展环境保护法律法规和环境保护知识的宣传"④，充分利用广播、电视、网络、新媒体等平台在宣传环境公益广告方面的优势，通过持续、不间断的循环播放，不断强化保护生态环境、参与环境治理的意识，"只有社会公众认识到自身在环境治理中的价值与责任，才能积极主动地投身于治理工作之中"⑤。另外，我们可以通过报刊、读本、宣传海报、雨伞、T恤等来宣传环境保护知识或推送环保公益广告。环境公益宣传活动要进学校、进企业、进社区，社区是人民群众安居乐业之地，环保宣传只有融入社区和家庭才能取得良好效果。以"美丽中国，我是行动者"为主题的生态环境公益宣传活动，自2018年开展以来，受到了广大人民群众的关注，并得到了他们的积极响应。

第三，引导公众积极践行环保行为。社会主义生态文明观的牢固树立，离不开公民积极践行生态环保生活方式和生态环境保护责任。积极践行绿色生产生活方式是新时代公民道德建设的一个重要内容。《公民生态环境行为规范（试行）》从关注生态环境、践行绿色消费、参加环保实践等十方面内容，为规范环境行为提供了生活、学习、出行、消费等方面的

① 龚哲：《环保教育应优先于环保宣传》，《辽宁教育》2015年第12期。

② 刘长兴：《构建环境共同治理体系的关键》，《中国环境报》2017年3月15日，第3版。

③ 《中共中央办公厅 国务院办公厅印发〈关于构建现代环境治理体系的指导意见〉》，《中华人民共和国国务院公报》2020年第8期。

④ 《中华人民共和国环境保护法》，《中国环境报》2014年4月28日，第3版。

⑤ 周晓丽：《论社会公众参与生态环境治理的问题与对策》，《中国行政管理》2019年第12期。

指导①。2019 年《公民生态环境行为调查报告》显示，受个人层面、政策制度和平台渠道等因素的影响，公民"在践行绿色消费、分类投放垃圾、参加环保实践和参与监督举报等领域还存在'高认知度、低践行度'现象"②。加强环境治理、建设美丽中国，需要在生态意识与生态行为上做到"知行合一"，因此，应"引导公民自觉履行环境保护责任，逐步转变落后的生活风俗习惯，积极开展垃圾分类，践行绿色生活方式，倡导绿色出行、绿色消费"③。环境治理是一项综合性、系统性工程，"要坚持山水林田湖草一体化保护和修复，把加强流域生态环境保护与推进能源革命、推行绿色生产生活方式、推动经济转型发展统筹起来，坚持治山、治水、治气、治城一体推进"④。在推进环境治理过程中离不开政府、市场、社会公众的积极参与和相互配合，而贯穿三者最关键的是人，"每个人都是生态环境的保护者、建设者、受益者……谁也不能只说不做、置身事外"⑤。为此，我们要通过各种方式激发公众参与环境治理的热情，引导全社会力量践行环境治理，使公众参与贯穿环境治理全过程，推动形成自上而下和自下而上相结合的多元共治局面，加快打造全民共建共治共享的环境治理格局。

## 第四节　人与自然和谐共生现代化语境下科技支撑能力的提升

坚持科学创新发展，不断提升环境科技支撑能力，是促进人与自然和谐共生现代化的必备要件。实现人与自然和谐共生现代化的治理能力提升、社会治理效能优化离不开科技支撑，党的十九届四中全会明确提出，"完善党委领导、政府负责、民主协商、社会协同、公众参与、法治保障、

---

① 《公民生态环境行为规范（试行）》，《中国环境报》2018 年 6 月 6 日，第 2 版。

② 生态环境部环境与经济政策研究中心：《公民生态环境行为调查报告（2019 年）》，《中国环境报》2019 年 6 月 3 日，第 5 版。

③ 《中共中央办公厅 国务院办公厅印发〈关于构建现代环境治理体系的指导意见〉》，《中华人民共和国国务院公报》2020 年第 8 期。

④ 《全面建成小康社会 乘势而上书写新时代中国特色社会主义新篇章》，《人民日报》2020 年 5 月 13 日，第 3 版。

⑤ 习近平：《推动我国生态文明建设迈上新台阶》，《求是》2019 年第 3 期。

科技支撑的社会治理体系"①。现代科技将成为推动人与自然和谐共生现代化最有活力、最有时代气息的手段，如何更好地将科技支撑融入治理能力体系，切实提升治理智能化水平，现代科技的技术嵌入如何最大限度地为治理实践增效赋能，是亟待深入研究的理论命题和实践课题。

## 一、完善绿色技术发展，提升科技创新能力

科技创新是推进人与自然和谐共生现代化的有力手段。在推进科技创新方面，要求不断完善有利于绿色技术发展的长效机制，为技术创新创造适宜的环境；要全面实施绿色科技工程，通过开发绿色科技与革新管理来升级传统发展模式，建立先进科学的技术研究应用和推广机制，提升绿色技术的转化率，大力推进资源利用、生态环境保护领域技术创新成果转化示范应用；构建市场导向的绿色技术创新体系，助力打赢大气、水、土壤污染防治攻坚战，建设国家可持续发展议程创新示范区，为美丽中国建设贡献"科技智慧"②。绿色科技创新是推进人与自然和谐共生现代化的必然前提，人与自然和谐共生现代化也为绿色科技创新提供了市场和可能性。特别是要把那些能耗多、成本高、污染重，而安全系数又低的陈旧技术和过时产品加以淘汰，将绿色理念、绿色效益融入绿色创新的目标体系中，在发展经济和保护环境的矛盾关系中寻求二者的最佳结合点；围绕经济发展、社会稳定、生态平衡等多维目标加快发展，实现经济、社会、生态的和谐统一③。

## 二、强化原始创新，培育开放创新生态

科技创新在人与自然和谐共生现代化中具有重要的支撑和引领作用，是支撑人与自然和谐共生现代化建设的强大力量。当前，我国正处于提升科技创新能力、转换发展动能，实现人与自然和谐共生现代化的重要战略机遇期，科技创新要更加突出引领高质量发展的核心驱动力作用，促进各类创新主体协同互动和创新要素顺畅流动，建立完善、科学、高效的组织

---

① 《中国共产党第十九届中央委员会第四次全体会议公报》，人民出版社，2019，第 13 页。
② 王志刚：《以科技创新支撑国家治理体系和治理能力现代化》，《机关党建研究》2020 年第 2 期。
③ 匡立春：《以科技创新支撑引领治理体系和治理能力现代化》，《中国石油报》2020 年 8 月 18 日，第 2 版。

体系，探索形成关键核心技术攻关新型体制机制，营造良好创新生态环境，为人与自然和谐共生现代化提供新的成长空间和关键着力点①。制定科技强国行动纲要，打好绿色关键核心技术攻坚战，提高创新链整体效能。加强基础研究、注重原始创新，优化学科布局和研发布局，推进学科交叉融合，完善共性基础技术供给体系。瞄准人工智能、生命健康、生物育种、深地深海等前沿领域，实施一批具有前瞻性、战略性的国家重大绿色科技项目。深入推进科技体制改革，完善国家科技治理体系，优化国家科技规划体系和运行机制，推动重点领域项目、基地、人才、资金一体化配置，制定实施战略性绿色科学计划和科学工程。改进科技项目组织管理方式，实行"揭榜挂帅"等制度。完善科技评价机制，优化科技奖励项目。加快科研院所改革，扩大科研自主权。加强知识产权保护，大幅提高科技成果转移转化成效。完善金融支持创新体系，促进新技术产业化规模化应用。弘扬科学精神和工匠精神，加强科普工作，营造崇尚创新的社会氛围。健全科技伦理体系。促进科技开放合作，培育开放的创新生态环境。

### 三、加大科技创新投入，增强科技创新后劲

人与自然和谐共生现代化需要科技创新的支撑，而提升科技创新能力需要强化科技投入力度。党的十九届五中全会提出要"加大研发投入，健全政府投入为主、社会多渠道投入机制，加大对基础前沿研究支持"，明确了科技投入的重点和方向。坚持科技创新在我国人与自然和谐共生现代化建设全局中的核心地位，加大科技创新的投入力度，有效增强科技创新后劲，从而提高科技创新能力、提升核心竞争力。增加绿色环保基础研究的投入力度，完善鼓励研发投入的政策体系，提升科技经费投入的有效性和针对性，切实增强自主创新能力，完善绿色科技创新治理体系②；引导社会各界对绿色环保基础研究的投入与布局，凝练若干优势基础学科，部署和全力支持重大基础研究项目，健全鼓励支持基础研究、原始创新的体制机制；探索多元化财政科技投入方式，持续增加财政投入和补贴金额，引

---

① 李振佑：《不断提高科技创新支撑能力》，《甘肃日报》2021年3月9日，第9版。

② 匡立春：《以科技创新支撑引领治理体系和治理能力现代化》，《中国石油报》2020年8月18日，第2版。

导企业开展科技创新，促进企业绿色科技创新投入资金不断增长；完善财政科技资金支持方式。综合运用无偿资助、后补助、奖励、政府采购、税收减免、风险补偿、股权投资等多种直接和间接投入方式，使各类创新活动和创新链的各个环节都能得到政府资金的支持，带动社会资源向创新链的各个环节聚集[①]；促进科技与金融的融合，拓宽间接融资与直接融资渠道，提高金融市场对绿色科技创新的资金支持。金融机构要积极提供信贷支持，根据科技创新的产品、良好的信誉，及时提供多种金融服务。支持高新技术企业上市，规范创业投资企业健康发展，引导社会资金合理流动。

## 四、重视科技创新人才，激发科技创新活力

新时代人才强国战略要求重视培养人才。大力培养科技创新型人才，是人与自然和谐共生现代化科技支撑能力提升的重要战略举措。贯彻尊重劳动、尊重知识、尊重人才、尊重创造的方针，深化人才发展体制机制改革，全方位培养、引进、用好人才，造就更多国际一流的科技领军人才和创新团队，培养具有国际竞争力的青年科技人才后备军。健全以创新能力、质量、实效、贡献为导向的科技人才评价体系。加强学风建设，坚守学术诚信。加强创新型、应用型、技能型人才培养，实施知识更新工程、技能提升行动，壮大高水平工程师和高技能人才队伍。支持发展高水平研究型大学，加强基础研究人才培养。实行更加开放的人才政策，构筑集聚国内外优秀人才的科研创新高地。加大对技术创新人才的税收优惠力度，采用个人所得税返还、工资补贴等方式来激励技术创新人才。健全创新激励和保障机制，构建创新要素价值的收益分配机制，完善科研人员发明成果权益分享机制等[②]。优化人才资源配置，以优惠灵活的政策引导人才向西部流动；抓住经济发展方式转变和产业结构调整机遇，合理有序引导人才向金融、信息、保险等新兴产业流动。进一步改革人才管理体制，制定科学的人才评价和使用标准，做到人尽其才、才尽其用。建立有效的竞争激

---

① 贾永飞，尹翀：《加大基础研究投入，给科技创新注入"强心剂"》，《中国科技奖励》2021 年第 3 期。

② 匡立春：《以科技创新支撑引领治理体系和治理能力现代化》，《中国石油报》2020 年 8 月 18 日，第 2 版。

励机制，切实保护创新成果，使创新者按照创新贡献享受创新收益，鼓励创新型人才脱颖而出。在全社会营造尊重知识、尊重人才的氛围，倡导创新文化，为创新型人才成长提供宽松的社会环境。

# 第七章　人与自然和谐共生现代化的
# 法治保障

"生态环境是关系党的使命宗旨的重大政治问题，也是关系民生的重大社会问题。"[1] 在社会主义现代化建设过程中，必须尊重自然、顺应自然、保护自然，注重协同推进物质文明建设和生态文明建设，实现人与自然和谐共生的现代化。作为人与自然和谐共生现代化的秩序基础，法治保障是指通过科学立法、严格执法、公正司法、全民守法和党内法规建设，形成完备的法律规范体系、高效的法治实施体系、严密的法治监督体系、有力的法治保障体系和完善的党内法规体系，推动构建节约资源和保护环境的空间格局、产业结构、生产方式、生活方式。

习近平同志指出，要用最严格的制度、最严密的法治保护生态环境，通过各种措施，从理念到行动，保护地球家园，使天更蓝，水更清，为子孙后代留下一个可持续的生存环境[2]。我国之所以在人与自然和谐共生现代化建设过程中高度重视法治保障，是由法治自身特点决定的。法治即法律之治，是指依据法律管理国家和社会事务的一种政治结构，强调法律作为一种社会治理工具在社会生活中的至上地位。现代法治具有规范性、民主性、长期稳定性和权威性等特征，具有固根本、稳预期、利长远的保障作用。法治的上述特点，决定了它在人与自然和谐共生现代化建设中具有不可替代的地位和作用[3]。

---

①　习近平：《推动我国生态文明建设迈上新台阶》，《求是》2019 年第 3 期。

②　李伟红：《习近平会见出席"全球首席执行官委员会"特别圆桌峰会外方代表并座谈》，《人民日报》2018 年 6 月 22 日，第 1 版。

③　孙佑海：《依法保障生态文明建设》，《法学杂志》2014 年第 5 期。

# 第一节　人与自然和谐共生现代化的立法保障

法者，治之端也。人与自然和谐共生现代化建设需要通过立法予以保障。要以习近平法治思想为指引，积极推动科学立法、民主立法、依法立法。

## 一、人与自然和谐共生现代化的立法保障概述

### （一）立法保障的概念

立法是一种以利益协调为核心的政治选择过程①。立法保障即是通过运用多种法律手段调整相关法律关系，实现立法目标的过程。具体来讲，立法保障包括立法主体的保障、立法客体的保障、立法内容的保障三个层面。首先，从立法主体的保障来看，通过多元主体的参与能够保障立法目标的合理确定。第一，要坚持党对立法工作的领导，使党的主张通过法定程序成为国家意志，从制度上、法律上保证党的路线方针政策贯彻实施②。第二，要发挥人大及其常委会在立法工作的主导作用，支持和保证人大依法行使立法权，更好地发挥人大代表的作用。第三，要推动各级政协、各类社会组织、专家、公民参与立法过程，扩大立法透明度和公众参与度，以集中人民智慧，体现人民利益，切实增强法律的科学性、针对性和有效性③。其次，从立法客体的保障来看，通过制定不同形式、不同效力的法律法规能够保障立法目标的逐层分解。第一，通过制定宪法和法律，能够确立人与自然和谐共生现代化建设中的制度体系，反映我国各族人民追求生态文明建设的共同意志和根本利益，体现新时期党和国家生态文明建设的重要战略部署④。第二，通过制定地方性法规、自治条例、单行条例等规

---

① 吕忠梅：《环境法回归路在何方？——关于环境法与传统部门法关系的再思考》，《清华法学》2018 年第 5 期。

② 封丽霞：《中国共产党领导立法的历史进程与基本经验——十八大以来党领导立法的制度创新》，《中国法律评论》2021 第 3 期。

③ 孙佑海：《生态文明建设需要法治的推进》，《中国地质大学学报（社会科学版）》2013 年第 1 期。

④ 冯玉军：《完善以宪法为核心的中国特色社会主义法律体系——习近平立法思想述论》，《法学杂志》2016 年第 5 期。

范，能够推动国家层面立法目标与地方发展相结合。第三，通过制定行政
法规、司法解释等规范，能够为法律的实施提供具体指引。第四，从立法
内容的保障来看，通过制定范围广泛、内容丰富的法律法规能够保障立法
目标的多途径实现。一方面，通过实体法与程序法的划分，推动立法目标
在实体和程序上的实现；另一方面，通过制定法典、基本法、单行法等形
式推动不同立法内容的协调。

### （二）立法保障的功能

立法保障的具体功能主要体现在以下三个方面：一是引导功能。立法
能够将一定的价值理念内化于法律规范中，进而为相关法律主体的行为提
供范式指引和后果预期，引导其朝着有利于法律目标的方向努力。二是促
进作用。立法能够使得国家对重大政策和措施作出规定，实现"重大改革
于法有据"，推动国家治理过程中政策和手段的连续性和一贯性。三是威
慑作用。立法能够使得国家通过法律对不同种类的违法行为进行惩罚和制
裁，排除与立法目的相悖的各种障碍①。

### （三）人与自然和谐共生现代化的立法保障的历史沿革

我国人与自然和谐共生现代化的立法保障，主要体现为制定了一系列
生态环境法律规范。总体来看，可以将这个立法过程分为起步、发展和人
与自然和谐共生三个阶段②。

#### 1. 起步阶段

起步阶段是从 1949 年 10 月中华人民共和国成立到 1978 年底党的十
一届三中全会召开之前。此期间的立法保障主要表现在以下两个方面。一
是环境与资源保护的规定入宪。新中国第一部宪法（简称"五四宪法"）
确立了自然资源的国家所有权制度。1978 年宪法（简称"七八宪法"）首
次将环境保护工作十分清晰地写入国家根本大法，把环境保护确定为国家
的一项基本职责。二是制定了中国第一个综合性环境保护法规。1973 年通
过的《关于保护和改善环境的若干规定（试行草案）》确立了我国的环境
保护方针、原则，建立了"三同时"等制度③。

---

① 孙佑海：《可持续发展法治保障研究（上）》，中国社会科学出版社，2015，第 124 页。
② 孙佑海：《我国 70 年环境立法：回顾、反思与展望》，《中国环境管理》2019 年第 6 期。
③ 同上。

### 2. 发展阶段

发展阶段是从 1979 年到 2012 年党的十八大召开之前。此期间的立法保障主要体现在以下三个方面。一是宪法修订方面。1982 年宪法（简称"八二宪法"）进一步强化环境和自然资源保护。二是生态环境立法方面。1979 年 9 月 13 日，五届全国人大常委会第十一次会议原则通过了《中华人民共和国环境保护法（试行）》。其后，我国先后制定了《中华人民共和国海洋环境保护法》《中华人民共和国水污染防治法》《中华人民共和国大气污染防治法》《中华人民共和国草原法》《中华人民共和国矿产资源法》《中华人民共和国水法》《中华人民共和国野生动物保护法》。三是民法、刑法等部门法立法方面。第一，环境保护纳入民事立法，主要体现在 1986 年《中华人民共和国民法通则》第 124 条，2007 年《中华人民共和国物权法》第 83 条、第 90 条，以及 2009 年《中华人民共和国侵权责任法》第八章。第二，有关环境资源犯罪的规定提到立法程序，主要体现在 1979 年《中华人民共和国刑法》第三章，1997 年《中华人民共和国刑法》分则第六章第六节、第九章等法律文件中。第三，环境民事公益诉讼的合法性在诉讼法中得以确立。2012 年《中华人民共和国民事诉讼法》第 55 条肯定了环境民事公益诉讼的合法性，从而为我国环境民事公益诉讼的发展开辟了法治的新通道。

### 3. 人与自然和谐共生阶段

人与自然和谐共生阶段是从 2012 年 11 月党的十八大召开至今。党的十八大报告把生态文明建设纳入"五位一体"总体布局，提出了建设美丽中国的愿景，进一步明确必须统筹人与自然和谐发展。2017 年 10 月，党的十九大就"加快生态文明体制改革，建设美丽中国"作出新部署。2018 年 3 月 11 日，十三届全国人大一次会议通过的《中华人民共和国宪法修正案》，将"生态文明""和谐美丽的社会主义现代化强国"作为"国家的根本任务"写入宪法序言，将"领导和管理经济工作和城乡建设、生态文明建设"规定为国务院行使的一项重要职权。

基于此，我国人与自然和谐共生现代化的立法工作取到了深入全面的进展。2012 年修订了《中华人民共和国农业法》《中华人民共和国清洁生产促进法》《中华人民共和国民事诉讼法》；2013 年修订了《中华人民共和国草原法》《中华人民共和国渔业法》《中华人民共和国煤炭法》《中华人民共和国海洋环境保护法》《中华人民共和国固体废物污染环境防治法》；2014 年修订了《中华人民共和国气象法》；2015 年修订了《中华人民共和国城乡规划法》《中华人民共和国畜牧法》《中华人民共和国固体废物污染环境防治法》《中华人民共和国电力法》《中华人民共和国文物保护法》和《中华人民共和国大气污染防治法》；2016 年制定了《中华人民共和国环境保护税法》《中华人民共和国深海海底区域资源勘探开发法》，修订了《中华人民共和国水法》《中华人民共和国防洪法》《中华人民共和国环境影响评价法》《中华人民共和国节约能源法》和《中华人民共和国野生动物保护法》；2017 年制定了《中华人民共和国民法总则》，修订了《中华人民共和国水污染防治法》《中华人民共和国民事诉讼法》和《中华人民共和国行政诉讼法》。其中，《中华人民共和国民法总则》规定了绿色原则，《中华人民共和国民事诉讼法》规定检察院以及法律规定的机关和有关组织可以向法院提起环境民事公益诉讼，《中华人民共和国行政诉讼法》规定检察院可以依法向法院提起环境行政公益诉讼，这是人与自然和谐共生的法治保障向纵深发展的一个显著标志。2018 年制定了《中华人民共和国土壤污染防治法》，修订了《中华人民共和国环境保护税法》《中华人民共和国大气污染防治法》《中华人民共和国防沙治沙法》《中华人民共和国循环经济促进法》《中华人民共和国环境影响评价法》《中华人民共和国环境噪声污染防治法》。2020 年制定了《中华人民共和国民法典》《中华人民共和国长江保护法》，修订了《中华人民共和国固体废物污染环境防治法》。

## 二、人与自然和谐共生现代化语境下我国立法的评估

人与自然和谐共生现代化需要有科学、民主的立法程序，完善的法律规范体系予以保障。通过科学立法、民主立法、依法立法，能够指导我们处理好生态文明建设过程中改革和法治之间的关系，用法治来引领改革、规范改革、推动改革，最终保障改革的成果。同时，通过改革完善法律，推动法治进步。

### （一）立法保障的历史性成就分析

梳理我国现行立法，涉及人与自然和谐共生现代化建设的规范主要分为四个方面。一是我国现行《宪法》中的环境保护条款，如《中华人民共

和国宪法》第 9 条、第 10 条第 5 款、第 26 条。上述条款明确了我国环境法的基本框架和主要内容，是环境法的基础和依据，具有最高的法律效力。二是生态环境保护相关法律。目前，我国业已制定了《中华人民共和国水污染防治法》等污染防治方面的法律，《中华人民共和国森林法》《中华人民共和国城乡规划法》等国土空间规划和自然资源利用方面的法律，《中华人民共和国环境保护法》等生态环境保护方面的法律，《中华人民共和国清洁生产促进法》等应对气候变化方面的法律，《中华人民共和国促进科技成果转化法》等环境保护技术转化方面的法律，《中华人民共和国文物保护法》等生态文化方面的法律。除了这些专门的环境法之外，相关法律，比如《中华人民共和国民法典》《中华人民共和国刑法》《中华人民共和国标准化法》《中华人民共和国行政处罚法》《中华人民共和国行政诉讼法》《中华人民共和国行政强制法》《中华人民共和国民事诉讼法》等，也规定了大量的环境保护条款或者内容，这些立法也是我国环境立法的重要组成部分。三是生态环境保护相关行政法规。初步统计，国务院共制定了污染防治方面的行政法规 30 多件，自然资源保护方面的行政法规 70 余件，再加上防灾减灾方面的法规和人民解放军的有关法规，已经形成了一个庞大的体系，几乎覆盖了整个环境法领域[①]。四是环境保护部门规章。截至 2021 年，由国务院有关行政主管部门制定的环境与自然保护方面的部门规章有数百件，涉及环境法的方方面面。五是地方性环境保护法规和规章。我国地方人大和政府已经制定了大量环境保护地方性法规和规章，对污染防治与自然保护发挥了重要的作用。六是生态环境保护相关司法解释。如《最高人民法院关于审理环境民事公益诉讼案件适用法律若干问题的解释》《最高人民法院关于审理环境侵权责任纠纷案件适用法律若干问题的解释》《最高人民法院、最高人民检察院关于办理环境污染刑事案件适用法律若干问题的解释》。

通过对上述立法的梳理可以看出，经过长期努力，我国人与自然和谐共生的立法保障取得了很大成绩。当前，以《中华人民共和国宪法》关于环境保护的规定为基础，以环境基本法为核心，以污染防治、自然保护等领域的单行法律、法规和规章为主体，以其他相关部门法关于环境保护的规定为补充的，具有中国特色的、较为完备的人与自然和谐共生现代化立

---

① 孙佑海：《可持续发展法治保障研究（上）》，中国社会科学出版社，2015，第 128 页。

法保障体系已经基本形成。

## （二）立法保障中存在的问题分析

在肯定成绩的同时，不能忽视我国人与自然和谐共生现代化建设中的立法保障还存在很多问题。一是有的立法过于"空洞"。其一，有的法律虽然规定了义务性条款，却没有规定相应的法律责任。其二，有的法律虽然规定了法律责任，却没有规定如何启动追责程序。其三，有的法律采用"促进法"的模式，使法律偏"虚"的问题进一步凸显①。二是存在立法空白，有的重要领域无法可依。例如，《中华人民共和国国土空间规划法》《中华人民共和国国土空间开发保护法》《中华人民共和国黄河保护法》等对国土空间开发保护新格局构建具有重要指导意义的基础性法律尚未出台。三是法律的修改工作较为迟缓。例如，《中华人民共和国海域使用管理法》自 2001 年公布以来，已有 20 年未修改，远不能适应我国陆海统筹发展格局和建设海洋强国的战略需求②。

## 三、人与自然和谐共生现代化语境下立法保障的完善进路

### （一）以习近平法治思想为指导做好立法保障工作

做好人与自然和谐共生的立法保障工作，必须始终以习近平法治思想为指导，统筹推进科学立法、民主立法、依法立法，以良法促进发展、保障善治③。第一，要在习近平法治思想指引下完善党委领导、人大主导、政府依托、各方参与的立法工作格局。第二，要加强生态环境保护立法，抓紧制定基础性、骨干性法律法规。第三，要抓住提高立法质量这个关键。坚持"立改废释纂"并举，做到立法同改革发展④。

### （二）进一步推进科学立法

为了进一步提高人与自然和谐共生现代化建设立法的科学性，确保良

---

① 孙佑海、王操：《借新一轮机构改革东风 推进生态文明法制建设》，《中国生态文明》2018 年第 2 期。

② 《关于政协十三届全国委员会第一次会议第 0138 号（资源环境类 014 号）提案答复的函》，中华人民共和国自然资源部官网，http://gi.mnr.gov.cn/201808/t20180810_2162680.html，2022 年 1 月 6 日访问。

③ 习近平：《决胜全面建成小康社会 夺取新时代中国特色社会主义伟大胜利》，《人民日报》2017年 10 月 28 日，第 1 版。

④ 黄文艺：《习近平法治思想中的未来法治建设》，《东方法学》2021 年第 1 期。

法之治，应当着力推动以下法律体系的完善。

1. 建立完备的污染防治法律体系

要综合运用"立改废释纂"等手段，着力解决污染防治法律体系中存在的法律冲突问题以及法律空白问题。建议全国人大尽快在立法层面将光污染、热污染的防治纳入法律规制范畴。同时，对于污染防治法律体系中存在的法律滞后问题，要抓紧修订《中华人民共和国环境影响评价法》等法律，及时填补法律体系中存在的漏洞。

2. 建立完备的国土空间规划和自然资源法律体系

一方面，强化国土空间开发保护制度，抓紧制定《中华人民共和国国土空间开发保护法》《中华人民共和国国家公园法》《中华人民共和国自然保护地法》等法律。另一方面，在自然资源领域，建议制定《中华人民共和国自然资源基本法》，以解决长期以来存在的自然资源立法中的矛盾冲突问题。具体而言，要完善最严格的耕地保护制度、水资源管理制度、环境保护制度，建立资源有偿使用制度和生态补偿制度。同时，运用市场规律推进生态文明建设的机制，重点推动生态环境保护责任追究制度和环境损害赔偿制度的健全和完善。

3. 建立完备的生态环境保护法律体系

第一，要推动生态环境法典的编纂。编纂生态环境法典，是人与自然和谐共生现代化建设的重大决策，更是中国迈向全面建成社会主义现代化强国新征程上具有标志性意义的法治事件。第二，要加强海洋生态环境保护等方面的海洋立法。《中华人民共和国海洋倾废管理条例》和《中华人民共和国海洋石油勘探开发环境保护管理条例》等已实施多年，与一些国际公约的条款和现行有关法律存在不衔接等问题，《中华人民共和国海洋环境保护法》存在缺乏生态补偿、总量控制制度以及处罚偏轻等问题，建议有关部门加快修订以上法律法规，使之适应新形势下强化海洋环境保护的迫切需要。第三，要抓紧制定其他与生态环境保护有密切关系的法律法规。与此同时，有关部门要及时掌握信息，跟进相关立法工作，确保各相关立法对生态文明建设协同发挥积极作用①。

---

① 孙佑海：《依法治国背景下生态文明法律制度建设研究》，《西南民族大学学报（人文社科版）》2015 年第 5 期。

### 4. 建立完备的应对气候变化法律体系

建议将应对气候变化法作为当前生态文明建设和可持续发展领域的立法优先选项。第一，科学设计立法目标。建议将"促进低碳发展和循环发展，实现碳达峰和碳中和目标，减缓和适应气候变化"设定为立法目标。第二，明确规范重点。应当确立气候变化减缓和适应的基本原则、主要制度和措施。第三，推进气候变化减缓。重点建立以减碳为核心的法律制度，明确碳排放总量的确定标准和分解方式，实施目标的责任考核制度。第四，推进气候变化适应。推进建立气候风险预测预警机制，创新气候适应相关技术措施的政策激励措施和法制保障措施①。

### 5. 建立完备的科技成果转化法律体系

在人与自然和谐共生现代化的立法保障中，应当以科学方法、科研数据、科技成果为依据，充分发挥生态环境科技成果转化平台的作用，建立完备的科技成果转化法律体系，切实提高环境治理措施的系统性、针对性和有效性②。一方面，探索科技成果所有权改革，着力解决法律规定与政策执行冲突，激发科技创新动力③；另一方面，鼓励地方开展探索，积极制定相关地方性法规，打通促进科技成果转化"最后一公里"，营造支持创新创业的法治环境④。

### 6. 建立完备的生态环境文化法律体系

一方面，要加快推动制定文化产业促进法，将人与自然和谐共生作为文化产业发展的重要指导思想，融入文化产业发展全过程；另一方面，要加快修订《中华人民共和国文物保护法》，切实加大文物保护力度，促进文物合理适度利用，提高文物工作依法管理水平。在该法修订中，应当着重加强不可移动文物保护，完善不可移动文物保护规划制度，强化文物保护单位建设控制地带管理要求，增加地下文物埋藏区、水下文物保护区制度，重视相关文物对人与自然和谐共生现代化建设的作用发挥。

---

① 孙佑海：《如何处理实现双碳目标与气候变化应对立法的关系》，《中国环境报》2021年7月22日，第8版。

② 李干杰：《坚决打赢污染防治攻坚战 以生态环境保护优异成绩决胜全面建成小康社会》，《环境保护》2020年第Z1期。

③ 李政刚：《赋予科研人员职务科技成果所有权的法律释义及实现路径》，《科技进步与对策》2020年第5期。

④ 刘利：《打出立法监督"组合拳"推进全国科技创新中心建设》，《北京人大》2020年第9期。

# 第二节　人与自然和谐共生现代化的执法保障

法律的生命在于实施，法律的权威在于实施。要以习近平法治思想为指引，推动严格、规范、公正、文明执法。

## 一、人与自然和谐共生现代化的执法保障概述

### （一）执法保障的概念

执法保障，是指国家行政机关和法律授权、委托的组织及其公职人员依照法定职权和程序，通过执行相关法律实现特定立法目的的过程。具体来讲，执法保障包括执法主体的保障、执法客体的保障、执法内容的保障三个部分。

第一，执法主体的保障是指通过明确谁来执法、向谁执法、谁来监督执法的问题，保障法律的规范高效实施。在此过程中，行政机关是实施法律法规的重要主体，与基层和百姓联系最紧密，直接体现我国的执政水平，要带头严格执法，维护公共利益、人民权益和社会秩序[①]。

第二，执法客体的保障是指通过明确执什么法、如何执法的问题，保障法律的规范高效实施。在此过程中，执法主体要严格按照法定职权和程序，严格、规范、公正、文明执法，加大关系群众切身利益的重点领域的执法力度[②]。

第三，执法内容的保障是指通过明确执法理念、执法范围、执法力度，保障法律的规范高效实施。在此过程中，执法主体要把打击犯罪与保障人权、追求效率与实现公正、执法目的与执法形式有机统一起来，努力实现最佳的政治效果、法律效果、社会效果[③]。

### （二）执法保障的功能

执法保障的具体功能主要体现在以下三个方面。第一，通过执法保障能够实现法治国家建设。执法的实质就是国家行政机关将体现在法律中的国家意志落实到社会生活中：一来，组织实施法律能够将立法目的通过具

---

① 徐显明：《论坚持建设中国特色社会主义法治体系》，《中国法律评论》2021 年第 2 期。

② 同上。

③ 同上。

体的执法行为予以贯彻落实；二来，通过采取行政强制措施能够排除法律实施过程中的阻碍，惩戒违反法律、破坏法律秩序的行为。① 第二，通过执法保障能够实现法治政府建设。通过严格、规范、公正、文明执法，能够深入推进依法行政，提升执法公信力。第三，通过执法保障能够实现法治社会建设。执法主体的价值选择和行为方式会影响公众对于法治的价值判断，通过严格、规范、公正、文明执法，能够在全社会形成尊重法律的氛围。

### （三）人与自然和谐共生现代化的执法保障的历史沿革

在人与自然和谐共生现代化建设过程中，我国生态环境执法不断完善和发展，涵盖污染源现场执法、生态环境执法、排污申报、环境应急管理及环境纠纷查处等日常现场执法监督的各个领域。从历史沿革来看，执法保障的发展大体经历以下五个阶段。

一是探索起步阶段。该阶段主要指 1986 年以前，其主要标志是：部分地方政府出现环境执法需求，成立了专业环境执法队伍，主要从事排污费征收工作，兼顾特定行业污染源监督管理、污染纠纷调处等执法活动。这一阶段，我国专业环境执法队伍从无到有，环境执法工作开始起步，为贯彻落实国家环保法律法规和政策、促进环境保护法制建设发挥了积极作用。

二是试点阶段。该阶段指 1986 年至 1995 年底。其标志是：在全国部分省、市组织开展了环境监理试点工作。试点单位在队伍建设、经费来源、现场执法等方面进行了积极探索，积累了初步经验，为建立全国统一的环境监理队伍、全面开展环境执法工作打下了基础。

三是发展阶段。该阶段指 1996 年至 2001 年。其标志是：国务院环境保护行政主管部门相继颁布了《环境监理工作制度（试行）》和《环境监理工作程序（试行）》等规章制度，环境执法工作逐步走向规范化、制度化，初步形成了国家、省、市、县四级环境执法网络，环境执法逐渐成为环保部门的立足之本。

四是深化改革阶段。该阶段指 2002 年至 2012 年党的十八大召开。其标志是：《国务院关于落实科学发展观　加强环境保护的决定》明确提出要建立健全国家监察、地方监管、单位负责的环境监管体制，完备的环境执

---

① 张文显主编，李龙、周旺生、郑成良等副主编《法理学》，高等教育出版社，2018，第 248 页。

法体系开始建设，国务院环境保护行政主管部门成立了环境监察局、环境应急与事故调查中心和区域环境保护督察中心，国家监察能力得到加强，工作机制逐步完善，环境监察队伍成为环保工作的中流砥柱。

五是人与自然和谐共生新阶段。该阶段指党的十八大以来。其主要标志为：以人与自然和谐共生现代化为导向，建立了高效的法律实施体系。党的十八届三中全会提出，要建立和完善严格监管所有污染物排放的环境保护管理制度，独立进行环境监管和行政执法。党的十八届四中全会要求用严格的法律制度保护生态环境。党的十九大就"加快生态文明体制改革，建设美丽中国"作出了新部署。党的十九届三中全会通过《中共中央关于深化党和国家机构改革的决定》，着力推动自然资源和生态环境管理体制改革。党的十九届四中全会强调要"实行最严格的生态环境保护制度"，完善生态环境保护执法制度。

随后，生态环境执法不断完善发展，2014年《中华人民共和国环境保护法》明确了环境监察机构的法律地位，赋予环保部门强制查封、扣押等权力以及对地方政府和部门环保工作进行监管的权力。2016年中共中央办公厅、国务院办公厅印发《关于省以下环保机构监测监察执法垂直管理制度改革试点工作的指导意见》。2021年第十三届全国人大常委会第二十九次会议、三十次会议分别审议《国务院关于长江流域生态环境保护工作情况的报告》《国务院关于雄安新区和白洋淀生态保护工作情况的报告》，明确在流域、区域经济高质量发展和生态保护中要优化执法方式，开展联合执法，提高执法效能，为人与自然和谐共生现代化提供了有力保障。

## 二、人与自然和谐共生现代化语境下我国执法的评估

人与自然和谐共生现代化需要有严格的执法程序予以保障。通过执法保障人与自然和谐共生现代化具有重大的理论和实践意义。一是严格执法是建设高效的法治实施体系的重要一环，能够将科学的立法转化为法律治理效能。二是严格执法能够促进产业结构调整和经济发展方式的转变。三是严格执法能够保障公众权益，进而对社会成员的守法产生正面激励效应。

### （一）执法保障的历史性成就分析

经过长期努力，我国人与自然和谐共生的执法保障取得了很大成绩。生态环境执法的思想认识、顶层设计、体制机制、队伍建设、地位作用发生了历史性、转折性、全局性变化。目前，政府主导、各部门协调配合的生态文明执法体系已基本形成，环保大部制改革取得成效，执法部门的执法能力显著增强，执法效果不断提高，执法工作对遏制严峻的生态环境形势发挥了重要作用①。

1. 形成了较为完善的环境执法体制

党的十八届三中全会指出，要建立和完善严格监管所有污染物排放的环境保护管理制度，独立进行环境监管和行政执法，为我国环境执法体制的改革奠定了基础。随后，国家发布一系列文件，不断深化我国环境执法体制改革，如《深化党和国家机构改革方案》《关于省以下环保机构监测监察执法垂直管理制度改革试点工作的指导意见》《关于深化生态环境保护综合行政执法改革的指导意见》《关于生态环境领域进一步深化"放管服"改革 推动经济高质量发展的指导意见》等。在此基础上，我国逐渐形成了以生态环境部为主导的生态环境执法体制，其负责组织开展全国生态环境保护执法检查活动，查处重大生态环境违法问题。省级以下层面，为解决以块为主的地方环保管理体制存在的突出问题，我国积极推动省以下环保机构监测监察执法垂直管理制度改革。

2. 建设了具有战斗力的环境执法队伍

生态环境部发布的《关于加强生态环境保护综合行政执法队伍建设的实施意见》，为打造生态环境保护铁军中的主力军提供了坚强保障。第一，执法支撑能力得到有效提升。例如，山东省环保厅与浪潮集团有限公司正式签订了深入推进"互联网＋环保"发展战略合作协议。第二，装备水平得到全面提升。生态环境部制定了《生态环境保护综合行政执法人员着装管理规定》《生态环境保护综合行政执法装备配备标准化建设指导标准（2020 年版）》，地方各级生态环境部门将于 2022 年底前完成移动执法系统建设和应用的全覆盖。第三，人员素质不断提高。到 2025 年，执法人员具有大专以上学历的将达到 90%，取得法学类或生态环境相关专业学位的

---

① 孙佑海：《生态文明建设需要法治的推进》，《中国地质大学学报（社会科学版）》2013 年第 1 期。

将达到 50%。同时，生态环境部大力实施"百千万执法人才培养工程"，即"十四五"期间将培养 100 名优秀执法培训教师，1 000 名执法领军人才，10 000 名执法骨干人员。

3. 加强了环境执法的综合手段运用

十八大以来我国围绕打赢蓝天保卫战，加强生物安全防范、野生动物保护、气候变化应对等，开展了一系列执法活动，进一步拓展和丰富了环境执法的手段。如生态环境部与中国银行股份有限公司签署《"碳中和"金融服务合作备忘录》，探索建立健全绿色金融体系、促进气候投融资发展。中央生态环境保护督察办公室印发实施《生态环境保护专项督察办法》，积极推动中央生态环境保护督察向纵深发展。

**（二）执法保障中存在的问题分析**

在肯定成绩的同时，不能忽视我国人与自然和谐共生现代化建设中的执法保障还存在很多问题。这些问题集中体现在以下三个方面。一是生态环境保护体制机制不健全，表现为：执法机构对保护环境和发展经济关系的认识仍有不足，以致执法过程中考核问责机制仍不健全，压力传导层层衰减，地方保护现象仍然存在；执法部门间缺乏协调配合，信息难以共享，执法合力不足；同时，行政执法和刑事司法衔接机制有待健全，仍存在有案不移、有案难移、以罚代刑等现象。二是生态环境保护法律制度执行仍有"折扣"，表现为：信息公开制度执行不到位，仍存在信息公开滞后或不规范现象；排污许可制度实施不够规范，企业持证排污的要求尚未全面落实；环境影响评价制度推进中一些历史遗留的"未批先建"项目有待清理整顿；同时，生态保护补偿机制也有待进一步完善。三是环境执法监管仍需加强：一方面，环境执法中有的在线监控设备质量较差，不少在线监测设备未依法检定，监测数据难以作为执法依据；另一方面，环境执法中仍存在监管不到位、覆盖面不全、基层环境执法人员少、业务能力弱、技术支撑不够、经费保障不足的情形[①]。

---

① 钭晓东、杜寅：《中国特色生态法治体系建设论纲》，《法制与社会发展》2017 年第 6 期。

## 三、人与自然和谐共生现代化语境下执法保障的完善进路

### （一）以习近平法治思想为指导做好执法保障工作

政府的执法是把纸面上的法律变为现实生活中的法律的关键环节。在人与自然和谐共生现代化的建设中，必须坚持习近平法治思想，推动严格执法。一是要依法界定政府职权职责。习近平同志指出："法治政府建设是重点任务和主体工程……要率先突破……用法治给行政权力定规矩、划界限，规范行政决策程序……加快转变政府职能。"① 二是要深化行政执法体制改革。推动生态环境保护领域执法队伍与市场监管、交通运输、农业等人与自然和谐共生现代化执法保障中相关执法队伍的整合。同时，建立健全行政裁量权基准制度，细化、量化行政裁量标准，规范执法裁量范围、种类、幅度。全面落实行政执法责任制，严格确定不同部门及机构、岗位执法人员执法责任和责任追究机制，坚决防止和克服地方和部门保护主义。三是深化政务公开，让执法成为看得见的正义②。

### （二）进一步推进严格执法

推进严格执法，要在行政决策、行政执法、行政公开、行政权力监督、行政化解矛盾纠纷等主要环节深入推进依法行政，着力规范政府行为，特别是要紧紧抓住行政机关严格、规范、公正、文明执法的重点和难点，完善执法体制，创新执法方式，加大执法力度，规范执法行为，全面落实行政执法责任制，真正做到有法必依、执法必严、违法必究，切实维护公共利益、人民权益和生态环境保护管理秩序③。

#### 1. 建立严格的污染防治执法体系

建立严格的污染防治执法体系，必须强化排污者责任。具体来讲，建议采取以下措施。一是健全信息强制性披露制度。建立并完善上市公司和发债企业强制性环境信息披露制度，对于未按规定披露环境信息的上市公司和发债企业，依法责令整改、予以行政处罚。二是提高污染物排放标

---

① 习近平：《坚定不移走中国特色社会主义法治道路 为全面建设社会主义现代化国家提供有力法治保障》，《求是》2021 年第 5 期。

② 黄文艺：《习近平法治思想中的未来法治建设》，《东方法学》2021 年第 1 期。

③ 孙佑海：《生态文明建设需要法治的推进》，《中国地质大学学报（社会科学版）》2013 年第 1 期。

准。对现行国家污染物排放标准的实施情况开展评估，根据改善环境质量的需要和经济、技术条件，严格要求污染物排放限值。同时，鼓励各地制定和实施严于国家标准的地方污染物排放标准。三是健全环境保护信用评价制度。分级建立企业环保信用评价体系，将企业环保信用信息纳入全国信用信息共享平台，推动有关部门和机构在行政许可、公共采购、金融支持等工作中根据企业的环保信用状况予以支持或限制。四是重点实施好按日计罚制度。以立法的形式在按日计罚制度中增加对违法收益和违法情节变动的考量，以增强按日计罚行政执法的适应性，处理按日计罚制度实施中处罚不够合理的问题；强化按日计罚法律知识培训，制定按日计罚法律制度实施细则，有效保障按日计罚制度与有关制度的衔接①。

**2. 建立严格的国土空间规划和自然资源执法体系**

一方面，立足《关于建立国土空间规划体系并监督实施的若干意见》，建立严格的国土空间规划执法体系。第一，加快推进分级分类建立国土空间规划。第二，统筹推进国土空间规划实施与监督，强化规划权威，改进规划审批，健全用途管制制度，监督规划实施，推进"放管服"改革。第三，完善国土空间基础信息平台，推进政府部门之间的数据共享以及政府与社会之间的信息交互。

另一方面，全面推进自然资源执法体制改革。第一，健全执法查处机制，探索实行自然资源管理领域综合行政执法。第二，健全没收处置机制，规范没收流程，解决没收建筑物和其他设施移交、处置不规范问题，严防国有资产流失。第三，加强行政与司法衔接机制，建立专门联席会议制度，强化协作配合。

**3. 建立严格的生态环境保护执法体系**

应以环境保护督察为抓手，推动执法保障工作开展。第一，对准问题，明确责任，坚决杜绝环保督察走过场的现象，确保环保督察取得实效。督察中不能提前通知被检查的单位和个人，坚决抵制督察中弄虚作假的行为。第二，环保督察既要检查和处罚各级政府在环保领域的违法行为，也要检查和处罚地方党委的有关违法行为，实现生态文明建设"党政同责"。第三，环保督察要严格依法进行，不得"法外开恩"，以提升党和

---

① 孙佑海、王操：《借新一轮机构改革东风 推进生态文明法制建设》，《中国生态文明》2018年第2期。

政府的公信力。环保督察也不能擅自提高执法标准，对擅自提高执法标准的，要予以纠正①。

**4.建立严格的科技成果转化执法体系**

一是加强相关科技成果转化法律的宣传，为法律全面实施提供更多可借鉴的经验。二是加强配套制度建设和制度执行情况的监督检查。三是进一步发挥生态环境保护领域企业在科技成果转化中的主体作用。四是加强科技成果转化的资金保障，探索"财政投入为引导、企业投入为主体、金融资本和民间资本竞相跟进"的多元化科技融资机制。五是进一步发挥人才在科技成果转化中的核心作用，健全人才引进、人才培养、人才开发和人才流动制度。

**5.建立严格的生态环境文化执法体系**

一是增强依法保护、科学保护文物的意识，营造全社会保护文物的良好氛围。二是推动各级政府依法履行职责，切实保障文物安全。三是健全管理体制，加强文物保护能力建设。四是完善文物流通领域的监管制度。推动行业协会建设和职业道德建设，加强自我约束和自我管理，努力营造诚实守信、合法经营的行业氛围。

# 第三节　人与自然和谐共生现代化的司法保障

司法是维护社会公平正义的最后一道防线。司法公正对于人与自然和谐共生现代化具有重要保障作用。要以习近平法治思想为指引，努力让人民群众在每一个生态环境司法案件中感受到公平正义。

## 一、人与自然和谐共生现代化的司法保障概述

### （一）司法保障的概念

司法保障是指国家司法机关依据法定职权和法定程序，具体应用法律处理案件，以实现特定立法目的过程。具体来讲，司法保障可以分为司法主体的保障、司法客体的保障、司法内容的保障三个部分。第一，司法主体的保障包括检察机关、审判机关及相关机构的设置及其职能配置，司法

---

① 孙佑海、王操：《借新一轮机构改革东风　推进生态文明法制建设》，《中国生态文明》2018 年第 2 期。

机关的内部组织设置及其职能配置，司法机关与政党、立法机关、行政机关及其他社会主体的关系协调等。第二，司法客体的保障既包括司法的行为准则、管理规则和程序等方面的内容，也包括司法活动的基本原则、基本制度和具体制度、工作规则、运行方式及程序规范等。在法律层面，司法活动的制度主要体现在刑事诉讼法、行政诉讼法、民事诉讼法等程序性法律中。第三，司法内容的保障，从内部来看，包括各类司法机关内部相互关系的协调，如审判机关内部立案、审判、执行等方面主体、制度、程序之间的关系；从外部来看，包括司法机关之间的关系以及司法机关与立法机关、行政机关、社会公众等方面的关系协调①。

### （二）司法保障的功能

司法保障的具体功能体现在以下三个方面。一是制裁功能。在法律规范指引下，司法机关能够通过法定程序，以承担民事、刑事责任等为手段，对相关主体的违法行为予以制裁。二是指引功能。司法机关通过开展司法活动指引社会公众的相关行为，引导其在法律规范内开展法律活动。如司法机关发布典型案例，能够起到较好的普法作用，推动法律的有效实施。三是保障功能。一方面，通过准确适用法律，公正裁判案件，能够保障公平正义，起到保护当事人合法权益和惩治违法行为的效果。另一方面，通过推动司法过程的合法性和正当性，能有效保障人权②。

### （三）人与自然和谐共生现代化的司法保障的历史沿革

我国环境司法活动始于 20 世纪 70 年代。此间，以生态环境立法为轴心，我国人与自然和谐共生现代化的司法保障经历了一个从无到有、从小到大、不断探索和逐步发展的过程，其历史进程可以大致分为以下三个阶段。

#### 1.起步阶段（1978—1988 年）

这一时期，我国环境保护司法制度迅速恢复并初步发展。该时期我国制定了新《宪法》，颁布了《中华人民共和国人民法院组织法》《中华人民共和国人民检察院组织法》《中华人民共和国刑法》《中华人民共和国刑事诉讼法》《中华人民共和国民法通则》《中华人民共和国民事诉讼法》以及《中华人民共和国环境保护法（试行）》《中华人民共和国海洋环境保护法》

---

① 陈光中、崔洁：《司法、司法机关的中国式解读》，《中国法学》2008 年第 2 期。
② 韩大元：《完善人权司法保障制度》，《法商研究》2014 年第 3 期。

《中华人民共和国水污染防治法》《中华人民共和国大气污染防治法》等重要法律。这些法律法规对环境污染纠纷解决以及污染损害赔偿等作出了初步规定。1988 年，湖北省武汉市建立了我国第一个环保法庭。

2. 全面发展阶段（1989—1997 年）

这一时期，一系列重要法律出台。1989 年《中华人民共和国环境保护法》颁布，对环境污染纠纷的司法处理作出了规定，确立了无过错责任制度，将环境污染损害赔偿诉讼的时效延长为三年。此外，我国还先后修订了《中华人民共和国大气污染防治法》和《中华人民共和国水污染防治法》，颁布了《中华人民共和国固体废物污染环境防治法》和《中华人民共和国环境噪声污染防治法》，这些单项法律就环境污染纠纷解决和环境损害赔偿均作出了明确的规定。

随着环境污染和生态破坏的日益加剧，有些严重环境违法行为造成的危害后果十分重大，需要运用刑罚手段来惩戒违法者和震慑排污者。1997 年修订的《中华人民共和国刑法》在"分则"第六章"妨害社会管理秩序罪"中专门设置一节"破坏环境资源保护罪"。此外，其他章节也规定了可能造成或导致严重的环境污染和资源破坏的犯罪，如环境监管失职罪。这一阶段，随着环境保护法律的陆续出台和司法制度的完善，环境司法活动基本做到了有法可依。

3. 人与自然和谐共生的新阶段（1998 年至今）

这一时期，法院系统改革和完善了死刑核准、公开审判、管辖、证据、再审、执行、审判委员会、人民陪审员、未成年人审判、司法管理等制度，建立了案例指导制度，深化了裁判文书改革等，成立了各级环境资源审判庭，形成了基本适应形势需要的审判制度。检察机关改革和完善了接受人大监督、特约检察官、检察委员会等制度以及审查逮捕方式、刑事赔偿确认程序、刑事司法与行政执法相互衔接、查办职务犯罪内部制约等机制，建立了人民监督员、专家咨询、主诉检察官办案责任等制度，对民事行政检察监督、公益诉讼等进行了大量有益尝试①。

2012 年、2017 年我国修订了《中华人民共和国民事诉讼法》，2014 年、2017 年我国修订了《中华人民共和国行政诉讼法》，进一步完善了民事和行政诉讼相关法律制度。2020 年制定的《中华人民共和国民法典》在

---

① 徐鹤喃：《制度内生视角下的中国检察改革》，《中国法学》2014 年第 2 期。

第七编第七章专门就"环境污染和生态破坏责任"予以规定。党的十八届三中全会和四中全会就深化司法体制改革、加快建设公正高效的社会主义司法制度作出了明确安排和部署。司法制度得到了系统建设和全面完善，先进的司法理念逐步树立，法学界与实务界也呈现出良好的互动，推动了生态环境保护司法的长足发展。

## 二、人与自然和谐共生现代化语境下我国司法的评估

人与自然和谐共生现代化需要有公正的司法程序予以保障。历史和实践证明，缺乏司法保障会导致人与自然和谐共生现代化建设过程中法律无法发挥定纷止争功能，无法实现公平正义。

### （一）司法保障的历史性成就分析

总体来看，在人与自然和谐共生现代化建设过程中，生态环境司法逐渐得到重视，司法在保护生态环境、维护人民群众的生态环境权益方面发挥了越来越大的作用。一些地方的环保法庭、审判庭纷纷建立，一批具有重大影响的环境公益诉讼案件得以审理，推动了我国的环境司法实践[①]。

1. 检察工作取得历史性成就

一是在环境资源案件诉讼方面。以 2018 年 1—12 月为例，在刑事检察领域，检察机关共批准逮捕涉嫌破坏环境资源保护罪 9 470 件 15 095 人，起诉 26 287 件 42 195 人。在公益诉讼案件领域，检察机关共立案办理自然资源和生态环境类案件 59 312 件，办理诉前程序案件 53 521 件，经诉前程序行政机关整改率达到 97%，提起相关民事公益诉讼和刑事附带民事公益诉讼 1 732 件[②]。通过办案督促治理被污染损毁的耕地、湿地、林地、草原 211 万亩，督促清理固体废物、生活垃圾 2 000 万吨。截至 2018 年 11 月，全国基层检察院实现了公益诉讼办案"全覆盖"[③]。二是在建章立制方面。制定了《关于在检察公益诉讼中加强协作配合 依法打好污染防治攻坚战的意见》《关于充分发挥检察职能作用 助力打好污染防治攻坚战

---

① 孙佑海：《生态文明建设需要法治的推进》，《中国地质大学学报（社会科学版）》2013 年第 1 期。

② 《最高检：去年起诉涉嫌破坏环境资源保护罪 2.6 万余件》，最高人民检察院网站 https://www.spp.gov.cn/zdgz/201902/t20190214_408021.shtml，访问日期：2021 年 10 月 6 日。

③ 《壮丽 70 年·检察事业谋新篇 | 公益诉讼始发力 中国方案拓新路》，最高人民检察院网站 https://www.spp.gov.cn/zdgz/201909/t20190927_433213.shtml，访问日期：2021 年 10 月 6 日。

的通知》《关于办理环境污染刑事案件适用法律若干问题的解释》《依法惩治长江流域非法捕捞等违法犯罪的意见》《生态环境损害赔偿资金管理办法（试行）》《环境保护行政执法与刑事司法衔接工作办法》等文件，发布检察机关野生动物保护公益诉讼典型案例、检察机关文物和文化遗产保护公益诉讼典型案例、检察机关大运河保护公益诉讼检察专项办案典型案例、环境污染刑事案件典型案例等。三是在体制机制改革方面。以强化法律监督、提高办案效果、推进专业化建设为导向，针对人民群众反映强烈的生态环境和资源保护问题，专设负责公益诉讼检察的最高人民检察院第八检察厅。

2. 审判工作取得历史性成就

人与自然和谐共生现代化建设过程中，审判工作起到了无可替代的保障作用，其历史成就同样是不容忽视的。一是环境资源案件审判理念不断完善。最高人民法院相继发布《关于全面加强环境资源审判工作　为推进生态文明建设提供有力司法保障的意见》《关于充分发挥审判职能作用　为推进生态文明建设与绿色发展提供司法服务和保障的意见》《关于深入学习贯彻习近平生态文明思想　为新时代生态环境保护提供司法服务和保障的意见》，在环境资源审判中确立了环境正义、恢复性司法等司法理念①。二是环境资源案件审理数量大幅提升。2020 年，全国法院共审理涉环境污染、生态破坏、自然资源开发利用、气候变化应对、生态环境治理与服务等各类环境资源刑事、民事、行政诉讼案件及公益诉讼案件、生态环境损害赔偿诉讼案件 25.3 万件②。三是环境资源案件审判专业性不断增强。环境资源审判机构不断完善，截至 2020 年底，全国共设立环境资源专门审判机构 1 993 个，包括环境资源审判庭 617 个，合议庭 1 167 个，人民法庭、巡回法庭 209 个，基本形成专门化的环境资源审判组织体系。推进归口审理和集中管辖机制建设，共有 22 家高院及新疆生产建设兵团分院实现了环境资源刑事、民事、行政、执行案件"三合一"或"四合一"归口审理③。

---

① 吕忠梅等：《中国环境司法发展报告（2019 年）》，法律出版社，2020，第 5 页。
② 《中国环境资源审判（2020）》，最高人民法院网站 http://www.court.gov.cn/zixun-xiangq-ing-307471.html，访问日期：2021 年 10 月 6 日。
③ 同上。

**（二）司法保障中存在的问题分析**

在肯定成绩的同时，不能忽视我国人与自然和谐共生现代化建设中的司法保障还存在很多问题。

第一，环境资源审判法庭设置不够合理。从时间上来看，有的是在特殊时间节点设置的，多为应景之作。如 2014 年 6 月最高人民法院下发《关于全面加强环境资源审判工作　为推进生态文明建设提供有力司法保障的意见》，同年 10 月重庆在全市范围内设置环保法庭；又如 2007 年太湖爆发大规模的蓝藻事件，次年江苏便在无锡设置了环保法庭。从空间上来看，有的管辖地局限在某市，比如江苏和云南的环保法庭，有的则覆盖全省，比如福建和海南的环保法庭；即便是最终管辖地域较广，在最初的设置环节也并不同步，有的一次性到位，比如海南的环保法庭；有的则分步骤进行，比如贵州和重庆的环保法庭。从设置的方式上看，有的属于创设型，即"从无到有"，比如贵州、云南等的环保法庭；而有的则属于改造型，即"从有到优"，比如福建的环保法庭[①]。

第二，检察公益诉讼发展面临瓶颈。一是案源的结构性局限。刑事附带民事公益诉讼占比过高，不少基层法院还存在立案空白，有的检察院还没有办理过诉前程序案件。二是检察机关的调查取证权、调查核实权缺乏法律依据且权力内容规范不完善。三是公益诉讼中的举证责任分配有待重新认识。四是行政机关的抵制情绪影响公益诉讼工作的开展[②]。

第三，现行诉讼程序制度跟不上人与自然和谐共生现代化建设的需要。一是生态环境损害赔偿诉讼与环境民事公益诉讼之间高度相似，本质上是一种竞合冲突。若一项制度不能有效地与其他制度保持区分，终会沦为其他制度的一部分[③]。二是检察环境公益诉讼的诉前程序中审查标准过于严苛，诉前程序的期限设置失之恰当[④]。三是环境民事公益诉讼中的支持起诉存在依据模糊化、功能虚置化和角色替代化等问题[⑤]。

---

[①]　张忠民：《环境司法专门化发展的实证检视：以环境审判机构和环境审判机制为中心》，《中国法学》2016 年第 6 期。

[②]　曹明德：《检察院提起公益诉讼面临的困境和推进方向》，《法学评论》2020 年第 1 期。

[③]　李树训：《生态环境损害赔偿诉讼与环境民事公益诉讼竞合的第三重解法》，《中国地质大学学报（社会科学版）》2021 年第 5 期。

[④]　刘建新：《论检察环境公益诉讼的职能定位及程序优化》，《中国地质大学学报（社会科学版）》2021 年第 4 期。

[⑤]　秦天宝：《论环境民事公益诉讼中的支持起诉》，《行政法学研究》2020 年第 6 期。

## 三、人与自然和谐共生现代化语境下司法保障的完善进路

### （一）以习近平法治思想为指导做好司法保障工作

司法权的介入，不仅能够有效排除环境执法监督中存在的障碍，为公正执法创造良好的环境，而且能够保障行政执法监督权的依法行使和维护公民的合法环境权利。在人与自然和谐共生现代化建设中，必须以习近平法治思想为指导，依法有序推动新时代司法改革。

一是在习近平法治思想指引下，推动生态环境司法管理体制改革。习近平同志在深刻把握司法规律的基础上，提出了"构建普通案件在行政区划法院审理、特殊案件在跨行政区划法院审理的诉讼格局"①等重大判断，必须贯彻落实。二是在习近平法治思想指引下，推动生态环境司法权运行机制改革。要全面落实司法责任制，保障法官、检察官的办案主体地位，合理确定司法人员办案责任，加强对司法权的制约和监督。三是在习近平法治思想指引下，推动生态环境司法机构职能改革。在宏观层面优化司法机关之间的职能配置，在中观层面优化司法机关统与分、上与下的关系，在微观层面推进司法机关内设机构改革②。

### （二）进一步推进公正司法

深化司法体制改革，保证司法公正，提高司法公信，维护司法权威，是全面推进依法治国的重要保障，也是切实加强生态文明建设的坚强后盾。当前，我们要切实按照党中央确立的"司法公信力不断提高"的目标，重点解决人与自然和谐共生现代化建设中影响司法公正和制约司法能力的深层次矛盾和问题，加快建设公正、高效、权威的中国特色社会主义司法制度③。

#### 1. 进一步发挥检察职能

第一，进一步加大环境资源犯罪惩治力度。一是服务保障经济社会高质量发展。在长江流域生态保护、黄河流域生态保护与高质量发展等国家

---

① 习近平：《鼓励基层群众解放思想积极探索 推动改革顶层设计和基层探索互动》，《人民日报》2014 年 12 月 3 日，第 1 版。

② 黄文艺：《论习近平法治思想中的司法改革理论》，《比较法研究》2021 年第 2 期。

③ 孙佑海：《生态文明建设需要法治的推进》，《中国地质大学学报（社会科学版）》2013 年第 1 期。

战略中更好地发挥检察作用。二是加强与生态环境部、自然资源部等部门的合作，在环境违法犯罪、国土空间开发保护等领域深度协作。三是坚持宽严相济，结合司法实践，不断创新司法方式方法，提高司法服务人与自然和谐共生现代化的实际效果。

第二，进一步强化检察监督职能。在贯彻落实《中共中央关于加强新时代检察机关法律监督工作的意见》的基础上，一是充分发挥检察建议的功能，维护司法公正，促进依法行政。二是积极创新检察监督的形式，总结地方上有益探索的经验，逐步向全国推广。三是健全信息共享、案情通报、案件移送制度，实现行政处罚与刑事处罚依法对接。四是加强检察机关与监察机关办案衔接和配合制约。

第三，进一步推进检察公益诉讼改革。一是依法有序推进司法体制机制创新，激发检察公益诉讼服务人与自然和谐共生现代化的活力。二是稳步推进检察公益诉讼案源结构调整。三是积极探索检察公益诉讼流程的规范化、制度化。

2. 进一步发挥审判职能

一是加快推进环境资源审判专业化进程。环境污染和生态破坏案件的审理专业性强，必须设立专门的审判机构，并且配备专业化的环境法官。要着力解决一些地区虽然设立了专门的环境资源审判机构，但受种种因素限制而很少受理生态环境损害案件的情形。二是加强环境资源刑事审判工作。各级审判机关和审判人员应当主动学习国家在生态文明建设中的新规定、新要求，推动审判工作符合立法精神，符合人民和国家的需要。三是加强环境资源民事审判工作。生态环境损害是指生态环境的功能受到了损害，生态环境损害案件与一般的环境侵权案件有本质区别。因此，法院应当积极探索审理对生态环境造成损害的案件，以适应构建人与自然和谐关系的迫切需要。对于环保法庭，应当建立单独的考核办法，以适应生态文明建设对环境资源审判的特殊需要。四是加强和完善环境行政审判工作。加强环境行政审判工作，对于督促行政机关依法及时履行环境监管职责、查处破坏生态环境的违法行为是十分必要的，也是我国法律制度所支持的。今后，我国需要在完善法制的基础上进一步加强以"民告官"为标志的环境行政审判工作，以更好地保护人民群众的环境权益。五是依法审理环境公益诉讼案件。其一，依法审理社会组织提起的环境民事公益诉讼案件。尤其是要抓紧进行气候变化应对领域的纠纷化解和诉讼程序准备工作①。其二，依法审理检察机关提起的环境行政公益诉讼案件。建议进一步扩大环境行政公益诉讼的起诉主体范围，允许具备条件的环保社会组织提起环境行政公益诉讼，以帮助政府消除环保领域不作为、准作为的现象，更加有效地促进政府部门依法行政。六是推进环境资源案件的集中管辖和归口审理。环境资源案件集中管辖和归口审理的改革探索，对于强化环境资源审判工作、提高环境资源审判质量意义重大。建议有关方面认真总结经验，逐步形成法律制度并予以推进。同时，有关法院和有关部门要积极构建多元共治机制，加强环境司法与环境行政执法的衔接，构建联合调解机制，完善司法鉴定机制。法院要积极与检察机关、公安机关和环境行政部门沟通协调，为环境资源审判创造良好的外部环境②。

## 第四节　人与自然和谐共生现代化的全民守法保障

"治人者，法也。守法者，人也。人法相维，上安下顺。"③全民守法是人与自然和谐共生现代化建设的重要保障。要以习近平法治思想为指引，建设社会主义法治文化，树立宪法法律至上、法律面前人人平等的法治理念。

### 一、人与自然和谐共生现代化的全民守法保障概述

#### （一）全民守法保障的概念

全民守法保障是指公民等社会主体通过按照宪法和法律的规定，规范行使权利并履行义务，以实现特定立法目的的过程④。具体来讲，全民守法保障包括以下两个维度的含义。一方面，从主体上来看，全民守法的主体包括一切社会组织及个人。第一，领导干部要带头尊法守法。党和政府是我国法治建设的引领者，也是全民自觉守法的表率。党和政府的领导干部

---

① 孙佑海：《如何处理实现双碳目标与气候变化应对立法的关系》，《中国环境报》2021年7月22日，第8版。

② 孙佑海、王操：《借新一轮机构改革东风 推进生态文明法制建设》，《中国生态文明》2018年第2期。

③ 沈家本：《历代刑法考》，中华书局，1985，第34页。

④ 单颖华：《当代中国全民守法的困境与出路》，《中州学刊》2015年第7期。

带头自觉遵守法律是全民自觉守法的前提，是实现全民依法治国目标和任务的关键所在。第二，全民要自觉信法守法。通过破除人们心中的"权贵思想""投机倾向"和"侥幸心理"，弘扬社会主义核心价值观，培养全民对法治的信仰，是推动特定立法目的实现的必由之路。第三，全社会要协同推进学法用法。通过引导全民自觉守法、遇事找法、解决问题靠法，能够形成全民守法、崇法尚善、循法而行的良好社会氛围①。

另一方面，从客体上来看，守法的范围不仅包括宪法和法律，而且包括行政法规、地方性法规等其他规范性法律文件，以及具有法律效力的命令、判决、裁定等。甚至，从广义上讲，行业规范、乡规民约等"软法"亦可以纳入守法的客体范畴。

**（二）全民守法保障的功能**

全民守法保障的具体功能体现在以下三个方面。第一，全民守法保障具有示范功能。具体体现为多个方面。一是告知作用，即通过普法宣传等活动推动全社会形成一定的社会价值准则和道德观念，使人们知道法律的立法目的。二是预测作用，即根据全社会形成的共同行为规范，人们能够预估到其和其他社会成员之间的关系，其他社会成员的行为应当是怎样的，自身又应当如何做。三是指引作用，即在全民守法的社会氛围下，人们能够预测到其行为产生的后果，故而需要通过自身的作为或不作为，避免承担相应责任。第二，全民守法保障具有评价功能。当社会成员尽皆尊法守法时，实际上就形成了一种社会共同认可的价值评价标准，因而人们能够通过此标准评价自身的行为。第三，全民守法保障具有教育功能。通过全社会对法律的尊崇，对公民今后的相关行为产生影响。例如，通过对典型案例的宣传，能够引导人们更好地了解法律，敬畏法律。

**（三）人与自然和谐共生现代化的全民守法保障的历史沿革**

在人与自然和谐共生现代化建设过程中，党和国家高度重视全民守法保障。总体来看，可以将我国全民守法保障的发展历史分为以下三个阶段。

1. 起步阶段

该阶段指中华人民共和国成立至 1978 年底党的十一届三中全会召开

---

① 张文显主编，李龙、周旺生、郑成良等副主编《法理学》，高等教育出版社，2018，第257~260 页。

之前。1949 年 9 月制定的《中国人民政治协商会议共同纲领》第八条即提出"中华人民共和国国民均有保卫祖国、遵守法律……的义务"。同时期制定的《中华人民共和国中央人民政府组织法》第二十八条指出"最高人民检察署对政府机关、公务人员和全国国民之严格遵守法律，负最高的检察责任"。"五四宪法"第八十一条明确规定，"中华人民共和国最高人民检察院对于国务院所属各部门、地方各级国家机关、国家机关工作人员和公民是否遵守法律，行使检察权"。1954 年《中华人民共和国人民法院组织法》第三条指出，"人民法院用它的全部活动教育公民忠于祖国、自觉地遵守法律"。1954 年《中华人民共和国城市居民委员会组织条例》第二条指出居民委员会有"动员居民响应政府号召并遵守法律"的任务。

2. 发展阶段

该阶段指十一届三中全会后至党的十八大期间。1979 年《中华人民共和国刑事诉讼法》第二条明确规定，"中华人民共和国刑事诉讼法的任务，是……教育公民自觉遵守法律"。1982 年《中华人民共和国民事诉讼法（试行）》第二条明确规定，"中华人民共和国民事诉讼法的任务，是……教育公民自觉遵守法律"。1985 年 6 月，中共中央宣传部和司法部在京联合召开了全国法制宣传教育工作会议。随后，中共中央宣传部和司法部拟定了《关于向全体公民基本普及法律常识的五年规划》，报中共中央、国务院。1985 年 11 月，第六届全国人大常委会第十三次会议公布了《关于在公民中基本普及法律常识的决议》。1986 年《中华人民共和国民法通则》第六条明确规定，"民事活动必须遵守法律，法律没有规定的，应当遵守国家政策"。1991 年《关于深入开展法制宣传教育的决议》明确指出"高级干部更要带头学法、守法，依法办事，为全国人民作出表率"。2001 年《关于进一步开展法制宣传教育的决议》进一步提出"增强公民遵纪守法和依法自我保护的意识"，"各级领导干部尤其要带头学法、守法、用法"。2006 年《关于加强法制宣传教育的决议》指出要"培养全体公民自觉尊法守法的行为习惯"。2011 年《关于进一步加强法制宣传教育的决议》强调要"形成人人自觉学法守法用法和依法行政、公正司法的社会环境"。

3. 人与自然和谐共生的新阶段

党的十八大以来，全民守法保障进入一个新阶段。党的十八大报告中明确提出"新十六字方针"，将全民守法作为我国法治建设的重要抓手。

强调要"深入开展法制宣传教育，弘扬社会主义法治精神，树立社会主义法治理念，增强全社会学法尊法守法用法意识"。2014 年党的十八届四中全会通过《关于全面推进依法治国若干重大问题的决定》，提出要全面推进依法治国，实现"科学立法、严格执法、公正司法、全民守法，促进国家治理体系和治理能力现代化"。党的十九大报告提出要"深化依法治国实践"，"推进科学立法、严格执法、公正司法、全民守法"。党的十九届四中全会《决定》进一步强调要"全面推进科学立法、严格执法、公正司法、全民守法，推进法治中国建设"。

## 二、人与自然和谐共生现代化语境下全民守法的评估

人与自然和谐共生现代化需要有全民守法予以保障。一方面，全民守法对于加强党的领导具有重要作用。党领导人民守法是中国共产党领导力的重要体现，通过全民守法保障的探索，能够有效提升中国共产党领导人民建设现代化国家的治理效能①。另一方面，全民守法保障对于全面依法治国、建设法治社会具有重要意义。历史和实践证明，缺乏全民守法保障会导致人与自然和谐共生现代化建设过程中公民守法意识不强、法律成为"空头支票"等问题。

### （一）全民守法保障的历史性成就分析

在人与自然和谐共生现代化语境下审视我国全民守法发展历程，可以从以下四个方面展开。

一是突出学习、宣传宪法。十三届全国人大一次会议第三次全体会议通过《中华人民共和国宪法修正案》，明确将"生态文明"写入宪法。此后，我国高度重视宪法中生态文明制度的宣传，在全社会形成了生态环境保护的良好氛围。二是深入学习、宣传国家基本法律。积极开展包括《中华人民共和国环境保护法》《中华人民共和国生物安全法》《中华人民共和国长江保护法》等在内的生态环境保护法律体系的宣传，掀起全社会保护生态环境的热潮。三是推动全民学法、守法、用法。加强与社会组织的合作，通过案例指导、网络直播等方式开展法治宣传教育，引导公民努力学"环保法"、自觉守"环保法"、遇事找"环保法"、解决问题靠"环保法"。

---

①　钱锦宇、孙子瑜：《论党的领导与全民守法：以党的治国理政领导力为视域的阐释》，《西北大学学报（哲学社会科学版）》2021 年第 5 期。

四是坚持国家工作人员带头学法、守法、用法。生态环境部、自然资源部等部门积极召开各类座谈会，推动生态环境保护领域工作人员学法、守法、用法。

总体来看，在人与自然和谐共生现代化建设过程中，全民守法保障能力不断增强，具体体现在如下三个方面。一是党对全民守法工作的领导全面加强。党中央对全民守法工作进行了科学顶层设计，建立健全了国家工作人员学法用法制度、青少年法治教育大纲、法治乡村建设、社会主义法治文化建设等主干性、基础性制度。二是"谁执法、谁普法"普法责任制全面实行。成立了落实普法责任制部际联席会议，中央 16 家成员单位带头落实普法责任制。统一编制并公布了两批中央和国家机关普法责任清单。三是全社会生态文明法治观念明显增强。《2020 年全国社会心态调查综合分析报告》显示：当自己或家人遇到不公平事情时，选择"通过法律渠道解决"的居第一位，比 2016 年提升了 3.7 个百分点；选择"托关系、找熟人"的比例明显下降。这表明全面依法治国迈出坚实步伐，人民的法治观念、法律意识不断提高，"遇事讲法、遇事找法"逐步成为全社会普遍共识①。

**（二）全民守法保障中存在的问题分析**

在肯定成绩的同时，不能忽视我国人与自然和谐共生现代化建设中的全民守法保障还存在很多问题，具体表现为以下三个方面。

一是缺失促进企业守法的道德氛围。一些企业为了追求经济价值，忽视环境价值；为了实现企业价值，忽视自然或环境的内在价值；强调人的权利，忽视自然或非人生命体的权利。还有一些企业，靠破坏环境实现企业自身发展，对于自身环境违法行为姑息容忍，甚至以此为荣。二是企业缺乏环境守法及承担环境社会责任的内在动力，目前我国仍存在"违法成本低，守法成本高"的情形，造成守法企业与违法企业事实上的不公平竞争，最终导致守法企业也蜕变为违法企业。三是促进企业环境守法的制度不健全。现行立法对企业如何落实其环境保护责任未作出明确要求，加之企业缺乏保障环境守法的人才和能力，造成促进企业环境守法的法律制度普遍不健全的现实。

---

① 《2020 年全国社会心态调查综合分析报告显示：社会心态积极健康，民心民意基础牢固》，《光明日报》2021 年 2 月 3 日，第 1 版。

## 三、人与自然和谐共生现代化语境下全民守法保障的完善进路

### （一）以习近平法治思想为指导做好全民守法保障工作

习近平法治思想是人与自然和谐共生现代化建设中推动全民守法的指导思想。在习近平法治思想指引下推动全民守法，一方面，要建构全民守法的激励机制。通过坚决改变那种遇事找人、找关系的现象，引导群众遇事找法。通过坚决改变那种有问题靠闹来解决的现象，引导群众有问题依靠法律来解决。通过坚决改变违法成本低、守法成本高的现象，让遵纪守法成为理性选择。通过坚决改变好人吃亏、坏人得利的现象，充分发挥法治的惩恶扬善功能。通过坚决改变善行义举难行的现象，形成好人好报、德者有得的正向效应。另一方面，要大力宣传习近平法治思想。法律是成文的道德，道德是内心的法律。要通过宣传宪法和生态环境保护相关法律，使习近平法治思想深入人心，全民守法成为常态，推动建设社会主义法治文化①。

### （二）进一步推进全民守法

法律必须被信仰，否则将形同虚设。要通过在全社会深入开展法治宣传教育，使社会主义法治精神和生态文明理念真正进社区、进农村、进机关、进企业、进学校，并逐步深入人心。要坚持依法治国和以德治国相结合，高度重视生态文明道德对社会公众的规范和约束作用，精心培育尊重生态文明光荣、破坏生态文明可耻的道德风尚，在全社会尽快形成依法维护环境权利、自觉履行环境保护义务的现代公民意识②。具体来讲，有以下两个措施。

#### 1.进一步推动"谁执法、谁普法"制度改革

要以《关于实行国家机关"谁执法谁普法"普法责任制的意见》为指引，进一步推动"谁执法、谁普法"制度改革。要深入推广建立普法责任制。推动国家各机关部门将生态文明普法工作与其他业务工作同部署、同

---

① 黄文艺、李奕：《论习近平法治思想中的法治社会建设理论》，《马克思主义与现实》2021 年第2 期。

② 孙佑海：《生态文明建设需要法治的推进》，《中国地质大学学报（社会科学版）》2013 年第1 期。

检查、同落实。明确普法内容。深入学习、宣传习近平法治思想、习近平生态文明思想。深入学习宪法和生态文明法律体系中与本部门有关的法律规范。充分利用生态文明法律、法规、规章和司法解释起草制定过程向社会开展普法宣传工作。对社会关注度高、涉及公众切身利益的重大生态环境保护事项，要广泛听取公众意见。围绕人与自然和谐共生现代化建设中的热点、难点问题向社会开展普法宣传工作。建立法官、检察官、行政执法人员、律师等以案释法制度。及时发布指导性案例和典型案例，加强法律文书说理和以案释法，深化法治进校园、进社区等活动，促进全民法治观念的养成。

2. 进一步发挥社会主义核心价值观的引领作用

推进生态文明建设，需要国家层面的法治引领，更需要每一个普通公民自觉遵守生态文明法律。要让社会公众坚定地遵守生态文明法律，离不开弘扬社会主义核心价值观、培育社会主义法治文化①。要运用法律法规和公共政策向社会传导正确价值取向，把社会主义核心价值观融入法治建设中。要在社会主义核心价值观引领下开展生态环境法治宣传教育工作。在社会主义核心价值观引领下推动"以法治国和以德治国相结合"，切实增强生态环境法治教育的道德底蕴。要弘扬公序良俗，引导人们自觉履行生态环境保护的法定义务、社会责任。要大力弘扬中华优秀传统文化中"天人合一"等人与自然和谐共生的理念，使之成为涵养社会主义生态环境法治文化的重要源泉。深入贯彻落实《关于在人民法院工作中培育和践行社会主义核心价值观的若干意见》《关于深入推进社会主义核心价值观融入裁判文书释法说理的指导意见》《关于在司法解释中全面贯彻社会主义核心价值观的工作规划》等文件，将社会主义和谐价值观纳入司法活动全过程，进而带动全社会共同守法，形成保障人与自然和谐共生现代化建设的坚强后盾。

## 第五节　人与自然和谐共生现代化的党内法规保障

治国必先治党，治党务必从严，从严必依法度。这个"法度"，主要

---

① 孙佑海：《新时代生态文明法治创新若干要点研究》，《中州学刊》2018 年第 2 期。

就是以党内法规为脊梁的党的制度①。要以习近平法治思想为指引，加快形成完备的党内法规体系，推动人与自然和谐共生的现代化建设。

## 一、人与自然和谐共生现代化的党内法规保障概述

### （一）党内法规的概念

《中国共产党党内法规制定条例》给出了党内法规的权威概念，即党的中央组织、中央纪律检查委员会以及党中央工作机关和省、自治区、直辖市党委制定的体现党的统一意志、规范党的领导和党的建设活动、依靠党的纪律保证实施的专门规章制度。党内法规具有强烈政治属性、鲜明价值导向、科学治理逻辑、统一规范功能，高度凝结党的理论创新和实践经验②。

从目前来看，我国党内法规体系以党章为统领，具体包括以下四个部分③。一是有关党的组织体系的规范。其主要用来规范党的中央组织、地方组织、基层组织，党的纪检机关、工作机关、党组以及其他党组织的产生、组成和权责问题。二是有关党的领导体系的规范。其主要用来规范和加强党的领导活动，明确党的领导的主体和对象、内容和事项、职权和职责、体制和机制、方式和方法、组织和保障等。三是有关党的自身建设体系的规范。其主要用来规范和加强以党的政治建设为统领的党的各方面建设活动。四是有关党的监督保障体系的规范。其主要用来规定党的纪律、党内监督、考评奖惩、党员权利保障以及党的机关运行保障等内容④。

### （二）党内法规的功能

党内法规的功能主要体现在以下四方面。一是党内法规对于国家治理体系和治理能力现代化具有重要作用。无论社会主义国家还是社会主义制度，都是在党领导下建立的，无论建设社会主义国家还是坚持和完善社会主义制度，都是在党领导下进行的，而党的领导活动又是靠党内法规来规范和保障的，有什么样的党章党规就会有什么样的党的领导活动，就此而言，加强党内法规制度建设之于坚持和完善中国特色社会主义制度、推进

---

① 宋功德：《坚持依规治党》，《中国法学》2018 年第 2 期。
② 宋功德：《党内法规的百年演进与治理之道》，《中国法学》2021 年第 5 期。
③ 《关于加强党内法规制度建设的意见》，《人民日报》2017 年 6 月 26 日，第 1 版。
④ 宋功德：《党内法规的百年演进与治理之道》，《中国法学》2021 年第 5 期。

国家治理体系和治理能力现代化无疑至关重要。二是党内法规对于维护政治大局具有重要作用。有关党的组织体系的法规是维护政治大局的"发动机"，输送万众一心的推动力。有关党的领导体系的法规是维护政治大局的"方向盘"，提供引领方向的掌控力。有关党的自身体系建设的党内法规是保障政治大局的"加油泵"，输送不懈奋斗的内动力。有关党的监督保障体系的党内法规提供保障政治大局的"刹车板"，产生纠偏防险的制动力。三是党内法规对于坚持党的领导具有重要作用。通过紧扣坚持党的领导建章立制，能够正确解决党领导什么、怎么领导的问题，把党的领导贯彻落实到国家治理和经济社会发展各方面全过程。四是党内法规对于加强党的建设具有重要作用。党成立之初，就以党的根本大法确定党的建设行动框架，拉开依据党章党规管党、治党、建设党的序幕，并在革命建设改革时期和新时代书写各自精彩篇章①。

**（三）人与自然和谐共生现代化的党内法规的历史沿革**

党内法规因党而生、因党而立、因党而兴。总体来讲，可以党的十八大召开为时间节点，将我国党内法规的历史演变分为两个时期。

**1. 起步发展时期**

党的十八大前，我国有关生态文明建设的党内法规建设处于起步发展阶段。1999 年中央机构编制委员会办公室发布《关于环保产业管理职能分工意见的通知》，对国家经济贸易委员会、国家环境保护总局、国家质量技术监督局在环保产业中的管理职能进行调配。2001 年中共中央宣传部、国家环境保护总局、教育部联合印发《2001 年—2005 年全国环境宣传教育工作纲要》。2006 年国家环境保护总局、中共中央宣传部、教育部联合下发《关于做好"十一五"时期环境宣传教育工作的意见》。2009 年环境保护部、中共中央宣传部、教育部联合发布《关于做好新形势下环境宣传教育工作的意见》。2011 年环境保护部、中共中央宣传部、中央文明办等部门联合印发《全国环境宣传教育行动纲要（2011—2015 年）》。

**2. 人与自然和谐共生的新阶段**

党的十八大将生态文明建设写入《中国共产党章程》，使得通过党内法规保障人与自然和谐共生现代化进入新阶段。此后，中共中央、国务院相继印发了一系列生态文明建设的党内法规：2015 年 4 月通过《关于加快

---

① 宋功德：《党内法规的百年演进与治理之道》，《中国法学》2021 年第 5 期。

推进生态文明建设的意见》；2015 年 8 月通过《党政领导干部生态环境损害责任追究办法（试行）》；2015 年 9 月通过《生态文明体制改革总体方案》；2015 年 12 月通过《生态环境损害赔偿制度改革试点方案》；2016 年 12 月通过《关于全面推行河长制的意见》《生态文明建设目标评价考核办法》；2017 年 2 月通过《关于划定并严守生态保护红线的若干意见》。

2017 年 10 月党的十九大通过的《中国共产党章程（修正案）》对生态文明建设进一步作出规定。随后，与生态文明建设相关的党内法规得到进一步发展。中共中央、国务院于 2017 年 12 月通过《生态环境损害赔偿制度改革方案》；2018 年 1 月通过《关于在湖泊实施湖长制的指导意见》；2018 年 6 月通过《关于全面加强生态环境保护 坚决打好污染防治攻坚战的意见》；2018 年 12 月通过《关于深化生态环境保护综合行政执法改革的指导意见》；2019 年 5 月通过《关于建立国土空间规划体系并监督实施的若干意见》；2019 年 6 月通过《中央生态环境保护督察工作规定》《关于建立以国家公园为主体的自然保护地体系的指导意见》；2019 年 7 月通过《天然林保护修复制度方案》；2020 年 3 月通过《关于构建现代环境治理体系的指导意见》；2021 年 4 月通过《关于建立健全生态产品价值实现机制的意见》；2021 年 9 月通过《关于深化生态保护补偿制度改革的意见》。

## 二、人与自然和谐共生现代化语境下我国党内法规保障的评估

人与自然和谐共生现代化需要有党内法规予以保障。通过党内法规保障，在人与自然和谐共生现代化建设中能够形成健全的组织体系，形成生态环境保护的党内组织力量。通过党内法规保障，能够形成畅通的领导体系，将党中央关于人与自然和谐共生现代化战略的部署形成可行的具体方案，并在全国铺展开来。通过党内法规保障，能够推动党的制度建设，建设人与自然和谐共生现代化的体制机制。同时，通过党内法规保障，能够加强党内监督，解决生态环境保护中不作为、慢作为，不担当、不碰硬，甚至敷衍应对、弄虚作假等形式主义、官僚主义问题。历史和实践证明，缺乏党内法规保障会导致人与自然和谐共生的现代化建设过程中，产生对党委和党委主要负责同志缺乏法律约束的相关问题。

### （一）党内法规保障的历史性成就分析

截至 2021 年 7 月 1 日，全党现行有效党内法规共 3 615 部 ①。其中，现行有效的生态文明建设党内法规共有 30 余部。主要可分为五个部分。

一是党章中关于生态文明建设的内容，包括"统筹推进经济建设、政治建设、文化建设、社会建设、生态文明建设"，"中国共产党领导人民建设社会主义生态文明……形成节约资源和保护环境的空间格局、产业结构、生产方式、生活方式，为人民创造良好生产生活环境，实现中华民族永续发展"等内容。二是有关推进生态文明建设的总体性规范。例如《关于加快推进生态文明建设的意见》《生态文明体制改革总体方案》《关于构建现代环境治理体系的指导意见》《关于进一步加强生物多样性保护的意见》《国务院关于全面加强生态环境保护 坚决打好污染防治攻坚战的意见》。三是有关推进生态文明建设中重大战略的规范。例如《关于建立国土空间规划体系并监督实施的若干意见》《关于建立以国家公园为主体的自然保护地体系的指导意见》《关于深化生态保护补偿制度改革的意见》。四是有关推进生态文明建设中具体制度的规范。例如《中央生态环境保护督察工作规定》《领导干部自然资源资产离任审计规定（试行）》《党政领导干部生态环境损害责任追究办法（试行）》《生态文明建设目标评价考核办法》《关于建立健全生态产品价值实现机制的意见》《关于全面推行河长制的意见》。五是有关环境宣传教育的规范。例如《关于做好新形势下环境宣传教育工作的意见》《全国环境宣传教育工作纲要（2016—2020 年）》。

综上可以看出，目前我们党已经形成了一套比较完善的生态环境保护党内法规体系，并以此为主干形成了一套系统完备的党的制度。这在世界上是独一无二的，充分彰显出中国共产党作为世界上最大的政党具有的大党的气派、大党的智慧、大党的治理之道。具体体现在以下方面。一是党中央科学部署有关生态文明的党内法规制度建设，为我国人与自然和谐共生的现代化提供方向指引。例如，中共中央、国务院专门制定并发布《关于加快推进生态文明建设的意见》《生态文明体制改革总体方案》《关于构建现代环境治理体系的指导意见》。二是从宏观架构、中观战略、微观制度三个层次建立完善的生态环境保护党内法规体系。三是狠抓党内法规制度贯彻执行，建立中央生态环境保护督察、领导干部离任生态环境审计等

---

① 中共中央办公厅法规局：《中国共产党党内法规体系》，《人民日报》2021 年 8 月 4 日，第 1 版。

制度，强化党内法规的刚性约束。

### （二）党内法规保障中存在的问题分析

在肯定成绩的同时，不能忽视我国人与自然和谐共生现代化建设中的党内法规保障还存在很多问题，集中表现为以下三个方面。一是部分党内法规规定过于简约，存在用语模糊的现象，且党内法规体系内很多用语和形式不统一、不规范，这就导致了部分党内法规在执行中缺乏标准指引，尺度难以把握，产生选择执法、曲解执法的现象①。二是部分党组织、党员遵守党内法规的意识不强，未能将生态环境保护领域党内法规的精神、要求贯彻到日常的工作中，少数党员干部对新出台的党内法规不学、不懂、不了解，缺乏学习、遵守、贯彻和维护党内法规的责任与政治自觉②。三是党政联合发文的制度还需要进一步完善，党政联合发文与法律法规之间的衔接还需要优化。

## 三、人与自然和谐共生现代化语境下党内法规保障的完善进路

### （一）以习近平法治思想为指导加强党内法规建设

习近平法治思想是加强人与自然和谐共生现代化建设中党内法规保障的指导思想。习近平同志指出："加强党内法规制度建设是全面从严治党的长远之策、根本之策。"③。因而，在习近平法治思想指引下，一是要明确法治中国建设中不仅要推进国家法律建设，还要推进党内法规建设，促进党内法规和国家法律、依规治党和依法治国协调发展。二是要明确中国特色社会主义法治体系中应包括完善的党内法规体系。三是要统筹推进依法治国和依规治党，促进党内法规同国家法律的衔接和协调，努力形成党内法规和国家法律相辅相成、相互促进、相互保障的格局④。

### （二）加快形成完备的党内法规体系

中共中央印发的《关于加强党内法规制度建设的意见》提出，到建党100周年时，形成比较完善的党内法规制度体系、高效的党内法规制度实

---

① 尹曼潼、黄天弘：《党内法规执行中存在的问题及其破解》，《中州学刊》2021年第3期。

② 段光鹏、王向明：《历程、问题与对策：党内法规制度建设的百年史回顾》，《学习与实践》2021年第4期。

③ 习近平：《坚持依法治国与制度治党、依规治党统筹推进、一体建设》，《人民日报》2016年12月26日，第1版。

④ 黄文艺：《习近平法治思想要义解析》，《法学论坛》2021年第1期。

施体系、有力的党内法规制度建设保障体系。2021 年 7 月 1 日，习近平同志在庆祝中国共产党成立 100 周年大会上宣布，我们党已经"形成比较完善的党内法规体系"，标志着党依据党内法规管党治党的能力和水平显著提高。在此基础上，在人与自然和谐共生现代化建设中，进一步推动形成完备的党内法规体系，需要从以下三个方面着手。

**1. 尽快填补现行党内法规中存在的空白**

一是着力推动现行生态环境保护党内法规的体系性。要加快梳理现行生效的《党政领导干部生态环境损害责任追究办法（试行）》《生态文明建设目标评价考核办法》等党内法规，按照生态环境法律体系建构的类别、规范，对其形式、内容予以完善。二是围绕应对气候变化、流域协同治理等人与自然和谐共生现代化建设中的重点内容，结合我国生态文明建设实践，适时出台相应党内法规。三是着力推动相关党内法规的操作性和标准化，围绕业已制定的生态文明建设战略部署，适时出台具体的制度安排，解决部分党内法规存在的内容空泛、用词模糊、目标不明确的问题。

**2. 着力推动党内法规体系的高质量建构**

一是围绕顶层设计构建高质量党内法规体系。未来一段时间内，要严格按照《中央党内法规制定工作第二个五年规划（2018—2022 年）》开展党内法规制定工作，二是完善党内法规和规范性文件备案审查制度，包括制定过程中的前置审核程序和制定后的备案及实施情况审查。三是健全党内法规和规范性文件的清理机制。综合运用即时清理、集中清理、专项清理等多种方式，有效解决人与自然和谐共生现代化建设中党内法规制度中存在的不适应、不协调、不衔接、不一致问题。

**3. 有效保障党内法规体系有序高效运行**

要完善党内法规实施中的体制机制。通过加强党中央对党内法规制度建设的集中统一领导，确保党内法规制度建设上下贯通、一体推进。各级党委在抓党规教育时应当将遵守与生态文明相关的党规作为重要内容之一。各级监察委员会将各级党政领导干部遵守生态文明法律法规的情况作为监察内容之一。要加强对党内法规的解释宣传，明确谁是人与自然和谐共生现代化建设中党内法规的解释主体，解释党内法规的原则和形式是什么。要推动党内法规实施与党风廉政建设责任制等制度间的衔接，使得人与自然和谐共生现代化建设与党内其他工作衔接协调，推动党内法规实施与生态环境领域相关法律实施相衔接。

　　具体实施中，还要把握以下原则。第一，抓住突出问题。要按照中共中央、国务院提出的"树立底线思维，设定并严守资源消耗上限、环境质量底线、生态保护红线"的要求，把握矛盾的主要方面，针对生态环境负面影响大、社会反映强烈的党政领导干部不恪尽职守的行为设定追责情形。第二，明晰责任主体。责任主体与具体追责情形一一对应，有利于增强追责的针对性、精准性和可操作性，确保权责一致、责罚相当。第三，确立违规就要担责的制度。生态环境损害往往造成严重的经济、社会危害甚至政治影响，因此不能在发生了生态环境损害事件之后才进行追责，而必须重视预防，避免生态环境损害事件发生。对党政领导干部的责任追究，既要包括已经造成环境污染和生态破坏的"后果追责"，也要包括违背有关生态环境保护的国家政策和法律法规的"行为追责"①。

---

　　① 孙佑海、王操：《借新一轮机构改革东风　推进生态文明法制建设》，《中国生态文明》2018 年第 2 期。

# 第八章　人与自然和谐共生现代化的全球共治

当前，世界是一个地球村，各国相互依存、休戚与共，人与自然和谐共生具有跨国界性质。一个国家造成的环境问题往往需要相邻国家甚至全球国家共同承担后果，例如大气污染、海洋污染、生物多样性丧失等。环境污染与生态破坏是伴随着社会的高度产业化出现的现象，实现经济发展与环境保护之间的平衡已成为国际社会面临的一个主要挑战，如何兼顾环境与发展，找出平衡的解决方案，取决于对社会、经济和政治考量的权重与价值判断。正如习近平同志强调的，人类是一个整体，地球是一个家园。任何人、任何国家都无法独善其身。人类应该和衷共济、和合共生，朝着构建人类命运共同体方向不断迈进，共同创造更加美好未来①。当下，全球环境治理面临前所未有的困难，国际社会要以前所未有的雄心和行动，围绕国际环境污染、国际生态破坏、国际自然资源保护以及全球气候变化，共商应对全球环境问题挑战之策，共谋人与自然和谐共生之道，共同构建全球范围内人与自然和谐共生的现代化，共同努力把我们生于斯、长于斯的星球建成和睦的大家庭。

## 第一节　国际环境污染问题共治

20世纪中叶以来，环境污染问题已从国内走向国际，由区域性问题发展成全球性问题，环境危机显现出超越国家和全球化的性质。20世纪70年代联合国人类环境会议召开以来，人类对环境问题的认识有了一个质的飞跃，共同应对环境污染、推动环境保护的热潮在全球范围内蓬勃兴起，对于世界环境保护事业产生极为深远的影响。对全球范围

---

① 《习近平出席中华人民共和国恢复联合国合法席位50周年纪念会议并发表重要讲话》，《人民日报》2021年10月26日，第1版。

内环境污染的协同共治，是人与自然和谐共生现代化的最基本任务之一。

## 一、共同应对国际环境污染问题概述

### （一）共同应对国际环境污染问题的概念

国际环境污染也称跨境环境污染，根据 1982 年国际法协会在蒙特利尔通过的《适用于跨国界污染的国际法规则》所下的定义，"跨国界污染指污染的全部或局部的物质来源系在一国领土内，而对另一国的领土产生有害的后果"。国际环境污染是一种超越边界与主权限制的污染现象，其具体形式包括国际水污染、国际大气污染、固体废物跨境转移、国际核污染等等 ①。在此基础上，共同应对国际环境污染是指全球各国之间通过签订国际条约、多边或双边协定等方式，就国际环境污染问题展开国际合作。

### （二）共同应对国际环境污染问题的历史沿革

有关应对环境污染的国内立法，早在中世纪时就在一些国家出现。但国际上保护环境的努力，直到 20 世纪初才逐渐开始。共同应对国际环境污染问题的历史沿革可以初步分为以下三个阶段。

1. 起步阶段（20 世纪初—1972 年）

在起步阶段，国际应对环境污染问题的努力主要体现为界河和国际河流的渔业管理和水污染防治，最著名的例子就是美国和加拿大 1909 年签订的《边界水资源条约》。第二次世界大战之后，国际社会开始努力治理海洋污染。1954 年通过的《国际防止海上油污公约》是最早的针对海洋环境保护的国际公约。1958 年日内瓦外交会议上通过关于海洋法的两个公约，即《公海公约》以及《大陆架公约》，禁止油类物质、输油管道、放射性废料造成海洋污染以及在大陆架的钻探活动对海洋环境造成损害。此后国际社会在核污染方面也逐渐订立国际条约，例如 1963 年美国、英国和苏联在莫斯科签署《禁止在大气层外层空间和水下进行核武器试验条约》，1959 年通过的《南极条约》禁止在南极大陆进行任何核活动并计划为保护动植物采取措施。1967 年通过的《关于各国探索和利

---

① 董邦俊：《危害国际环境犯罪及应对之困境》，《法治研究》2013 年第 12 期。

用包括月球和其他天体在内外层空间活动的原则条约》宣布对外层空间的研究和开发应避免有害的污染以及因引进外空物质使地球环境发生不利的变化。

2. 发展阶段（1972—1992 年）

1972 年 6 月 5—16 日，联合国在斯德哥尔摩举行第一次人类环境会议。这是世界各国政府首脑第一次坐在一起讨论环境问题以及人类对于环境的权利与义务的大会。会议通过了联合国的第一个关于保护人类生存环境的国际原则声明，即《人类环境宣言》（简称《宣言》）。《宣言》指出保护和改善环境是全世界各国人民的迫切愿望和各国政府的责任，并确立了人类对环境的共同看法和共同原则，使"环境保护"这个术语被国际社会广泛地接受并采用，为国际环境保护的开展奠定了基础[①]。

1979 年联合国欧洲经济委员会签署了《远程越界空气污染公约》，该公约是世界上第一个关于空气污染的区域性公约，在控制酸雨污染等方面具有积极意义。1982 年 12 月 10 日，《联合国海洋法公约》在牙买加签署，我国于 1996 年 6 月 7 日批准加入该公约。为和平利用核能，防止核能利用给人类带来危险，国际社会通过了许多关于防止放射性和核污染方面的国际条约和公约[②]，例如 1980 年开放签署的《核材料实物保护公约》等等。

1992 年联合国环境与发展大会在巴西里约热内卢通过了《里约热内卢环境与发展宣言》《21 世纪议程》《联合国气候变化框架公约》等多项重要文件。这些宣言和公约最鲜明的一个特点在于把环境保护和经济发展联系起来，强调发展对于国际环境保护的重要意义，使得国际社会共同应对环境污染的进程进入一个新阶段。

3. 完善阶段（1992 年至今）

1992 年联合国环境与发展大会后，国际社会共同应对环境污染问题的合作向纵深发展，应对国际环境污染问题的体制机制逐步完善。2002 年在约翰内斯堡召开的联合国可持续发展问题世界首脑会议通过了《约

---

① 朱达俊：《联合国三大环境宣言的发展及对中国的影响》，《资源与人居环境》2013 年第 9 期。

② 赵洲：《国际法视野下核能风险的全球治理》，《现代法学》2011 年第 4 期。

翰内斯堡可持续发展声明》和《可持续发展问题世界首脑会议执行计划》，会议提出了著名的"可持续发展三大支柱"的概念，即经济发展、社会进步和环境保护。2012 年在巴西里约热内卢召开的联合国可持续发展峰会进一步深化了人类对环境和发展问题的认识。大会提出，世界各国必须积极参与国际环境与发展领域的合作和治理，这标志着国际环境保护认识的又一次重要飞跃。每一次认识的提高，都使国际环境保护向前迈进一大步，推进国际应对人与自然和谐共生现代化合作进一步发展。

## 二、共同应对国际环境污染问题的现状评估

### （一）共同应对国际环境污染问题取得的成就

1. 共同应对国际淡水污染问题

世界范围内共同应对淡水污染问题的国际法文件主要包括全球性国际法文件（见表 1）和区域性国际法文件（见表 2）。

表 1　有关淡水资源利用和保护的全球性国际法文件

| 文件名称 | 签署年份 | 重要意义 |
| --- | --- | --- |
| 《赫尔辛基规则》 | 1966 | 是最早的和最经常被援引的关于淡水保护的国际文件之一，规定各国不应对国际流域内的水造成任何新形式的污染或加重现有的污染程度，从而可能对流域内另一个国家的境内造成严重损害 |
| 《21 世纪议程》 | 1992 | 呼吁通过"适用统一的开发、管理和利用水资源的方法"，"保护水源的质量和供应" |
| 《国际河流利用规则》 | 1996 | 规定国家有责任防止和减轻对国际流域水体的污染，国家有责任停止其引起污染的行为并对同流域国所受的损失提供赔偿等 |
| 《国际水道非航行使用法公约》 | 1997 | 作为一项框架性公约，对有关国际水道非航行使用的基本法律问题作了规定 |

**表 2　国际淡水资源利用和保护的区域性或双边条约**

| 区域 | 文件名称 | 签署年份 | 重要意义 |
|---|---|---|---|
| 北美洲 | 《关于边界水域和美加边界有关问题的华盛顿条约》 | 1909 | 赋予国际联合委员会审批有关边界水域的利用、封闭或分洪和有关影响水流和水位的工程设施（如堤坝）的申请的权力 |
| | 《美国和加拿大关于大湖水质的协定》 | 1972 | 是美加两国控制和减轻大湖的污染，改善大湖水质的基本法律依据，为大湖污染防治规定了基本的法律制度 |
| | 《关于永久彻底解决科罗拉多河含盐量的国际问题的协定》 | 1973 | 根据该协定，美国承诺修建河水淡化工程和补充水量，保证流入墨西哥的科罗拉多河的水量及正常的含盐量 |
| 南美洲 | 《银河流域条约》 | 1969 | 加速了银河流域各国合作的体制化，为银河流域的国际联合开发和保护奠定了国际法基础 |
| | 《亚马孙河合作条约》 | 1978 | 促进缔约国领土范围和区域间的和谐发展，公平分配发展所得的利益 |
| 欧洲 | 《关于防止莱茵河污染国际委员会的协定》（《伯尔尼协定》） | 1963 | 要求设立防止莱茵河污染国际委员会，为莱茵河沿岸国保护莱茵河不受污染提供组织保证 |
| | 《跨界水道和国际湖泊保护和利用公约》 | 1992 | 代表着国际淡水资源利用和法律保护制度的最新发展 |
| 亚洲 | 《印度河河水条约》 | 1960 | 规定尽可能防止因过度污染河水而影响其原来的用途 |
| | 《孟加拉国和印度关于分享恒河水和增加径流量的协定》 | 1977 | 对印度和孟加拉两国分享恒河河水作了安排 |
| | 《湄公河流域可持续发展合作协定》 | 1995 | 将国际环境法中的可持续发展原则贯穿公约的始终 |

续表

| 区域 | 文件名称 | 签署年份 | 重要意义 |
|------|---------|---------|---------|
| 非洲 | 《乍得湖流域开发公约和规约》 | 1964 | 对淡水资源的开发、利用和保护作了比较全面规定 |
| | 《关于共同赞比兹河系统环境完善管理行动计划的协定》 | 1987 | 设定保护基金，推动保护赞比兹河系统的水域环境 |

### 2. 共同应对国际大气污染问题

国际大气环境保护法的重点目标是控制和减少温室气体的排放，防止地球气候出现不可逆转的变化；控制、减少并最终消除耗损臭氧层物质的使用，保护臭氧层的完好以及控制并减少二氧化硫等各种空气污染物的排放，消除跨界空气污染。共同应对国际大气污染所达成的条约如表3所示。

**表3 共同应对国际大气污染所达成的条约**

| 文件名称 | 签署年份 | 重要意义 |
|---------|---------|---------|
| 《远程越界空气污染公约》 | 1979 | 是世界上第一项关于空气污染，特别是远距离跨国界空气污染的专门的区域性条约，同时也是第一个涉及东西欧国家和北美部分国家的多边环境条约 |
| 《保护臭氧层维也纳公约》 | 1985 | 是建立国际防治大气污染保护臭氧层的法律原则和制度的基本条约 |
| 《关于消耗臭氧层物质的蒙特利尔议定书》 | 1987 | 属于《保护臭氧层维也纳公约》的实施细则，制定了减少或消除一系列物质生产的时间表和目标 |
| 《关于氮氧化物排放及其越界流动的议定书》 | 1980 | 要求各缔约国采取有效措施削减氮氧化物及其越界流动的年度排放量 |
| 《关于挥发性有机物及其越界流动的议定书》 | 1991 | 要求各缔约国控制和削减挥发性有机物的排放 |

| 文件名称 | 签署年份 | 重要意义 |
|---|---|---|
| 《联合国气候变化框架公约》 | 1992 | 是以保护大气环境为目标的专门规定 |
| 《关于进一步减少硫排放的议定书》 | 1994 | 在该议定书通过的同时，一个重要的新的机制被引入《远程越界空气污染公约》体系，即实施委员会的成立 |
| 《关于重金属的议定书》 | 1998 | 主要控制三种特别有害的金属：镉、铅和汞 |
| 《关于持久性有机污染物的奥胡斯议定书》 | 1998 | 旨在控制、减少或消除持久性有机污染物的排放和释放，保护人类健康和环境免受不利影响 |
| 《关于减轻酸化、富营养化和地面臭氧的议定书》 | 1999 | 规定如果一缔约国的污染物排放对环境和健康影响较大，并且减少排放量的成本较低，那么该缔约国将承担削减较多污染物排放量的义务 |

### 3. 共同应对国际固体废物污染问题

共同应对国际固体废物污染的有关国际条约（见表 4）主要包括《21 世纪议程》《巴塞尔公约》《禁止危险废物进口和控制其在非洲越境转移的巴马科公约》以及《防止倾倒废物及其他物质污染海洋的公约》等内容。

**表 4　共同应对国际固体废物污染的有关国际条约**

| 文件名称 | 签署年份 | 重要意义 |
|---|---|---|
| 《21 世纪议程》 | 1992 | 对危险废物的处理和处置作出原则性规定 |
| 《巴塞尔公约》 | 1989 | 旨在遏制越境转移危险废料，特别是向发展中国家转移危险废料 |
| 《禁止危险废物进口和控制其在非洲越境转移的巴马科公约》 | 1991 | 旨在保护非洲，避免非洲成为工业化国家危险废物的倾倒场 |

续表

| 文件名称 | 签署年份 | 重要意义 |
|---|---|---|
| 《防止倾倒废物及其他物质污染海洋的公约》 | 1972 | 规定当事国应单独和集体地保护和保全海洋环境，使其不受一切污染源的危害，应按其科学、技术和经济能力采取有效措施防止、减少并在可行时消除倾倒或海上焚烧废物或其他物质造成的海洋污染 |

**4. 共同应对国际放射性污染问题**

有关放射性污染的公约主要有《联合国海洋法公约》《伦敦倾废公约》《及早通报核事故公约》《核事故或辐射紧急情况援助公约》《核安全公约》。就核事故损害赔偿，国际上也签订了一些重要的国际法文件，其中最重要的是《关于核损害民事责任的维也纳公约》以及《核损害补充赔偿公约》。有关放射性污染的国际条约见表 5。

表 5　有关放射性污染的国际条约

| 文件名称 | 签署年份 | 重要意义 |
|---|---|---|
| 《关于核损害民事责任的维也纳公约》 | 1963 | 对有关核损害第三方责任的事项作出规定 |
| 《联合国海洋法公约》 | 1982 | 规定了外国核动力船舶和载运核物质的船舶无害通过一国领海时，应当持有国际协定对这种船舶规定的证书并遵守国际协定所规定的特别预防措施 |
| 《及早通报核事故公约》 | 1986 | 旨在加强安全发展和利用核能方面的国际合作，在缔约国之间尽早互通有关核事故的信息，以使可能跨越国界的放射性后果降低到最低限度 |
| 《核事故或辐射紧急情况援助公约》 | 1986 | 旨在进一步加强安全发展和利用核能方面的国际合作，建立一个有利于在发生核事故或辐射紧急情况时迅速提供援助，以尽量减少其后果的国际援助体制 |
| 《核安全公约》 | 1994 | 旨在提高核设施安全，以保护人员、社会和环境免受核事故危害 |

**续表**

| 文件名称 | 签署年份 | 重要意义 |
|---|---|---|
| 《核损害补充赔偿公约》 | 1997 | 通过建立一个补充和加强国家立法所规定的核损害赔偿措施的世界范围的责任体制，提高核损害的赔偿额 |

国际社会在共同应对国际环境污染问题上取得显著成效。一是形成了基本的共同应对环境污染的国际法框架。当前已基本形成共同应对国际污染问题的国际法框架，为解决国际环境污染问题提供了基本的国际法遵循和具有法律约束力的核心原则。为国际主体提供在国际污染防治领域进行活动并解决国际争议的行为依据，协调各国在保护和改善环境方面的权利义务关系，促进主体之间在保护国际环境领域的交流与合作，采取一致行动和有效措施，避免各种原因引起的环境污染和重大损害。二是进一步深化了可持续发展的理念和原则。当前国际社会共同应对环境污染问题的合作不断向纵深发展，相关全球性文件以及区域性文件不断增多，在这些国际法文件中，愈加强调可持续发展的理念和原则并将其贯穿国际法的始终①。国际社会共同应对国际环境污染问题，坚持可持续发展原则，有利于保障人类社会的生存和可持续发展，实现人与自然和谐共生，促进代际公平，造福子孙后代。

**（二）共同应对国际环境污染方面存在的问题**

**1. 各国利益主张的冲突**

在世界舞台上，每个国家都是主权国家，而国家主权在原则上是不得侵犯的。作为逻辑延伸，每个国家的目标便是使国家利益最大化②。国家追求自身利益最大化本无可厚非，但在资源稀缺和存在大量溢出效应或外部效应的世界里，追求自身利益最大化的国家，便是利益冲突的根源。以联合国气候框架公约谈判为例，美国言之凿凿地表示尽一切努力就排放物减少这一议题与其他 160 多个国家达成一致，却因限制排放量影响美国发展而未批准《京都议定书》的生效。加拿大虽于 2005 年签署了《京都议定书》，但鉴于对反对者分裂国家的担心和种种利益的影响，2011 年正式退

---

① 孙佑海：《绿色"一带一路"环境法规制研究》，《中国法学》2017 年第 6 期。

② 车丕照：《法律全球化与国际法治》，《清华法治论衡》2002 年。

出。此外"伞形国家"①及欧盟等不同利益集团的争执,都充分反映出国际环境法的实施受到各国利益主张的牵制。

2. 国际社会对共同但有区别的责任原则的不同态度

在共同应对国际环境污染的过程中,发展中国家与发达国家不断协商和妥协,在国际环境法领域逐渐形成了共同但有区别的责任原则。由于共同但有区别的责任原则体现了发展中国家有限发展经济的诉求,并且尊重发展中国家平等参与全球环境问题谈判的意愿,因而得到广大发展中国家的赞同。共同但有区别的责任原则是否为国际环境法的基本原则尚存争议。共同但有区别的责任原则不能被国际社会广泛接受的原因有二:其一,仅以造成全球环境恶化的历史责任作为区别责任的依据有着很大的局限性;其二,忽略发展中国家日益发展的排放量存在不科学性,发达国家很容易予以反驳②。我国对共同但有区别的责任原则持肯定的态度。

## 三、共同应对国际环境污染问题的路径探寻

国际环境污染的治理路径具有多层面、多路径齐头并进的特点,在治理过程中各国利益分歧较大,相关国际谈判艰难曲折。环境污染无国界之分,应对污染问题,各国应加强协作,要重视发挥联合国的作用,坚持环境保护的最终目的,同时秉承善念,积极推进国际环境法的实施。

### (一)重视和发挥联合国的作用

全球环境污染问题绝不是某一个国家或者国际组织能够单独应对的,需要动员全球的力量和各种行为体共同予以解决。在环境保护领域,需要推动联合国环境治理机构在国际环境治理中发挥中心作用,推进联合国环境治理机构进行改革,增强全球环境治理的能力。一方面,需要加强联合国环境规划署等机构的权威和授权,确保国际公约确立的宗旨和原则得到实现;另一方面,需要向其提供充足稳定以及可以预见的资金,联合国环境规划署在授权增强和有了可靠的财政基础后,其力量将得到加强,从而能够更加有效地发挥其作为负责全球环境事务的权威机构的

---

① "伞形国家"指欧盟之外的发达国家,包括美国、日本、加拿大、澳大利亚、新西兰。从地图上看,这些国家的连线很像一把伞。

② 崔亚楠:《从〈联合国气候变化框架公约〉分析国际环境法的实施困境》,《法制与社会》2013年第14期。

作用。

### （二）经济手段的运用要贴近环境保护的目的

经济手段从影响成本效益入手，引导经济当事人进行选择，从而最终有利于环境保护。实践证明，经济刺激手段是符合利益主体需要的高效的环境治理手段，但是运用经济手段要始终以环境保护为原则和终极目的，避免本末倒置。在《联合国气候变化框架公约》（以下简称《公约》）第18次缔约方会议上，各国争论的焦点问题之一，便是如何处理发达国家在《京都议定书》第一承诺期期满的剩余排放量问题。在《公约》的排放量交易制度之下，这些冗余的排放量直接意味着财富利益，若因第一承诺期到期而宣布排放量作废，对手持排放量的国家而言无疑是不公平的，这些发达国家也不可能放弃如此巨额的经济利益。但冗余排放量大部分都是国家为了获取更大经济利益而有意限制经济增长所致，并不能代表经济生产对大气损害的真实状况，若保证冗余排放量继续有效，则意味着排放入大气中的二氧化碳等有害气体额外增多，有悖于《公约》精神和环境保护目的。可见，经济手段的实施必须切实符合环境保护之目的，设计真正发挥环境保护作用的经济手段是促进国际环境法的有效实施从而最终达到环境保护法目的的重要措施。然而，用于环境保护的经济手段是复杂的，与经济、社会及政治问题有着深刻交织，不能绕开这些相关因素而单独寻求解决环境问题的途径，必须符合市场规律、经济规律和环境发展规律。在保证结构最优的基础上密切关注全球环境问题，使国内的经济战略和政策始终符合全球环境管理体制和规则，推行优先考虑环境目的的经济手段①。

### （三）积极推进国际环境法的实施

发展新的主权观，带动国家对国际环境法发展观念的转变。核心的主权观念应当保持不变，仍然要以国家主权为原则进行国际环境治理，进行国家之间的环境合作。一国只有在充分享有主权的情况下，才有资格参与国际事务，继而在国际合作中充分尊重其他国家的主权，保证国际社会的稳定秩序，为国际环境法的实施提供良好的空间。国际环境法作为一种没有强制执行力保障的"软法"，其实并不"软"。国际环境法在国际社会发挥着不可替代的作用，其实质是一种理想规范，这种理想规范可以在自然

---

① 崔亚楠：《从〈联合国气候变化框架公约〉分析国际环境法的实施困境》，《法制与社会》2013年第14期。

法中找到有力的依托，它包含自然法的正义，要求人从本性和思想根源上崇尚和遵从①。在事关全球安全的环境领域，国家应适度让渡一定的主权，这么做既是为了人类的共同利益，亦是为了本国的长远利益，在接受国际环境法制约的同时，还承担了一定的国际环境法义务。国家要转变固有的传统主权观念，切实保证国际环境法的实施，以达到保护环境、保护人类发展的要求。

## 第二节 国际生态破坏问题共治

人类的进步和经济社会的发展，如同一柄双刃剑加速了陆地生态完整性的丧失，导致热带雨林消亡、水土流失加剧、极端天气频发，物种灭绝速度甚至超过了大约 6 500 万年前小行星引发第五次生物大灭绝时的物种灭绝速度。当今国际生态破坏问题尤其是生物多样性减少问题日益严峻，引起全球高度重视。生物多样性保护问题的国际应对，同样是人与自然和谐共生现代化的应有之义。

### 一、共同应对国际生态破坏问题概述

#### （一）共同应对国际生态破坏问题的概念

国际生态破坏是指由于人类不合理地开发利用环境要素，过量或不适当地向环境索取物质和能量，使它们的数量减少、质量降低，以致全球性生态系统失衡的问题②。国际生态破坏问题主要表现为全球性酸雨、生物多样性减少、土地荒漠化等，其中最为严重的则是生物多样性破坏问题。共同应对国际生态破坏问题是指全球各国之间通过签订国际条约、多边或双边协定等方式，就国际生态破坏问题展开国际合作。

#### （二）共同应对国际生态破坏问题的历史沿革

1. 早期萌芽阶段（1972 年以前）

1972 年以前是国际共同应对生物多样性保护的萌芽时期，这一时期的生物多样性保护国际法主要针对个别物种提供保护，而对生态系统以及生

---

① 崔亚楠：《从〈联合国气候变化框架公约〉分析国际环境法的实施困境》，《法制与社会》2013年第 14 期。

② 竺效：《论环境侵权原因行为的立法拓展》，《中国法学》2015 年第 2 期。

物多样性其他方面的问题则关注较少。世界上最早的具有现代国际法意义的生物多样性保护条约是 1886 年的《莱茵河流域捕捞大马哈鱼的管理条约》①。在随后半个多世纪的时间里，又有不少关于生物多样性保护的国际性和区域性条约诞生，较为重要的包括 1902 年 3 月签订的《世界保护益鸟（对于农业有益处的鸟类）公约》，1911 年 7 月签订的《维护和保护海豹和海獭皮毛协议》，1933 年 11 月签订的《保护天然动植物公约》，1940 年 10 月通过的《美洲国家动植物和自然美景保护公约》，1946 年 12 月签订的《国际捕鲸管制公约》，1950 年 10 月签订的《国际鸟类保护公约》和 1951 年 12 月签订的《国际植物保护公约》。在这些国际条约中，尤以 1946 年的《国际捕鲸管制公约》最为重要。

2. 初步发展阶段（1972 年瑞典斯德哥尔摩会议至 1992 年里约会议）

1972 年可持续发展理念首次在斯德哥尔摩会议上被提出，人们开始意识到各个物种的内在价值是平等的；以是否可以为人类服务为标准来判断生物物种资源的价值，本身就是一种物种的偏见②。在这种背景下，一系列旨在保护生物资源的国际法文件应运而生。这一时期的主要生物多样性保护国际法包括 1968 年签订的《非洲自然界和自然资源保护公约》，1971 年签订的《关于特别是作为水禽栖息地的国际重要湿地公约》，1972 年签订的《保护世界文化和自然遗产公约》，1973 年签订的《濒危野生动植物种国际贸易公约》，1979 年签订的《保护野生动物迁徙物种公约》以及《保护欧洲野生生物与自然栖息地公约》，1982 年签订的《联合国海洋法公约》，1983 年签订的《〈濒危野生动植物种国际贸易公约〉第 21 条的修正案》，1986 年签订的《南太平洋地区自然资源和环境保护的公约》，等等。

3. 迅速发展阶段（1992 年至今）

1992 年里约会议进一步深化了可持续发展理念。此后，可持续发展理念深入人心，也进一步反映在保护生物多样性的国际法文件中。基于对环境和生态系统的整体性、环境问题的综合性等特点的认识，人们发现针对个别的物种或栖息地采取的保护措施并不能从整体上解决生物多样性问

---

① 西蒙·李斯特：《国际野生生物法》，杨延华、成志勤译，中国环境科学出版社，1992，第 VII 页。

② 王秋蓉：《人类理性的唤醒——可持续发展思想和行动溯源》，《可持续发展经济导刊》，2019 年第 Z1 期。

题。1993 年《生物多样性公约》正式生效，该公约确立了保护生物多样性、可持续利用其组成部分以及公平合理地分享由利用遗传资源产生的惠益三大目标，开启了全球生物多样性保护新纪元。

这一时期产生的主要生物多样性保护国际法文件包括 1992 年签订的《波罗的海海洋环境保护公约》，1992 年通过的《生物多样性公约》，1993 年 10 月签订的《管理和保护自然森林生态系统和发展森林种植园的区域公约》，1994 年 9 月签订的《防止野生动植物非法贸易的共同措施协定》，1995 年 6 月签订的《地中海生物多样性特别保护区议定书》以及在纽约签订的《跨界鱼类种群和高度洄游鱼类种群的养护与管理协定》，1999 年签订的《莱茵河保护公约》，2000 年 1 月通过的《卡塔赫纳生物安全议定书》等。这一时期最重要的两个生物多样性保护国际法文件是 1992 年的《生物多样性公约》和 2000 年的《卡塔赫纳生物安全议定书》。

## 二、共同应对国际生态破坏问题的现状评估

### （一）共同应对国际生态破坏问题取得的成就

在共同应对国际生态破坏问题、保护生物多样性上，现有的相关国际性和区域性文件众多，搭建起了较为完备的制度体系，如表 6 和表 7 所示。

表 6　保护生物多样性国际法文件

| 序号 | 文件名称 | 签订日期和地点 | 生效日期 | 中国参加情况 |
|------|----------|----------------|----------|--------------|
| 1 | 《捕鲸管制公约》 | 1931 年 9 月 24 日日内瓦 | 1935 年 1 月 16 日 | 未加入 |

| 序号 | 文件名称 | 签订日期和地点 | 生效日期 | 中国参加情况 |
|---|---|---|---|---|
| 2 | 《国际管制捕鲸公约》 | 1946 年 12 月 2 日 华盛顿 | 1948 年 11 月 10 日 | 1980 年 9 月 24 日通知公约保存国中国决定加入该公约,同时声明台湾当局盗用中国名义对上述公约的承认和加入的申请是非法无效的,该文件于当日对中国生效 |
| 3 | 《国际植物保护公约》（1997 年修订本） | 1997 年 11 月 17 日 罗马 | 2005 年 10 月 2 日 | 2005 年 10 月 20 日交存加入书,该文件于当日对中国生效 |
| 4 | 《捕鱼与养护公海生物资源公约》 | 1958 年 4 月 29 日 日内瓦 | 1966 年 3 月 20 日 | 未加入 |
| 5 | 《南极条约》 | 1959 年 12 月 1 日 华盛顿 | 1961 年 6 月 23 日 | 1983 年 6 月 8 日交存加入书,该文件于当日对中国生效 |
| 6 | 《保护南极动植物议定措施》 | 1964 年 6 月 2 日 布鲁塞尔 | 1982 年 11 月 1 日 | 1985 年 12 月 11 日接受 |
| 7 | 《养护大西洋金枪鱼国际公约》 | 1966 年 5 月 14 日 里约热内卢 | 1969 年 3 月 21 日 | 1996 年 10 月 24 日交存批准书,该文件于当日对中国生效 |
| 8 | 《关于特别是作为水禽栖息地的国际重要湿地公约》 | 1971 年 2 月 2 日 拉姆萨尔 | 1975 年 12 月 21 日 | 1992 年 3 月 31 日交存加入书,该文件于 1992 年 7 月 31 日对中国生效 |
| 9 | 《保护世界文化和自然遗产公约》 | 1972 年 11 月 23 日 巴黎 | 1975 年 12 月 17 日 | 1985 年 12 月 12 日交存加入书,该文件于 1986 年 3 月 12 日对中国生效 |

续表

| 序号 | 文件名称 | 签订日期和地点 | 生效日期 | 中国参加情况 |
|---|---|---|---|---|
| 10 | 《濒危野生动植物种国际贸易公约》 | 1973 年 3 月 3 日 华盛顿 | 1975 年 7 月 1 日 | 1981 年 1 月 8 日交存加入书，该文件于 1981 年 4 月 8 日对中国生效 |
| 11 | 《国际植物新品种保护公约》 | 1978 年 10 月 23 日 日内瓦 | 1981 年 11 月 8 日 | 1999 年 3 月 23 日交存加入书，该文件于 1999 年 4 月 23 日对中国生效 |
| 12 | 《南极海洋生物资源养护公约》 | 1980 年 5 月 20 日 堪培拉 | 1982 年 4 月 7 日 | 2005 年 9 月 19 日交存加入书。该文件于 2005 年 10 月 19 日对中国生效 |
| 13 | 《保护野生动物迁徙物种公约》 | 1979 年 6 月 23 日 波恩 | 1983 年 12 月 1 日 | 未加入 |
| 14 | 《粮食和农业植物遗传资源国际条约》 | 2001 年 11 月 3 日 罗马 | 2004 年 6 月 29 日 | 未加入 |
| 16 | 《关于环境保护的南极条约议定书》 | 1991 年 6 月 23 日 马德里 | 1998 年 1 月 14 日 | 1991 年 10 月 4 日签署 |
| 17 | 《生物多样性公约》 | 1992 年 6 月 5 日 里约热内卢 | 1993 年 12 月 29 日 | 1992 年 6 月 11 日签署，1993 年 1 月 5 日交存批准书，该文件于 1993 年 12 月 29 日对中国生效 |
| 18 | 《中白令海峡鳕资源养护与管理公约》 | 1994 年 6 月 16 日 华盛顿 | 1995 年 12 月 8 日 | 1994 年 6 月 16 日签署，于 1995 年 9 月 22 日交存核准书。该文件于 1995 年 12 月 8 日对中国生效 |

| 序号 | 文件名称 | 签订日期和地点 | 生效日期 | 中国参加情况 |
|---|---|---|---|---|
| 19 | 《建立印度洋金枪鱼委员会协定》 | 1993 年 11 月 25 日 罗马 | 1996 年 3 月 27 日 | 1998 年 10 月 14 日交存接受书，该文件于当日对中国生效 |
| 20 | 《保护信天翁和海燕协定》 | 2001 年 6 月 19 日 堪培拉 | 2004 年 2 月 1 日 | 未加入 |
| 21 | 《〈生物多样性公约〉卡塔赫纳生物安全议定书》 | 2000 年 1 月 29 日 蒙特利尔 | 2003 年 9 月 11 日 | 2000 年 8 月 8 日签署 |
| 22 | 《南太平洋公海渔业资源养护和管理公约》 | 2009 年 11 月 14 日 奥克兰 | 2012 年 8 月 24 日 | 2010 年 8 月 10 日签署，2013 年 1 月 19 日被批准 |
| 23 | 《〈濒危野生动植物种国际贸易公约〉第 21 条的修正案》 | 1983 年 4 月 30 日 哈博罗纳 | 2013 年 11 月 29 日 | 1988 年 7 月 7 日交存接受书，该文件于 2013 年 11 月 29 日对中国生效 |
| 24 | 《〈生物多样性公约〉关于获取遗传资源和公正公平分享其利用所产生惠益的名古屋议定书》 | 2010 年 10 月 29 日 名古屋 | 2014 年 10 月 12 日 | 2016 年 6 月 8 日交存加入书，该文件于 2016 年 9 月 6 日对中国生效 |
| 25 | 《北太平洋公海渔业资源养护和管理公约》 | 2012 年 2 月 24 日 东京 | 2015 年 7 月 19 日 | 2013 年 3 月 8 日签署 |
| 26 | 《预防中北冰洋不管制公海渔业协定》 | 2018 年 10 月 3 日 伊卢利萨特 | 尚未生效 | 2018 年 10 月 3 日签署 |
| 27 | 《卡塔赫纳生物安全议定书关于赔偿责任和补救的名古屋－吉隆坡补充议定书》 | 2010 年 10 月 15 日 名古屋 | 2018 年 3 月 5 日 | 未加入 |

表 7　保护生物多样性区域性文件

| 序号 | 文件名称 | 签订日期和地点 | 生效日期 | 区域 |
|---|---|---|---|---|
| 1 | 《关于保护自然和自然资源的东盟协定》 | 1985 年 7 月 9 日 吉隆坡 | — | 亚洲 |
| 2 | 《南太平洋地区自然保护公约》 | 1976 年 6 月 12 日 阿皮亚 | 1990 年 6 月 26 日 | 南太平洋 |
| 3 | 《非洲自然和自然资源保护公约》 | 1968 年 9 月 15 日 阿尔及尔 | 1969 年 6 月 16 日 | 非洲 |
| 4 | 《东非地区保护区和野生动植物议定书》 | 1985 年 6 月 21 日 内罗毕 | 1996 年 5 月 30 日 | 非洲 |
| 5 | 《野生动物保护和执法议定书》 | 1999 年 8 月 14 日 马普托 | 2003 年 11 月 30 日 | 非洲 |
| 6 | 《坦噶尼喀湖可持续管理公约》 | 2003 年 6 月 12 日 达累斯萨拉姆 | 2005 年 8 月 23 日 | 非洲 |
| 7 | 《尼罗河流域合作框架协定》 | 2010 年 5 月 14 日 恩德培 | — | 非洲 |
| 8 | 《保护阿尔卑斯公约》 | 1991 年 11 月 7 日 萨尔茨堡 | 1995 年 3 月 6 日 | 欧洲阿尔卑斯地区 |
| 9 | 《在自然保护和景观保护领域执行〈阿尔卑斯公约〉的议定书条约》 | 1994 年 12 月 20 日 尚贝里 | 2002 年 12 月 18 日 | 欧洲阿尔卑斯地区 |
| 10 | 《保护波罗的海海洋环境公约》 | 1992 年 4 月 9 日 赫尔辛基 | 2000 年 1 月 17 日 | 欧洲 |
| 11 | 《保护地中海海洋环境和沿海地区》 | 1995 年 6 月 10 日 巴塞罗那 | 2004 年 7 月 9 日 | 地中海地区 |
| 12 | 《保护和可持续发展喀尔巴阡山脉框架公约》 | 2003 年 5 月 22 日 基辅 | 2006 年 1 月 4 日 | |
| 13 | 《保护生物多样性和建立红海和亚丁湾保护区议定书》 | 2005 年 12 月 12 日 吉达 | — | 红海地区 |
| 14 | 《保护里海海洋环境框架公约保护生物多样性议定书》 | 2014 年 5 月 30 日 阿什哈巴德 | — | 里海地区 |

通过以上梳理，可以看出国际社会在共同应对生态破坏问题上取得了重要成就。一是形成了生物多样性保护的基本国际法框架。当前国际社会生物多样性保护的国际法框架已基本形成，在保护和利用生物多样性、推动利益共享方面建立了统一的国际规则，为解决全球生物多样性面临的问题提供了制度框架，并且在该框架下持续发展和完善生物多样性保护和可持续利用及其惠益分享的国际应对行动，对遏制全球生物多样性丧失发挥了不可替代的作用。二是提供了生物多样性保护的执行机制。以《生物多样性公约》为例。其执行机制主要包括国际层面的实施和国家层面的实施这两个方面，是缔约方大会与缔约方之间循环往复的指导—执行—反馈—调节的进程。《生物多样性公约》通过缔约方会议定期审查公约的执行情况，通过非强制的、协商式的、促进性的制度设计来支持和协助各个缔约方履行公约及其缔约方大会的有关决定[1]，有利于遏止和扭转全球生物多样性丧失的趋势，加强生物多样性的可持续利用以及实现有关惠益的公平合理分享。

### （三）共同应对国际生态破坏方面存在的问题

#### 1. 生物多样性保护的国际法律尚不完善

一是生物多样性国际保护基本文件（即《生物多样性公约》）自身的规定不够完备。《生物多样性公约》（CBD）作为纲领性文件，未将生物多样性保护中的许多问题纳入规制中，如未将景观多样性列入保护目标、未对某些损害生物多样性的行为进行规制，如气候变化的控制、非法国际贸易的应对等。二是生物多样性国际保护基本文件和专门文件之间不够协调。《生物多样性公约》第二十二条规定："本公约的规定不得影响任何缔约国在任何现有国际协定下的权利和义务，除非行使这些权利和义务将严重破坏或威胁生物多样性；缔约国在海洋环境方面实施本公约不得抵触各国在海洋法下的权利和义务。"按照该规定，作为生物多样性国际保护领域的基本文件，其适用效力不仅低于《保护野生动物迁徙物种公约》（CMS）、《濒危野生动植物种国际贸易公约》（CITES）、《联合国海洋法公约》（UNCLOS）等，还低于任何其他国际协定。三是生物多样性国际保护的专门文件之间不够协调。以保护特定类别物种为宗旨的专门条约可能

---

① 于书霞、邓梁春、吴琼等：《〈生物多样性公约〉审查机制的现状、挑战和展望》2021年第2期。

会与保护区域物种的条约发生冲突，以保护生物为宗旨的文书也可能与针对损害行为的国际文书相抵触。如 CITES 保护的是濒危物种，CMS 保护的是濒危的或其他的迁徙野生动物，二者在适用上就有可能发生冲突，而 UNCLOS 保护的是海洋生物，也必然会调整海洋中的濒危海洋生物问题。相关专门性条约共同集中于同一保护对象，体现了对该物种的重视，这是值得肯定的，但必须处理好法律间的冲突问题。

2. 生物多样性国际保护机制尚不合理

一是生物多样性国际保护机构数目少、职能有限且缺乏协作。目前，活跃在生物多样性领域的专门国际机构主要有世界自然保护联盟（International Union for Conservation of Nature and Natural Resources，IUCN）、保护国际（Conservation International，CI）等，而上述组织多为民间机构，因缺乏政府背景和国家间协调，发挥作用较为有限。二是生物多样性国际保护的监督程序不健全。如《生物多样性公约》第二十六条规定了缔约国自行报告制度，然而缔约国自行报告的时间具有较强灵活性，取决于能否形成缔约国会议决议。这可能导致报告渗入更多政治因素，即可能出现部分国家操控大会产生决议，从而出现使不同国家承担不同的报告义务的情况。三是生物多样性国际保护中的国家责任不明确。生物多样性保护属于"对一切"的范畴，与"对一切"相关的条约的最大特点是其内容以施以义务为主。CMS、CITES、UNCLOS 等专门文件和 CBD 基本文件均强调缔约国在生物多样性保护领域的职责和义务，但对缔约国违反上述义务拒不履行职责时的责任制度却未予以明确。如 CBD 第四十二条正文中无一涉及法律责任，仅在附件中谈到缔约国间出现公约有关争议予以解决的相关程序问题①。

3. 生物多样性国际保护与国内保护存在冲突

一是仍有相当数目的国家未加入生物多样性国际保护相关条约。截至 2021 年 10 月，《生物多样性公约》这一基本文件涉及的缔约方为 196 个②，《濒危野生动植物种国际贸易公约》涉及的缔约方为 183 个，甚至部分有影响的大国也徘徊在重要公约之外，如美国至今仍未加入《生物多样

---

① 邓从先：《生物多样性国际保护法制的缺陷与完善》，《世界农业》2012 年第 9 期。

② 《〈生物多样性公约〉共有 196 个缔约方，但有一个国家没加入》，澎湃新闻 https://m.thepaper. cn/baijiahao_14851384，访问日期：2021 年 11 月 2 日。

性公约》。二是缔约国国内法律对生物多样性国际保护最新立法并未及时给予回应。如《生物多样性公约》明确提到缔约国有"防止引进、控制或消除那些威胁到生态系统、生境或物种的外来物种"的职责，但目前仍有相当数目的国家无任何外来物种入侵的立法。《卡塔赫纳生物安全议定书》于 2000 年在《生物多样性公约》缔约方大会特别会议上通过并于 2003 年生效，同样对于其中的义务，多数缔约国缺乏配套的国内立法与政策实施。

### 三、共同应对国际生态破坏问题的路径探寻

面对全球生物多样性丧失和生态系统退化，国际社会应共同携手，加强国际合作，完善国际立法，推进生物多样性主流化，维护全球生态系统平衡。

#### （一）推进生物多样性主流化

生物多样性主流化是指将生物多样性纳入各级政府的政治、经济、社会、军事、文化及生态环境保护、自然资源管理等发展建设主流的过程。可以说生物多样性主流化是最有效的生物多样性保护与可持续利用措施之一[1]。通过生物多样性主流化，将生物多样性纳入经济、社会发展的主流，可以避免先破坏后保护，做到防患于未然，使生物多样性保护与经济发展同步进行。生物多样性主流化，实现了生物多样性保护由行政命令向综合运用法律、经济、技术和必要的行政办法的转变，可以从根本上解决生物多样性的保护与可持续利用问题。主流化是助推实现全球生物多样性框架目标的主要工具。要想实现主流化，每一个行动者都要各司其职，政府要立法、监管，协调不同的相关方。同时，国际化的非政府组织需在客观评估保护项目的影响、吸引公众投资、进行公众宣传等方面发挥重要的作用。

#### （二）健全生物多样性保护的国际立法

依据《生物多样性公约》，生物多样性主要包括遗传多样性、物种多样性、生态系统多样性，但除此之外还应包括景观多样性。生物多样性国际立法应至少涉及上述四个领域，并在相应的领域出台具体条约。同时，

---

① 孙佑海：《生物多样性保护主流化法治保障研究》，《中国政法大学学报》2019 年第 5 期。

应致力于修订和完善生物多样性国际保护的基本法——《生物多样性公约》。《生物多样性公约》应当明确生物多样性保护以预防性原则为主；应当增强其适用中的可实施性，即减少"酌情""适当""尽可能"等模糊性用语；应当合理考虑技术转让及资金适用等细节问题。此外，由于历史局限，《生物多样性公约》尽管体现了生物多样性保护应做到可持续利用，但未明确将这一制度作为基本原则，未来修订时应补充这一当前国际环境法的基本原则。此外，应积极协调生物多样性国际保护法律间的关系。生物多样性国际保护基本文件和专门文件间会存在冲突，各专门文件之间也存在冲突，国际法文件之间的冲突必然影响国际法的实施。国际条约冲突的解决较之国内法冲突的解决更为复杂，但在生物多样性保护这一领域应确立最有利于生物多样性保护条约优先适用的原则。

**（三）构建合理的生物多样性国际保护机制**

生物多样性为人类提供了丰富多样的生产和生活必需品、健康安全的生态环境和独特别致的自然景观文化等，是人类赖以生存和发展的基础，是地球生命共同体的血脉和根基[①]。要构建合理的生物多样性国际保护机制，一是应尽快建立完善的生物多样性国际保护机构体系，首先应建立更多的政府间生物多样性国际保护机构。此外，必须承认生物多样性国际保护民间机构过去几十年中发挥的重要作用，未来应当继续将其纳入生物多样性国际保护机构体系中。政府间机构也应加强与民间机构的联系，更好地发挥它们的作用。二是完善生物多样性国际保护程序制度。《生物多样性公约》中的申报以缔约方大会决议为准，显然具有随机性，不符合保护宗旨，应当确立缔约国定期自行申报义务，缔约国申报本国履约情况应当是法定定期的、无条件的。应当确立缔约国相互报告制度，缔约国相互报告是督促缔约国有效履行公约义务的重要手段，目前已在国际人权领域得到广泛施行。应当确立生物多样性国际机构定期报告制度，机构报告更为公正客观，能准确评判缔约国实施情况。应适当引入司法监督机制，司法监督是最后的也是最有效的监督。三是明确国家及相关主体在生物多样性国际保护中的法律责任。明确严格的责任制度是督促相关主体有效履行职责和义务的重要保证，生物多样性国际保护机制明显不力是因为没有明确的法律责任制度，在国际公约中亟待明确国家及相关主体在生物多样性国

---

① 孙金龙、黄润秋：《加强生物多样性保护 共建地球生命共同体》，《环境保护》2021 年第 21 期。

际保护中的法律责任 ①。

# 第三节　国际自然资源问题共治

　　自然资源，是指天然存在、有使用价值、可提高人类当前和未来福利的自然环境因素的总和 ②。自然资源是人类社会存续发展的根基，对国家自然资源的保护同样是人与自然和谐共生现代化的必备要件。新的形势下，资源约束趋紧成为制约经济社会可持续发展的重大瓶颈之一。在全球范围内，自然资源的开发和利用过程都会不同程度地带来一系列环境污染和生态破坏问题。共同应对国际自然资源保护问题是指全球各国之间通过签订国际条约、多边或双边协定等方式，就国际自然资源保护展开国际合作。

## 一、共同应对国际自然资源保护问题概述

### （一）国际公海自然资源开发利用的历史沿革

　　1872—1876 年，英国"挑战者"号海洋科考船在进行环球考察期间第一次在太平洋海底发现了锰结核，拉开了国际公海自然资源开发的序幕。但直到 20 世纪 60 年代，因为全球原材料价格上升到前所未有的高度，人们才开始重视深海海底资源。美国于 20 世纪 70 年代初率先派出考察队赴太平洋寻找这些资源，并于 1980 年制定了法律。随后法国、日本、英国、苏联等国家纷纷制定相关的本国法律，欲争夺国际海底区域资源，掀起蓝色"圈地运动"，由此引起了发展中国家的强烈反对。

　　在广大发展中国家和一部分发达国家的共同努力下，联合国于 1982 年通过《联合国海洋法公约》（以下简称《公约》），其中第十一部分专门就这个区域的资源勘探、开发问题作出了明确的规定，建立了区域国际法律制度。《公约》明确了缔约国对本国公民、法人在深海海底区域资源勘探开发行为的担保义务。这一担保义务充分体现为缔约国对其本国公民、法人的深海海底勘探、开发行为的有效管控责任。《公约》于 1994 年正式生效，从制定到生效的期间又有一些海洋大国和一部分小岛国纷纷制定或

---

① 邓从先：《生物多样性国际保护法制的缺陷与完善》，《世界农业》2012 年第 9 期。
② 姚震、陶浩、王文：《生态文明视野下的自然资源管理》，《宏观经济管理》2020 年第 8 期。

者修改本国的深海海底相关法律，通过立法构建法律制度，履行国家担保义务，落实有效管控责任①。

迄今，已经有十几个国家制定了相关法律，例如美国 1980 年制定的《深海海底硬矿物资源法》、法国 1980 年制定的《海底资源勘探和开发法》、德国 2010 年制定的《海底开采法》、斐济 2013 年制定的《国际海底资源管理法》、英国 2014 年制定的《深海采矿法》等。作为《联合国海洋法公约》的缔约国，中国自 2016 年起施行《中华人民共和国深海海底区域资源勘探开发法》，该法的施行体现了中国对保护国际海底资源以及海洋环境的高度重视。

## 二、共同应对国际自然资源保护问题的现状评估

### （一）共同应对国际自然资源保护问题取得的成就

国际深海采矿环境保护立法主要体现为如下方面。一是国际公约。《联合国海洋法公约》指联合国曾召开的三次海洋法会议以及 1982 年第三次会议所决议的海洋法公约（LOSC），这是全球范围内首个对全面保护海洋环境提供基本指引的公约。《联合国海洋法公约》规定了包括国际海底资源开发在内的各项法律制度，是勘探和开发国际海底区域资源的国际法基础。《联合国海洋法公约》明确指出，由国际海底管理局（ISA）代表全人类管理国际海底区域的资源。国际海底管理局自成立以来，对协调和维护各国的经济与资源安全发挥了积极的作用②。二是国际海底管理局规章。为了进一步加强对海底资源勘探活动的管理，国际海底管理局于 2000 年、2010 年、2012 年先后出台了《"区域"内多金属结核探矿和勘探规章》、《"区域"内多金属硫化物探矿和勘探规章》和《"区域"内富钴铁锰结壳探矿和勘探规章》，对深海资源勘探活动中的环境保护义务和措施等作了具体规定。其中 2000 年由国际海底管理局大会通过的《"区域"内多金属结核探矿和勘探规章》，对各国在国际深海区域勘探多金属结核矿产的申请流程及国际海底管理局的审批标准等进行了详细的界定，成为规范各国

---

① 薛桂芳：《国际海底区域环境保护制度的发展趋势与中国的应对》，《法学杂志》2020 年第 5 期。
② 梁怀新：《深海安全治理：问题缘起、国际合作与中国策略》，《国际安全研究》2021 年第 3 期。

勘探深海矿产资源的重要法律规范①。通过国际海底管理局相关深海矿产勘探法律规范的不断完善，各国在深海领域的矿产勘探持续推进。三是国际勘探合同。2001 年，海洋金属联合组织（IOM）、中国大洋协会等 6 家单位正式与国际海底管理局签署了勘探合同，成为深海多金属结核的承包商。截至 2021 年 1 月，国际海底管理局共批准了 30 份深海矿产勘探合同，涉及全球 21 家承包商。国际海底管理局在深海矿产资源勘探方面的法律制定与实践协调，为各国参与深海资源勘探与利用提供了一个公开而有序的平台，有利于各国和平利用深海矿产资源，维护其自身的经济与资源安全。

通过以上梳理可以看出，国际社会在共同应对国际自然资源保护问题上取得了重要进步。一是为国际深海采矿活动提供了基本的约束规则。1982 年的海洋法公约作为现行国际海洋法的代表，公约中所体现的诸多原则被国际社会普遍接受，甚至从习惯法的角度对于非缔约方也有约束力，代表了多数国家普遍性的实践和法理认识。公约在海洋养护和管理、海洋研究和海洋技术转让、污染防治和控制等方面制定了标准，在海底资源勘探方面制定了基本的约束规则。该公约的第十五部分还专门制定了争端解决机制，为国家间通过协议、调解或有拘束力裁判的强制程序等和平手段解决争端提供了途径。

二是主权国家对深海治理的重视程度不断加强。随着国际深海治理的纵深发展，包括我国在内的主权国家对于国际深海资源保护的重视程度不断加强。我国是海底管理局主要消费国组别的四个国家之一，国内众多专家在海底管理局法律和技术委员会等部门任职。近年来，深海技术方面的快速发展为中国更好地参与深海安全治理提供了支撑。此外，其他大国也不断加强在深海区域的战略存在。日本在 2018 年通过的《第三期海洋基本计划》中强调，要深度参与国际海底管理局层面的深海安全治理，加大在深海能源开发、污染治理等方面的介入力度。印度则在已获得印度洋地区大面积深海海底资源勘探权的基础上，意图进一步加强其在深海地区的战略存在。2021 年 2 月，印度财政部长尼尔马拉·西塔拉曼（Nirmala Sitharaman）宣布的新一年度财政预算案中也列入了为完成深海任务投入

---

① 王超：《国际海底区域资源开发与海洋环境保护制度的新发展——〈"区域"内矿产资源开采规章草案〉评析》，《外交评论（外交学院学报）》2018 年第 4 期。

数百亿卢比的内容①。

### （三）共同应对国际自然资源保护方面存在的问题

#### 1. 深海治理主体单一

《联合国海洋法公约》赋予国际海底管理局作为国际深海安全治理主体性机构的地位，在推动国际深海安全治理方面发挥了重要的作用。但是深海安全问题涉及领域众多，单纯依靠国际海底管理局难以充分治理深海安全问题，从而出现治理机制缺失的问题。在深海安全挑战日益显现的今天，相关国家和国际组织已经意识到深海安全治理层次单一所带来的问题，着力推动多元化深海安全治理机制的构建。首先，国际海底管理局大力促进与相关国际组织的合作，进一步增强国际深海安全治理的多元化发展。在联合国层面的国家管辖范围外海域生物多样性养护和可持续利用问题政府间会议等议程的推进中，国际海底管理局起着主导作用。同时，国际海底管理局也注重通过与涉海国际组织开展业务交流、合作研讨等方式共同开展深海区域的安全治理，增强深海区域的整体治理水平。其次，国际海底管理局通过与相关国家之间的战略合作，不断助推相关国家在深海安全治理方面发挥更大的作用。总体而言，国际深海安全治理的主体依然较为单一，这也是国际海底管理局未来着力扭转的工作重点，其在《2019—2023年期间战略计划》中强调要进一步与有关次区域、区域和全球组织建立和加强战略联盟和伙伴关系，加强与其他有关国际组织和利益攸关方的合作与协调。

#### 2. 美国的特殊地位给国际深海安全治理带来极大挑战

国际海底管理局大会是《联合国海洋法公约》确立的三大执行机构之一。美国作为世界上重要的海洋国家，由于担心加入公约可能侵蚀其国家主权或限制其在全球的行动"自由"，至今仍未批准《联合国海洋法公约》，自然不能成为国际海底管理局大会的成员。美国在国际海底管理局的缺席，使得国际深海安全治理的相关规定对美国缺乏约束力，这深刻体现在国际海底矿产资源勘探问题上。国际海底管理局建立一系列国际海底矿产勘探准则，共批准了相关主体共30份勘探合同，为各国政府和私营部门有序地参与国际深海矿产勘探提供了良好的契机。同时，国际海底管理局也通过相应的机制，对相关申请主体的资质与能力进行评估，以保证

---

① 梁怀新：《深海安全治理：问题缘起、国际合作与中国策略》，《国际安全研究》2021年第3期。

深海勘探的安全进行。但是长期以来，美国援引本国国内法，自行对国际海底矿产资源的勘探进行授权。美国的行为极大地冲击了国际深海矿产资源勘探的总体格局，不利于其他国家资源与经济安全的合理实现。同时，美国对相关主体的授权，也存在着一系列的开发性生态安全隐患。例如，在美国的授权下，洛克希德·马丁公司（Lockheed Martin）获得了多块深海矿区。但是 2015 年美国生物多样性中心（The Center for Biological Diversity）对美国联邦政府下辖的国家海洋与大气管理局提起诉讼，质疑洛克希德·马丁公司的资质，认为其尚未完成必要的环境影响评估①。虽然美国不是国际海底管理局大会的成员，但是美国政府依然是海底管理局的观察员。美国凭借自身在海底管理局中的观察员身份，深度介入国际海底管理局的相关决策，成为一个超脱于监管之外的"局内人"。在海底管理局观察员的非政府组织类别中，来自美国的皮尤慈善信托基金会等组织与机构发挥着重要作用，共同形成了美国在国际海底管理局中的特殊地位。美国的这一特殊地位对国际海底管理局自身职能和地位构成挑战，在一定程度上侵害了大量发展中国家的合法利益。

3. 深海采矿的相关标准较为缺乏

国际上与深海采矿直接相关的标准较少，且已发布或正在制定的标准多集中在开采前期的海洋调查、环境影响评估等方面。对于开采过程中的环境风险因素识别、监测分析、排放控制，以及开采后的尾矿处理、生态修复等环保技术、装备和方法，标准仍是空白，且缺乏深入的研究。因此，很有必要跟踪国际公约和国内外法规标准动态，加强深海采矿环境保护法规和标准研究，以建立健全环境保护制度和体系。

## 三、共同应对国际自然资源保护问题的路径探寻

"随着人类开发深海力度与进度的不断提升，环境污染、生态失衡、秩序失序、资源枯竭乃至军备竞赛等全球深海问题逐渐浮现且日益涌现出来。在此情势下，世界海洋强国大多缺乏主动引领全球深海治理的意识自省与实践自觉，通常被动地参与全球深海治理的'集体行动'，严重影响了深海的开发进度与治理效度，进一步加剧了全球深海和平赤字、发展赤

---

① 安娜·扎利克：《海底矿产开采，对"区域"的圈占——海洋攫取、专有知识与国家管辖范围之外采掘边疆的地缘政治》，张大川译，《国际社会科学杂志（中文版）》2020 年第 1 期。

字、治理赤字。"① 为此，应充分发挥国际组织的作用，同时国际社会应加强合作，各个国家要积极履行国际义务，共同保护国际自然资源以及深海生态环境。

### （一）助推国际组织在国际自然资源保护中发挥更大的作用

《联合国海洋法公约》及其附属条约，为深海区域国际治理提供了重要的国际法依据。根据相关条约，国际海底管理局等国际组织是国际深海治理的关键行为主体。在《联合国海洋法公约》的谈判过程中，中国积极推动立法工作取得实质进展。1996 年，全国人大正式批准《联合国海洋法公约》，开启了中国参与全球深海治理的新局面。中国积极支持国际海底管理局等相关国际组织在《公约》所确立的原则与制度之下发挥更大的作用，并且从 1983 年起连续参加联合国海底筹备委员会，为国际海底管理局的成立作出了重要的贡献。

近年来，中国进一步推动国际社会共同应对深海生态、资源等领域的安全问题。2020 年 11 月，中国 - 国际海底管理局联合培训和研究中心正式启动，对国际深海治理的进一步发展产生积极影响。此外，中国也积极参与联合国层面的国家管辖范围外海域生物多样性养护和可持续利用问题政府间会议等机制，推动国际深海安全治理。面临日益突出的国际深海安全问题，中国既要进一步推进生态安全、资源安全等层面的合作，也要就深海区域的军事安全、核安全等议题开展相关研讨与框架设计，构建多元化的国际深海安全治理机制。

### （二）加强国家间互助合作共同保护国际自然资源

在深海采矿问题上，需要加强国家间的合作，推动国际深海安全治理的不断发展。中国与美国、俄罗斯等世界主要国家之间对深海安全问题进行深入探讨与交流，共同维护深海区域的安全稳定。中、美、俄三国是世界上仅有的具有探索万米深度以下深海空间能力的国家，同时三国在深海地区的军事力量特别是核力量也远超其他国家。中、美、俄三国在国际深海区域的合作关系直接影响着国际深海安全形势的整体走向。美国仍未批准《联合国海洋法公约》，也不是国际海底管理局大会成员国，竟然直接以国内法为依据审批国际深海矿区，这对于包括中国在内的其他国家在深

---

① 王发龙：《全球深海治理：发展态势、现实困境及中国的战略选择》，《青海社会科学》2020 年第 3 期。

海区域利益的实现构成了威胁。中、美两国可以在双边关系框架下推动在深海区域的互利合作，找到以合作推动国际深海安全治理不断发展的契机。而中、俄两国在深海区域有着共同的利益诉求，双方可以进一步加强在深海安全领域的合作，夯实国际深海安全的基础①。从《联合国海洋法公约》的谈判阶段开始，中国与广大发展中国家就成为推动国际海洋治理不断发展的重要力量。近年来，国际海底管理局也将增强发展中国家在深海区域的作用与能力作为重要的工作规划。在此背景下，中国进一步加强与广大发展中国家的紧密联系，通过国际发展合作等方式，提升其在深海区域的作用与能力。

**（三）推动构建国际自然资源保护的人类命运共同体**

《联合国海洋法公约》早已明确了国际深海海底区域及其资源是人类共同继承财产这一基本原则。中共十八大以来，中国提出构建人类命运共同体的理念，形成了国际治理的"中国方案"，这是中国提升自身话语权的重要方向。如今，人类命运共同体理念已经得到越来越多国家的肯定，并被写入人权、外空军控等领域的联合国文件之中，充分凝聚起了全球治理的思想共识。现阶段，深海治理领域存在错综复杂的安全问题，也成为威胁全人类安全的共同问题。但囿于国际深海治理自身存在的不足，许多安全问题长期得不到解决。因此，国际深海安全治理中也有必要贯彻"共商、共建、共享"的治理观，打造国际深海安全治理的人类命运共同体，这将会有效推进各国共同保护深海环境，解决深海治理存在的问题与不足，实现全人类在深海的共同利益②。

# 第四节　全球气候变化问题共治

人类活动引起的气候变化已经影响到全球各个地区的天气状况，引发了极端气候事件，对我们赖以生存的地球产生了严重的影响，特别是气候变暖，造成极地冰山融化、极端天气频发、海平面升高等等，给人类的生存带来越来越大的冲击。面对气候变化加剧的共同挑战，国际社会应携手努力，加大应对气候变化力度，推动可持续发展，共同构建人与自然生命

---

① 梁怀新：《深海安全治理：问题缘起、国际合作与中国策略》，《国际安全研究》2021年第3期。
② 同上。

共同体。

## 一、共同应对全球气候变化问题概述

### （一）共同应对全球气候变化的概念

所谓气候变化是指全球范围内可以通过统计方法确认的较长时间（通常为几十年或更长时间）内气候状况平均值和变率的变化。气候变化可以由自然的内部过程或者外部力量引起，也可以因人类对大气成分或地貌的持久改变引起[①]。气候变化具有全球性的特征，没有国界之分。共同应对全球气候变化是指全球各国之间通过签订国际条约、多边或双边协定等方式，就应对全球气候变化展开国际合作。

### （二）共同应对全球气候变化问题的历史沿革

#### 1. 初期萌芽阶段（1979 年之前）

自法国学者提出"温室效应"的概念以来，科学界开始关注气候变暖并把它作为一个全球性环境问题提出来。在此期间，国际社会缺乏对气候变化问题的关注，涉及大气以及外层空间的国际法文件主要以大气污染防治为主。

#### 2. 早期起步阶段（1979—1992 年）

在 1979 年举行的第一次世界气候大会上，气候变化成为一个重要的全球议程。学界普遍认为，工业革命后因人为原因导致的二氧化碳排放量迅速增加，导致全球气候变暖，并威胁整个人类文明的存续。为此，联合国环境规划署和世界气象组织于 1988 年建立了联合国政府间气候变化专门委员会（IPCC）。1990 年，IPCC 发表了第一份气候变化评估报告。在此期间，有关气候变化的国际会议、区域性会议等逐步增加，气候变化逐渐成为各国政府治理国家的重要议题之一。

#### 3. 加速发展阶段（1992 年至今）

随着近年来异常气候和极端天气的频繁出现，气候变化及其影响受到公众的日益关注，成为国际政治和外交中的热点议题。自 1992 年以《联合国气候变化框架公约》和随后的《京都议定书》为基础的一系列国际气候变化条约、协议等国际文件达成以来，气候变化的国际法治也初见端

---

[①]　IPCC，Working Group 1，*Climate Change* 2007：*The Physical Science Basis*（New York：Cambridge University Press，2007），p.943.

倪。1992 年，联合国环境和发展大会（里约地球峰会）上，154 个国家签署了《联合国气候变化框架公约》，此后，关于气候变化议题的研讨不断加速，国际应对气候变化的文件不断增多。1997 年，在日本京都召开了联合国气候变化框架公约第三次缔约国会议，制定了《京都议定书》；2015年于法国巴黎举办的第 21 届联合国气候变化大会通过了《巴黎协定》，旨在将全球平均气温较工业化之前上升幅度控制在 2 ℃以内。由此开启了有关气候变化的国际条约的演进过程，各利益集团之间经过不断谈判与磋商，在应对国际气候变化的进程中共同努力，达成了诸如《巴厘岛路线图》《哥本哈根协议》《坎昆协议》等多项重大成果，对应对国际气候变化产生了深远的影响。

## 二、共同应对全球气候变化问题的现状评估

### （一）共同应对全球气候变化问题取得的成就

#### 1. 国际法文件梳理

在共同应对全球气候变化问题上，世界各国共同协作并制定了一系列国际法文件（见表 9）。

表 9  共同应对全球气候变化的国际法文件

| 文件名称 | 签署年份 | 重要意义 |
|---|---|---|
| 《联合国气候变化框架公约》 | 1992 | 是世界上第一个为全面控制二氧化碳等温室气体排放，以应对全球气候变暖给人类经济和社会带来不利影响而制定的国际公约，也是国际社会在应对全球气候变化问题上进行国际合作的一个基本框架 |
| 《京都议定书》 | 1997 | 规定了各发达国家的减排义务和从 2008 年到 2012 年必须完成的削减目标，这是人类历史上首次以法规的形式限制温室气体的排放 |
| 《波恩政治协议》 | 2001 | 规定了资金机制、碳汇等问题，维护了《联合国气候变化框架公约》和《京都议定书》的框架，防止了气候变化谈判进程的破裂 |
| 《德里宣言》 | 2002 | 强调应对气候变化必须在可持续发展的框架内进行，明确指出了应对气候变化的正确途径 |

续表

| 文件名称 | 签署年份 | 重要意义 |
|---|---|---|
| 《蒙特利尔路线图》 | 2005 | 明确在《京都议定书》框架下，157个缔约方将启动《京都议定书》2012年后发达国家温室气体减排责任谈判进程 |
| 《巴厘岛路线图》 | 2007 | 强调国际合作，把美国纳入；强调另外三个在以前国际谈判中受忽视的问题，即适应气候变化问题、技术开发和转让问题以及资金问题① |
| 《哥本哈根协议》 | 2009 | 是一项不具法律约束力的政治协议，但表达了各方共同应对气候变化的政治意愿，锁定了已达成的共识和谈判取得的成果，推动谈判向正确方向迈出了第一步。同时提出建立帮助发展中国家减缓和适应气候变化的绿色气候基金 |
| 《坎昆协议》 | 2010 | 是关于加强《联合国气候变化框架公约》和《京都议定书》的实施的一系列决定的总称 |
| 《巴黎协定》 | 2015 | 是一份针对气候变化问题达成的具有法律效力且适用于所有国家的协议。该协定共29条，包括目标、减缓、适应、损失损害、资金、技术、能力建设、透明度、全球盘点等内容 |

### 2. 国际社会应对全球气候变化问题采取的行动

1）欧盟

欧盟委员会最早于2018年11月发布了"给所有人一个清洁星球"的战略性长期愿景，提出2050年实现碳中和。迄今，欧盟已经初步建立了相对完善的低碳发展法规政策体系和发展路线图。自2018年起，欧盟不断完善碳中和政策体系。2019年12月欧盟委员会发布了《欧洲绿色新政》，制定了碳中和愿景下的长期减排战略规划，从能源、工业、建筑、交通、粮食、生态和环境七个重点领域规划了长期碳减排行动政策路径。《欧洲绿色新政》强调最大限度地提高能源效率，实现建筑领域零排放目标；最大限度地部署可再生能源；支持清洁、安全、互联的出行方式；促进工业转型和循环经济；建设充足的智能网络基础设施；从生物经济中全

---

① 唐颖侠：《国际气候变化治理：制度与路径》，南开大学出版社，2015，第18页。

面获益并建立基本的碳汇；充分利用碳捕获与封存（Carbon Capture and Storage）技术等。2020 年 3 月 4 日，欧盟委员会发布《欧洲气候法》建议稿，拟将碳中和目标变为一项具有法律约束力的目标。《欧洲气候法》详细规划了实现 2050 年碳中和目标需采取的必要步骤。

能源系统转型是欧盟政策的重心，要求最大限度地部署可再生能源发电。2020 年 7 月 8 日，欧盟委员会正式宣布《欧盟氢能战略》（EU Hydrogen Strategy）和《能源系统一体化战略》（Energy Systems Integration Strategy），为其能源部门实现多种能源关联的高效率完全脱碳铺平道路。2020 年 11 月，欧盟委员会发布《利用海上可再生能源的潜力 实现碳中和未来的战略报告》，要求 2030 年和 2050 年分别实现海上风电装机容量达到 60 GW 和 300 GW，既能满足脱碳目标，又能以成本较低的方式满足电力需求的预期增长，确保欧盟实现可持续的能源转型。

2）德国

2019 年 11 月，德国联邦议院通过《气候保护法》，首次以法律形式确定德国中长期温室气体减排目标，即到 2030 年实现温室气体排放总量较 1990 年至少减少 55%，到 2050 年实现碳中和。《气候保护法》为能源、工业、建筑、交通、农业、废弃物等重点领域规划了明确的减排路线图，明确了 2030 年前能源、工业、建筑、交通、农林等不同部门的碳预算和中期减排目标，并将在 2025 年制定 2030 年以后的年度排放预算。德国联邦议院根据五年一次的气候报告评估结果，对中长期气候政策进行修订，以不断调整低碳发展进程和评估碳减排效果。

能源领域减排是德国实现碳中和目标的关键。2019 年 1 月，德国煤炭委员会设计了退煤路线图，计划 2038 年全面退出燃煤发电，2022 年关闭 1/4 的煤电厂。德国在退煤方案实施过程中高度重视煤炭产区和从业者的公平转型。2020 年 1 月，德国联邦与州政府就淘汰燃煤的条件谈判达成共识，将斥资 400 亿欧元补贴淘汰燃煤地区因能源转型造成的损失。补贴具体包括给电厂运营商支付一定经济补偿，实现能源基础设施和电力系统的现代化；同时，为煤矿工人和电厂职工等提供再培训和就业重新安置，确保以社会可接受的方式实施公平转型。为此，联邦政府每年将从财政预算中划拨 20 亿欧元。2020 年 7 月，德国通过退煤法案，确定到 2038 年退出煤炭市场，并就煤电退出时间表给出详细规划，有望在 2035 年提前结束煤电①。

3）英国

2019 年 6 月，英国新修订的《气候变化法案》生效，正式确立英国到 2050 年实现碳中和。英国成为第一个通过立法形式明确 2050 年实现零碳排放的发达国家。

早在 2008 年英国颁布了《2008 气候变化法案》，确定了世界上第一个具有法律约束力的温室气体长期排放目标，要求 2050 年温室气体排放量比 1990 年减少 80%；建立了具有法律效力的碳预算约束机制，设立了到 2032 年的五年一度碳预算。为实现这个长期排放目标，英国设立独立的法定机构——气候变化委员会，为英国政府提供排放目标、碳预算、国际航运排放方面的建议，同时向议会报告温室气体减排和适应气候变化影响相关事宜的进展。2020 年气候变化委员会在进展报告中提出，为了实现净零排放，英国需要在未来 30 年内实现每年约 15.5 Mt 二氧化碳当量的平均减排量。此外，英国碳排放交易系统（UK ETS）为长期碳排放目标提供了资金支持和市场化环境。

尽管英国的碳中和目标具有法律约束力，但英国政府并未出台针对碳中和的专项措施。2020 年 9 月，英国首相约翰逊表示，英国将制定到 2050 年实现温室气体净零排放的具体措施。目前英国温室气体排放量最高的四个领域是交通运输、能源、商业和居民住宅，四个领域排放量总和约占目前总排放量的 78%，未来碳中和措施制定也将重点聚焦这四个领域。

通过以上梳理可以看出，国际社会在共同应对全球气候变化问题上取得重要成就。一是初步形成应对全球气候变化的国际治理体系。自 20 世纪初《联合国气候变化框架公约》的提出开始，有关气候变化的国际会议与国际条约日益增多，从一开始共同的政治意愿的表达到遵约义务的逐步细化，国际气候变化条约经历了一个曲折且缓慢的发展过程。但总体来讲，条约体系的发展一直都保持着不断上升的态势。并且，条约的演进是一个动态的发展过程，不同时期的条约会提出以前不曾出现的新问题以及与之对应的新措施，在这一过程中，气候变化条约体系不断完善。在此体系的约束与促进之下，各国参与气候变化治理活动的行为也逐渐频繁并趋

---

① 翟桂英、王树堂、崔永丽等：《全球主要经济体碳中和愿景、实施举措及对我国的启示》，《环境保护》2021 年第 11 期。

于规范化、体系化①。可以说，全球应对气候变化治理体系已经初步形成。

二是初步形成应对全球气候变化的法律机制。法律机制在气候变化的治理方面发挥着重要作用，《联合国气候变化框架公约》以及《京都议定书》等通过国家信息通报制度、境外减排机制、资金机制和遵约机制四种主要法律机制，督促各国履行减排义务。各个国家可以通过境内减排与境外减排两种方式履行减排义务，并按照一定的周期对减排情况进行通报，以起到监督和反省的作用。同时，发达国家可以通过融资渠道履行其减排义务，而发展中国家则可以相应地获取减排所需要的技术、资金，促进其履行减排义务，推动国际社会共同应对全球气候变化，实现可持续发展。

**（三）共同应对全球气候变化方面存在的问题**

1. 相关国际法有待完善

现行的气候变化条约的法律机制仍存在一些不足，由此限制了法律机制作用的发挥，主要包括以下几点。

一是排放目标灵活性不足。《京都议定书》所采用的排放目标较为绝对，许多国家都认为这样的规定过于僵化，由此导致在排量的讨价还价上花费了大量时间与精力，不利于谈判的进行。全球政治经济局势不断变化，各国本着以国家利益为准的原则参与谈判，而如此僵化的规定很容易造成因国家利益冲突而出现谈判停滞的尴尬局面，同时也制约了许多国家经济的发展，加重了各国尤其是发展中国家参与应对气候变化的负担。

二是资金分散且不充足。现有的资金机制，如适应性基金和气候变化特别基金等，资金的数量都十分有限。曾经有些国家也单方面宣布愿意将较大数额的资金投入到帮助发展中国家应对气候变化问题的工作中，但这些资金多通过世界银行、全球环境基金、联合国环境规划署项目等渠道流向发达国家，这使得资金十分分散，无法体现资金应有的规模效应。

三是技术转让专门机制的缺失。先进的科学技术的缺失是无法有效、及时应对气候变化问题的主要原因之一，技术转让是历届缔约方会议的重要组成部分②。虽然《联合国气候变化框架公约》与《京都议定书》均对技术合作与转让作出了明确的规定，但面对如此复杂的问题，这些规定未免

---

① 白佳玉、王晨星：《以善治为目标的北极合作法律规则体系研究——中国有效参与的视角》，《学习与探索》2017年第2期。

② 马忠法：《论应对气候变化的国际技术转让法律制度完善》，《法学家》2011年第5期。

过于僵化，无法在实践中发挥其应有的作用，因而在技术转让与合作体制方面有所突破，是气候治理的关键议题之一。

### 2. 国际权利义务配置过于复杂

国际权利义务配置复杂化主要体现为两点。一是经济发展权与减排义务的冲突性。经济发展权主要指向民族和国家关于经济方面的发展权利，减排义务主要来源于有约束力的国际法文件。经济发展权与减排义务的冲突表现为国家环境及经济主权与其所承担的国际义务与责任之间的矛盾、国家利益与人类共同利益之间的矛盾；二是"区别责任"和"各自能力"的争议性。《联合国气候变化框架公约》和《京都议定书》已经明确了"共同但有区别的责任"（CBDR）原则，这也是国际环境法中的一项基本原则[①]。可以说，时至今日，各方至少对这一原则中的"共同责任"已达成共识，但在历届气候谈判中，有少数国家仍对此原则不予完全认同并试图回避历史责任。

### 3. 减缓与适应气候变化的行动不够协调

通过观察气候变化治理的过程及路径不难发现，应对气候变化的主要措施均集中在减缓方面，而当前应对气候变化的主要机制就是建立在减缓的基础之上的，如《京都议定书》为附件一中所列国家设定的减排任务。减缓措施有利于从根源上遏制温室气体的排放，但我们应当意识到目前大气中已经含有大量的温室气体，国际环境已经遭到严重破坏，在这种情况下，再行之有效的减缓措施也难以在短时间内阻止气候变化的进程，许多问题已经迫在眉睫，国际社会应当在注重减缓的同时，加大适应措施的制定力度。气候变化是一个动态的过程，我们应当根据情势的变更推行适应政策，从而更加灵活有效地应对气候变化。

## 三、共同应对全球气候变化问题的路径探寻

现今，世界正处于"气候十字路口"，世界各地严重且不断加剧的环境风险迫切需要采取行动加以解决。面对气候变化加剧的共同挑战，国际社会应携手努力，加大应对气候变化力度，推动可持续发展，共同构建人与自然生命共同体。

---

① 曹明德：《中国参与国际气候治理的法律立场和策略：以气候正义为视角》，《中国法学》2016年第1期。

### （一）夯实政治互信基础

各方要切实落实已达成的共识，特别是发达国家应提高《联合国气候变化框架公约》和《京都议定书》框架下的减排指标，发达国家应兑现向发展中国家出资和转让技术的承诺，为德班平台的谈判取得进展奠定互信基础。

### （二）坚持公约基本原则

缔约国要恪守承诺，落实好《巴黎协定》及其实施细则。应对气候变化必须坚持多边主义，在《联合国气候变化框架公约》和《巴黎协定》框架下讨论和解决问题，尤其要恪守"共同但有区别的责任"、公平和各自能力原则，尊重发展中国家的发展需要和特殊国情，帮助发展中国家提升应对能力。发达国家应承担率先减排义务，履行承诺。个别国家的退群改变不了国际社会的共同意志，也不可能逆转国际合作的历史潮流。

### （三）统筹平衡各方关系

共同应对全球气候变化问题涉及减缓、适应、资金、技术等各要素。发达国家应继续承担绝对量减排指标，并向发展中国家提供充足的资金、技术转让和能力建设支持。发展中国家则要在发达国家资金和技术支持下，共同致力于应对全球气候变化。

### （四）加大履约行动力度

发达国家和发展中国家根据不同的历史责任、国情和发展阶段，自主提出有力度的 2020 年后应对气候变化贡献。尽管如此，国际仍可能面临各方贡献存在差距的问题。强迫各国尤其是发展中国家提高目标是不现实的，也将导致各方一开始提出行动目标时有所保留并彼此讨价还价。提高力度、弥补差距的关键是加大资金支持、推动技术变革，鼓励各方走符合本国国情的绿色低碳发展道路。发达国家应在这方面发挥带头作用，并为发展中国家提供相应支持。

### （五）中国积极引领世界潮流

中国是全球生态文明建设的参与者、贡献者、引领者，始终高度重视应对气候变化问题，实施积极应对气候变化国家战略，采取了调整产业结构、优化能源结构、节能提效、推进碳市场建设、增加森林碳汇等一系列措施，在控制气体排放、战略规划制定、体制机制建设、社会意识提升和能力建设等重点领域取得积极成效。2019 年成为我国二氧化碳排放的拐点，当年中国单位国内生产总值（GDP）二氧化碳排放（以下简称碳排放强度）较 2005 年降低约 47.9%，非化石能源占能源消费总量比重达 15.3%，提前完成我国对外承诺的到 2020 年目标，扭转了二氧化碳排放快速增长的局面。

2020 年 9 月 22 日，习近平同志宣布，中国将提高国家自主贡献力度，采取更加有力的政策和措施，力争 2030 年前二氧化碳排放达到峰值，2060 年前实现碳中和 ①。随后，2020 年 12 月，习近平同志在气候雄心峰会上宣布了我国国家自主贡献的四项新举措。党的十九届五中全会、中央经济工作会议、中央财经委员会第九次会议对相关工作作出了重要部署。新的达峰目标和碳中和愿景，彰显了中国积极应对气候变化、走绿色低碳发展道路的坚定决心，体现了中国主动承担应对气候变化国际责任，推动构建人类命运共同体的中国担当，为全球气候治理进程注入了强大的政治推动力，受到国际社会高度赞誉，是中国为应对全球气候变化作出的新的重大贡献。我国作为最大的发展中国家，面临着发展经济、改善民生、消除贫困、治理污染等一系列艰巨任务。实现碳达峰和碳中和是一项巨大的挑战，需要付出艰苦卓绝的努力。

2021 年 9 月 21 日，中国国家主席习近平在第七十六届联合国大会一般性辩论上的讲话中表示，中国将大力支持发展中国家能源绿色低碳发展，不再新建境外煤电项目。事实上，在此之前，中国已经逐步退出海外煤电投资。例如，2021 年 2 月，中国驻孟加拉国大使表示，中国将不再考虑继续在孟加拉国投资煤炭开采、燃煤电站等项目。在实践层面，中国的海外煤电投资在过去几年持续下降，可再生能源投资则不断增加。2020 年，包括太阳能、风能与水电在内的中国海外可再生能源投资占海外能源总投资的比例已达 57%，远超煤电投资。在国内，"双碳"目标提出后，逐步降低煤电比例、调整煤电在能源结构中的定位也成为中国实现国内碳达峰、碳中和目标的重要途径。可以看到，"不再新建境外煤电项目"这一决定与中国国内的减排政策高度一致，也是中国自主驱动的绿色低碳发展道路与过往减排政策的直接延伸。

下一步，中国将根据《中华人民共和国国民经济和社会发展第十四个

① 《习近平为何将实现"双碳"目标视作一场"系统性变革"？》，中国新闻网 https://www.chinanews.com.cn/gn/2021/03-21/9437182.shtml，访问日期：2022 年 2 月 2 日。

五年规划和 2035 年远景目标纲要》及中央经济工作会议、中央财经委员会第九次会议的部署，以更大的决心和力度，坚定实施积极应对气候变化国家战略，全面加强应对气候变化工作，加快做好碳达峰、碳中和工作，推动构建绿色、低碳、循环发展的经济体系，大力推进经济结构、能源结构、产业结构转型升级；加强应对气候变化与生态环境保护相关工作统筹融合、协同增效，进一步推动经济高质量发展和生态环境高水平保护。

# 结　语

　　2021 年 11 月，党的十九届六中全会胜利召开，全会总结了党的百年奋斗重大成就和历史经验。《中国共产党第十九届中央委员会第六次全体会议公报》明确提出："在生态文明建设上，党中央以前所未有的力度抓生态文明建设，美丽中国建设迈出重大步伐，我国生态环境保护发生历史性、转折性、全局性变化。"① 党的十八大以来生态文明建设领域所取得的显著成就为人与自然和谐共生现代化打下了坚实的基础。但我们也要清醒认识到，现阶段我国生态环境质量改善总体上还属于中低水平的提升，从量变到质变的拐点还没有到来，与人民群众对美好生活的新期待、与美丽中国建设目标仍有不小差距。我国生态环境保护结构性、根源性、趋势性压力总体上尚未根本缓解，生产和生活体系向绿色低碳转型的压力都还较大。"十四五"时期，我国进入新发展阶段，对人与自然和谐共生现代化建设提出了新的更急迫的要求。站在"两个一百年"奋斗目标的历史交汇点上，我国首要任务是到 2035 年基本实现社会主义现代化远景目标。在这一波澜壮阔的伟大历程中，人与自然和谐共生的现代化既是我国所致力于建设的社会主义现代化的重要特征，更是实现第二个百年奋斗目标以及中华民族伟大复兴的必由之路。

　　正如习近平同志所指出的，"我们要建设的现代化是人与自然和谐共生的现代化，既要创造更多物质财富和精神财富以满足人民日益增长的美好生活需要，也要提供更多优质生态产品以满足人民日益增长的优美生态环境需要"。人与自然和谐共生现代化建设，必须注重同步推进物质文明建设和生态文明建设，必须坚持环境就是民生、青山就是美丽、蓝天也是幸福，努力实现生态保护、绿色发展、民生改善相统一。人与自然和谐共生现代化目标的实现，要以经济社会发展全面绿色转型为引领，以减污降碳为主抓手，加快形成节约资源和保护环境的产业结构、生产方式、生活方式、空间格局。而实现过程，离不开习近平生态文明思想科学方法论的

---

① 《中国共产党第十九届中央委员会第六次全体会议公报》，新华网 http://www.xinhuanet.com/2021-11/11/c_1128055386.htm，访问日期：2022 年 2 月 4 日。

指引，离不开对新发展理念完整、准确、全面的贯彻。我们坚信，在习近平生态文明思想的科学指引下，随着生态环境治理体系和治理能力现代化水平的逐步提升，党委领导、政府主导、企业主体、社会组织和公众共同参与的环境治理体系的日趋健全，以及一体谋划、一体部署、一体推进、一体考核的制度机制的不断优化，人与自然和谐共生现代化建设目标必将在不远的将来早日实现。

# 参考文献

**图书**

[1] 中共中央文献研究室. 习近平关于社会主义生态文明建设论述摘编 [M]. 北京：中央文献出版社，2017.

[2] 中共中央文献研究室，国家林业局. 毛泽东论林业：新编本 [M]. 北京：中央文献出版社，2003.

[3] 冷溶，汪作玲. 邓小平年谱：1975—1997（上）[M]. 北京：中央文献出版社，2004.

[4] 邓小平. 邓小平文选：第 3 卷 [M]. 北京：人民出版社，1994.

[5] 中共中央文献研究室. 邓小平思想年谱：1975—1997[M]. 北京：中央文献出版社，1998.

[6] 国家环境保护总局，中共中央文献研究室. 新时期环境保护重要文献选编 [M]. 北京：中央文献出版社，2001.

[7] 江泽民. 江泽民文选：第 1 卷 [M]. 北京：人民出版社，2006.

[8] 江泽民. 江泽民文选：第 3 卷 [M]. 北京：人民出版社，2006.

[9] 胡锦涛. 胡锦涛文选：第 3 卷 [M]. 北京：人民出版社，2016.

[10] 习近平. 习近平谈治国理政：第 2 卷 [M]. 北京：外文出版社，2017.

[11] 习近平. 习近平谈治国理政：第 1 卷 [M]. 北京：外文出版社，2018.

[12] 习近平. 习近平谈治国理政：第 3 卷 [M]. 北京：外文出版社，2020.

[13] 唐颖侠. 国际气候变化治理：制度与路径 [M]. 天津：南开大学出版社，2015.

[14] 毛泽东. 毛泽东文集：第 7 卷 [M]. 北京：人民出版社，1999.

[15] 熊芳，雍涛. 毛泽东眼中的人 [M]. 北京：人民出版社，2003.

[16] 李正华. 毛泽东与中国社会主义建设规律的探索 [M]. 北京：当代中国出版社，2007.

[17] 陈文珍. 马克思人与自然关系理论的多维审视 [M]. 北京：人民出版社，2014.

[18] 马克思恩格斯选集：第 1 卷 [M]. 北京：人民出版社，2012.

[19] 马克思恩格斯选集：第 2 卷 [M]. 北京：人民出版社，2012.

[20] 马克思恩格斯选集：第 3 卷 [M]. 北京：人民出版社，2012.

[21] 李斯特 . 国际野生生物法 [M]. 杨延华，成志勤，译 . 北京：中国环境科学出版社，1992.

[22] 马克思恩格斯选集：第 4 卷 [M]. 北京：人民出版社，2012.

[23] 马克思恩格斯文集：第 1 卷 [M]. 北京：人民出版社，2009.

[24] 马克思恩格斯文集：第 5 卷 [M]. 北京：人民出版社，2012.

[25] 马克思恩格斯全集：第 2 卷 [M]. 北京：人民出版社，1972.

[26] 马克思恩格斯全集：第 3 卷 [M]. 北京：人民出版社，1960.

[27] 马克思恩格斯全集：第 20 卷 [M]. 北京：人民出版社，1971.

[28] 马克思恩格斯全集：第 31 卷 [M]. 北京：人民出版社，1972.

[29] 马克思恩格斯全集：第 25 卷 [M]. 北京：人民出版社，1972.

[30] 马克思恩格斯全集：第 42 卷 [M]. 北京：人民出版社，1972.

[31] 马克思恩格斯全集：第 44 卷 [M]. 北京：人民出版社，2016.

[32] 陈江风 . 天人合一：观念与华夏文化传统 [M]. 北京：生活·读书·新知三联书店，1996.

[33] 怀仁 . 天道古说：华夏先贤与圣经先哲如是说 [M]. 北京：中国文史出版社，1999.

[34] 李季林 . 道家金言 [M]. 合肥：安徽人民出版社，2007.

[35] 吕氏春秋 [M]. 魏宏韬，译注 . 合肥：黄山书社，2002.

[36] 罗安宪 . 老子 [M]. 北京：人民出版社，2017.

[37] 孙佑海 . 可持续发展法治保障研究（上）[M]. 北京：中国社会科学出版社，2015.

[38] 兰，莫克拉尼 . 超越发展：拉丁美洲的替代性视角 [M]. 郇庆治，孙巍，等编译 . 北京：中国环境出版集团，2018.

[39] 中国共产党第十九届中央委员会第四次全体会议公报 [M]. 北京：人民出版社，2019.

[40] 林尚立 . 中国共产党与人民政协 [M]. 上海：东方出版中心，2011.

[41] 培根 . 培根论说文集 [M]. 水天同，译 . 北京：商务印书馆，2001.

[42] 沈家本 . 历代刑法考 [M]. 北京：中华书局，1985.

[43] 张文显 . 法理学 [M]. 北京：高等教育出版社，2018.

[44] 吕忠梅，等 . 中国环境司法发展报告（2019 年）[M]. 北京：法律出版社，2020.

[45] 康德 . 纯粹理性批判 [M]. 邓晓芒，译 . 北京：人民出版社，2004.

[46] 笛卡尔 . 哲学原理 [M]. 关文运，译 . 北京：商务印书馆，1958.

[47] 汤因比 . 历史研究 [M]. 刘北成，译 . 上海：上海人民出版社，2005.

[48] 奥康纳 . 自然的理由：生态学马克思主义研究 [M]. 唐正东，臧佩洪，译 . 南京：南京大学出版社，2003.

[49] 弗洛姆 . 健全的社会 [M]. 孙恺祥，译 . 贵阳：贵州人民出版社，1994.

[50] 马尔库塞 . 单向度的人：发达工业社会意识形态研究 [M]. 张峰，吕世平，译 . 重庆：重庆出版社，1988.

[51] IPCC，Working Group 1. Climate change 2007：the physical science basis[M]. New York：Cambridge University Press，2007.

**期刊**

[1] 罗英豪 . 人与自然关系的演进历程及其未来走向探析 [J]. 中共四川省委党校学报，2010（2）：78-81.

[2] 陈映 . 论中国共产党人与自然和谐发展的思想演进 [J]. 毛泽东思想研究，2007（6）：124-126.

[3] 韩晶，毛渊龙，高铭 . 新时代 新矛盾 新理念 新路径：兼论如何构建人与自然和谐共生的现代化 [J]. 福建论坛（人文社会科学版），2019（7）：12-18.

[4] 杨峻岭，吴潜涛 . 马克思恩格斯人与自然关系思想及其当代价值 [J]. 马克思主义研究，2020（3）：58-66，76，167.

[5] 刘明福，王忠远 . 习近平民族复兴大战略：学习习近平系列讲话的体会 [J]. 决策与信息，2014（7/8）：8-157.

[6] 温莲香 . 马克思的物质变换理论与生产力可持续发展 [J]. 湖北社会科学，2011（10）：5-9.

[7] 张曙光 . 论价值与价值观：关于当前中国文明与秩序重建的思考 [J]. 人民论坛·学术前沿，2014（23）：4-57，95.

[8] 丁国峰 . 十八大以来我国生态文明建设法治化的经验、问题与出路 [J]. 学术界，2020（12）：161-171.

[9] 王海芹,高世楫.我国绿色发展萌芽、起步与政策演进:若干阶段性特征观察 [J].改革,2016(3):6-26.

[10] 解保军.人与自然和谐共生的现代化:对西方现代化模式的反拨与超越 [J].马克思主义与现实,2019(2):39-45.

[11] 王雨辰.论构建中国生态文明理论话语体系的价值立场与基本原则 [J].求是学刊,2019,46(5):19-27,2.

[12] 斯琴毕力格.论图腾观念与萨满教起源的关系 [J].赤峰学院学报(汉文哲学社会科学版),2015(7):11-13.

[13] 蔡禹僧.中国文明的世界意义 [J].社会科学论坛,2010(21):60-90.

[14] 吴文新.论科学技术的"人本"走向:从人与自然关系的历史发展来看 [J].哈尔滨学院学报(社会科学),2001(1):57-61.

[15] 陶柱标.从人与自然关系的历史变迁谈人与自然的协调发展 [J].东南亚纵横,2004(1):73-76.

[16] 彭玉婷,王可侠.着力推进生态文明国家治理体系和治理能力现代化 [J].上海经济研究,2020(3):10-14.

[17] 蔡守秋.环境秩序与环境效率:四论环境资源法学的基本理念 [J].河海大学学报(哲学社会科学版),2005(4):1-5,92.

[18] 李全喜.习近平生态文明建设思想中的思维方法探析 [J].高校马克思主义理论研究,2016,2(4):50-59.

[19] 景君学,文小凤.生态唯物主义对马克思"新陈代谢断裂"理论的建构 [J].决策与信息,2019(12):18-26.

[20] 黄爱宝.生态获得感的影响因素与提振途径 [J].理论探讨,2019(2):25-32.

[21] 翟桂英,王树堂,崔永丽,等.全球主要经济体碳中和愿景、实施举措及对我国的启示 [J].环境保护,2021(11):69-72.

[22] 白佳玉,王晨星.以善治为目标的北极合作法律规则体系研究:中国有效参与的视角 [J].学习与探索,2017(2):7-26,174.

[23] 马忠法.论应对气候变化的国际技术转让法律制度完善 [J].法学家,2011(5):122-133,179.

[24] 曹明德.中国参与国际气候治理的法律立场和策略:以气候正义为视角 [J].中国法学,2016(1):29-48.

[25] 孙金龙，黄润秋．加强生物多样性保护　共建地球生命共同体 [J]．环境保护，2021，49（21）：8-11.

[26] 邓从先．生物多样性国际保护法制的缺陷与完善 [J]．世界农业，2012（9）：63-67.

[27] 姚震，陶浩，王文．生态文明视野下的自然资源管理 [J]．宏观经济管理，2020（8）：49-54.

[28] 薛桂芳．国际海底区域环境保护制度的发展趋势与中国的应对 [J]．法学杂志，2020（5）：41-51.

[29] 梁怀新．深海安全治理：问题缘起、国际合作与中国策略 [J]．国际安全研究，2021，39（3）：132-155，160.

[30] 王超．国际海底区域资源开发与海洋环境保护制度的新发展：《"区域"内矿产资源开采规章草案》评析 [J]．外交评论（外交学院学报），2018，35（4）：81-105.

[31] 黄承梁．论习近平生态文明思想历史自然的形成和发展 [J]．中国人口·资源与环境，2019，29（12）：1-8.

[32] 扎利克．海底矿产开采，对"区域"的圈占：海洋攫取、专有知识与国家管辖范围之外采掘边疆的地缘政治 [J]．张大川，译．国际社会科学杂志（中文版），2020，37（1）：153-173，8，13.

[33] 王发龙．全球深海治理：发展态势、现实困境及中国的战略选择 [J]．青海社会科学，2020（3）：59-69.

[34] 燕继荣．现代化与国家治理 [J]．学海，2015（2）：15-28.

[35] 叶泉．论全球海洋治理体系变革的中国角色与实现路径 [J]．国际观察，2020（5）：74-106.

[36] 董邦俊．危害国际环境犯罪及应对之困境 [J]．法治研究，2013（12）：13-22.

[37] 朱达俊．联合国三大环境宣言的发展及对中国的影响 [J]．资源与人居环境，2013（9）：57-59.

[38] 赵洲．国际法视野下核能风险的全球治理 [J]．现代法学，2011，33（4）：149-161.

[39] 朱璇．可持续发展系列峰会对海洋治理的若干影响 [J]．中国海洋大学学报（社会科学版），2020（4）：56-67.

[40] 孙佑海 . 绿色"一带一路"环境法规制研究 [J]. 中国法学，2017（6）：110-128.

[41] 车丕照 . 法律全球化与国际法治 [J]. 清华法治论衡，2002（00）：111-167.

[42] 崔亚楠 . 从《联合国气候变化框架公约》分析国际环境法的实施困境 [J]. 法制与社会，2013（14）：162-163.

[43] 竺效 . 论环境侵权原因行为的立法拓展 [J]. 中国法学，2015（2）：248-265.

[44] 王秋蓉 . 人类理性的唤醒：可持续发展思想和行动溯源 [J]. 可持续发展经济导刊，2019（Z1）：28-40.

[45] 于书霞，邓梁春，吴琼，等 .《生物多样性公约》审查机制的现状、挑战和展望 [J]. 生物多样性，2021，29（2）：238-246.

[46] 高世楫，王海芹，李维明 . 改革开放 40 年生态文明体制改革历程与取向观察 [J]. 改革，2018（8）：49-63.

[47] 郝栋 . 习近平生态文明建设思想的理论解读与时代发展 [J]. 科学社会主义，2019（1）：84-90.

[48] 黄文艺，李奕 . 论习近平法治思想中的法治社会建设理论 [J]. 马克思主义与现实，2021（2）：59-67.

[49] 孙佑海 . 新时代生态文明法治创新若干要点研究 [J]. 中州学刊，2018（2）：1-9.

[50] 宋功德 . 坚持依规治党 [J]. 中国法学，2018（2）：5-27.

[51] 宋功德 . 党内法规的百年演进与治理之道 [J]. 中国法学，2021（5）：5-38.

[52] 尹曼潼，黄天弘 . 党内法规执行中存在的问题及其破解 [J]. 中州学刊，2021（3）：18-21.

[53] 段光鹏，王向明 . 历程、问题与对策：党内法规制度建设的百年史回顾 [J]. 学习与实践，2021（4）：14-24.

[54] 黄文艺 . 习近平法治思想要义解析 [J]. 法学论坛，2021，36（1）：13-21.

[55] 孙佑海，王操 . 借新一轮机构改革东风 推进生态文明法制建设 [J]. 中国生态文明，2018（2）：11-15.

[56] 张忠民 . 环境司法专门化发展的实证检视：以环境审判机构和环境审判机制为中心 [J]. 中国法学，2016（6）：177-196.

[57] 曹明德 . 检察院提起公益诉讼面临的困境和推进方向 [J]. 法学评论，2020，38（1）：118-125.

[58] 李树训 . 生态环境损害赔偿诉讼与环境民事公益诉讼竞合的第三重解法 [J]. 中国地质大学学报（社会科学版），2021，21（5）：45-57.

[59] 刘建新 . 论检察环境公益诉讼的职能定位及程序优化 [J]. 中国地质大学学报（社会科学版），2021，21（4）：28-40.

[60] 秦天宝 . 论环境民事公益诉讼中的支持起诉 [J]. 行政法学研究，2020（6）：25-36.

[61] 黄文艺 . 论习近平法治思想中的司法改革理论 [J]. 比较法研究，2021（2）：1-12.

[62] 孙佑海 . 生态文明建设需要法治的推进 [J]. 中国地质大学学报（社会科学版），2013，13（1）：11-14.

[63] 单颖华 . 当代中国全民守法的困境与出路 [J]. 中州学刊，2015（7）：48-52.

[64] 钱锦宇，孙子瑜 . 论党的领导与全民守法：以党的治国理政领导力为视域的阐释 [J]. 西北大学学报（哲学社会科学版），2021，51（5）：36-45.

[65] 钭晓东，杜寅 . 中国特色生态法治体系建设论纲 [J]. 法制与社会发展，2017，23（6）：21-38.

[66] 黄文艺 . 习近平法治思想中的未来法治建设 [J]. 东方法学，2021（1）：25-36.

[67] 陈光中，崔洁 . 司法、司法机关的中国式解读 [J]. 中国法学，2008（2）：76-84.

[68] 韩大元 . 完善人权司法保障制度 [J]. 法商研究，2014，31（3）：19-22.

[69] 徐鹤喃 . 制度内生视角下的中国检察改革 [J]. 中国法学，2014（2）：65-91.

[70] 吴传毅 . 国家治理体系治理能力现代化：目标指向、使命担当、战略举措 [J]. 行政管理改革，2019（11）：24-30.

[71] 孙佑海 . 依法治国背景下生态文明法律制度建设研究 [J]. 西南民族大

学学报（人文社科版），2015，36（5）：85-88，2.

[72] 李干杰 . 坚决打赢污染防治攻坚战 以生态环境保护优异成绩决胜全面建成小康社会 [J]. 环境保护，2020，48（Z1）：8-16.

[73] 李政刚 . 赋予科研人员职务科技成果所有权的法律释义及实现路径 [J]. 科技进步与对策，2020，37（5）：124-130.

[74] 刘利 . 打出立法监督"组合拳"推进全国科技创新中心建设 [J]. 北京人大，2020（9）：27-28.

[75] 徐显明 . 论坚持建设中国特色社会主义法治体系 [J]. 中国法律评论，2021（2）：1-13.

[76] 孙佑海 . 依法保障生态文明建设 [J]. 法学杂志，2014，35（5）：1-9.

[77] 吕忠梅 . 环境法回归路在何方？：关于环境法与传统部门法关系的再思考 [J]. 清华法学，2018，12（5）：6-23.

[78] 封丽霞 . 中国共产党领导立法的历史进程与基本经验：十八大以来党领导立法的制度创新 [J]. 中国法律评论，2021（3）：18-31.

[79] 冯玉军 . 完善以宪法为核心的中国特色社会主义法律体系：习近平立法思想述论 [J]. 法学杂志，2016，37（5）：27-39.

[80] 李绍广，陈猛 . 习近平关于社会主义生态文明建设的重要论述探析 [J]. 沈阳工业大学学报（社会科学版），2020，13（3）：274-279.

[81] 孙佑海 . 我国 70 年环境立法：回顾、反思与展望 [J]. 中国环境管理，2019，11（6）：5-10.

[82] 贾永飞，尹翀 . 加大基础研究投入，给科技创新注入"强心剂"[J]. 中国科技奖励， 2021（3）：64-66.

[83] 秋石 . 新发展理念是治国理政方面的重大理论创新 [J]. 求是，2016（23）：19-22.

[84] 刘仪，吴斌翔 . 舆论监督在环保事业中的地位和作用 [J]. 青海环境，1997（4）：168-170.

[85] 周晓丽 . 论社会公众参与生态环境治理的问题与对策 [J]. 中国行政管理， 2019（12）：148-150.

[86] 扈海鹂 . 重建文化与自然的联系：对消费文化的再思考 [J]. 南京林业大学学报（人文社会科学版），2012，12（3）：14-22.

[87] 袁春剑 . 论环境治理全民行动的路径 [J]. 南京林业大学学报（人文社

会科学版），2021，21（1）：26-34.

[88] 习近平. 推动我国生态文明建设迈上新台阶 [J]. 求是，2019（3）：4-19.

[89] 王志刚. 以科技创新支撑国家治理体系和治理能力现代化 [J]. 机关党建研究，2020（2）：16-18.

[90] 祁志伟. 数字政府建设的价值意蕴、治理机制与发展理路 [J]. 理论月刊，2021（10）：68-77.

[91] 梁华. 整体性精准治理的数字政府建设：发展趋势、现实困境与路径优化 [J]. 贵州社会科学，2021（8）：117-123.

[92] 王皓月，路玉兵. 数字政府背景下地方政府公共服务建设成效、问题及策略研究 [J]. 中国管理信息化，2021，24（16）：158-160.

[93] 谭帅男，李主斌. 从"三种领导"到"全面领导"：新时代党的领导的新发展 [J]. 高校辅导员，2021（5）：13-17.

[94] 郑敬斌，任虹宇. 党的领导是中国特色社会主义制度创新的基石 [J]. 当代世界社会主义问题，2020（3）：84-90.

[95] 唐皇凤，吴瑞. 提高党的执政能力和领导水平制度的基本内涵、逻辑结构和健全路径 [J]. 探索，2020（2）：119-128，2.

[96] 邹巧丽，周伟. 地方政府生态环境治理存在的问题 [J]. 天水行政学院学报，2019，20（1）：48-53.

[97] 谢海燕，程磊磊. 生态文明绩效评价考核和责任追究制度改革进展分析及有关建议 [J]. 中国经贸导刊，2020（22）：58-60.

[98] 吴光芸，李建华. 跨区域公共事务治理中的地方政府合作研究 [J]. 云南行政学院学报，2011，13（5）：96-98.

[99] 张月瀛. 政府协同视角下推进区域绿色发展的路径选择 [J]. 中共郑州市委党校学报，2017（5）：31-34.

[100] 王向明. 正确认识"党的领导是中国特色社会主义最本质的特征" [J]. 社会科学家，2021（3）：9-14.

[101] 陈文泽. 治理的中国语境："党的领导"是中国特色社会主义制度的最大优势 [J]. 河南社会科学，2020，28（12）：10-20.

[102] 金光磊. 新时代增强党的政治领导力路径研究 [J]. 学习论坛，2021（5）：57-62.

[103] 王正．新时代增强党的政治领导力：逻辑、原则及进路 [J]．上海理工大学学报（社会科学版），2022，44（1）：65-71.

[104] 习近平．坚持和完善中国特色社会主义制度 推进国家治理体系和治理能力现代化 [J]．求是，2020（1）：4-13.

[105] 朱坦，高帅．推进生态文明制度体系建设重点环节的思考 [J]．环境保护，2014，42（16）：10-12.

[106] 中国行政管理学会、环保部宣教司联合课题组．建立生态文明制度体系研究 [J]．中国行政管理，2015（3）：58-60.

[107] 王晓红，张亦工．中国环境政策体系：构建与发展——基于生态文明的视角 [J]．山东财经大学学报，2021，33（5）：43-50.

[108] 黄可佳．完善生态文明制度体系建设路径研究 [J]．怀化学院学报，2016，35（2）：45-49.

[109] 杜健勋，廖彩舜．论流域环境风险治理模式转型 [J]．中南大学学报（社会科学版），2021，27（6）：1-16.

[110] 贾绍俊．新时代生态文明体制改革的指导思想与正确路向 [J]．观察与思考，2020（10）：42-51.

[111] 吕忠梅．习近平生态环境法治理论的实践内涵 [J]．中国政法大学学报，2021（6）：5-16.

[112] 李金惠．"无废城市"建设：生态文明体制改革的新方向 [J]．人民论坛，2021（14）：30-32.

[113] 陈健鹏．完善生态文明制度体系，推进生态环境治理体系和治理能力现代化 [J]．中国发展观察，2019（24）：12-15，24.

[114] 刘学涛．习近平生态文明体制改革的主要内容及推进路径 [J]．决策与信息，2020（12）：16-23.

[115] 李桂花，杜颖．"绿水青山就是金山银山"生态文明理念探析 [J]．新疆师范大学学报（哲学社会科学版），2019，40（4）：43-51.

[116] 本刊编辑部．全面推进生态环境治理体系和治理能力现代化 [J]．环境保护，2020，48（6）：2.

[117] 孙佑海．生物多样性保护主流化法治保障研究 [J]．中国政法大学学报，2019（5）：38-49，206-207.

[118] 王伟，江河．现代环境治理体系：打通制度优势向治理效能转化之路

[J]. 环境保护，2020，48（9）：30-36.

[119] 黎敏，曾晓峰.政社共治下环境治理体系建设：困境与突破[J]. 中南林业科技大学学报（社会科学版），2020，14（5）：1-7，13.

[120] 张文显.新时代全面依法治国的思想、方略和实践[J]. 中国法学，2017（6）：5-28.

[121] 王冠文.新时代我国生态文明话语体系建构的逻辑理路[J]. 山东社会科学，2021（11）：93-98.

[122] 秦书生，王曦晨.坚持和完善生态文明制度体系：逻辑起点、核心内容及重要意义[J]. 西南大学学报（社会科学版），2021，47（6）：1-10，257.

[123] 冯留建，韩丽雯.坚持人与自然和谐共生　建设美丽中国[J]. 人民论坛，2017（34）：36-37.

[124] 桑玉成.论现代国家治理体系的建构[J]. 思想理论教育，2014（1）：11-14，19.

[125] 齐卫平.习近平新时代中国特色社会主义思想与中国式现代化建设[J]. 江汉论坛，2021（9）：20-26.

[126] 习近平.坚定文化自信，建设社会主义文化强国[J]. 求是，2019（13）：4.

[127] 张云飞.建设人与自然和谐共生现代化的创新抉择[J]. 思想理论教育导刊，2021（5）：62-68.

[128] 刘纪兴.炎黄文化的生态思想与中部地区生态文明建设协同发展[J]. 社会科学动态，2020（5）：80-86.

[129] 董明.角色与功能：人民政协与现代国家治理体系的互动互构[J]. 浙江社会科学，2015（5）：29-35，28，156.

[130] 郝时远.新时代坚持和完善民族区域自治制度[J]. 中南民族大学学报（人文社会科学版），2021，41（11）：29-41.

[131] 何虎生，韩玉瑜.中国共产党宗教政策基本内涵研究[J]. 世界宗教文化，2021（4）：1-8.

[132] 庄贵阳，窦晓铭.现代化经济体系建设的绿色路径[J]. 中国环境监察，2021（4）：46-47.

[133] 周宏春.对构建我国绿色低碳循环发展经济体系的思考[J]. 工业安全

与环保，2021，47（S1）：7-9.

[134] 吕指臣，胡鞍钢 . 中国建设绿色低碳循环发展的现代化经济体系：实现路径与现实意义 [J]. 北京工业大学学报（社会科学版），2021，21（6）：35-43.

[135] 张文显 . 国家制度建设和国家治理现代化的五个核心命题 [J]. 法制与社会发展，2020，26（1）：5-30.

[136] 国务院 . 国务院关于加快建立健全绿色低碳循环发展经济体系的指导意见 [J].　中华人民共和国国务院公报，2021（7）：39-43.

[137] 张惠远 . 建立以生态价值观为准则的生态文化体系 [J]. 绿叶，2020（1）：28-29.

[138] 李湘舟，肖君华，邓清柯，等 . 科学发展的道路越走越宽广 [J]. 新湘评论，2011（17）：6-27.

[139] 李伟，张占斌 . 中国渐进式经济转型经验及其发展道路探索 [J]. 中共党史研究，2008（3）：31-38.

[140] 李龙，范兴科 . 发展主义人权观的法哲学研究 [J]. 中共浙江省委党校学报，2017，33（5）：5-15，2.

[141] 习近平 . 与时俱进的浙江精神 [J]. 今日浙江，2006（3）：4-6.

[142] 任中义 . 习近平生态文明思想的内在逻辑与实践向度 [J]. 中共福建省委党校学报，2018（10）：10-16.

[143] 王夏晖，何军，饶胜，等 . 山水林田湖草生态保护修复思路与实践 [J]. 环境保护，2018，46（Z1）：17-20.

[144] 杜飞进 . 关于 21 世纪的中国马克思主义：论习近平治国理政新思想的理论品格 [J]. 邓小平研究，2016（3）：1-39.

[145] 陈俊 . 习近平生态文明思想的当代价值、逻辑体系与实践着力点 [J]. 深圳大学学报（人文社会科学版），2019，36（2）：22-31.

[146] 陈光清 . 我国现阶段环境保护问题及对策分析 [J]. 祖国，2014（12）：118-119.

[147] 陈樟福生，刘雅萍 . 我国煤炭行业前景及授信策略分析 [J]. 供应链管理，2021，2（4）：110-119.

[148] 李凤亮，古珍晶 . "双碳"视野下中国文化产业高质量发展的机遇、路径与价值 [J]. 上海师范大学学报（哲学社会科学版），2021，50

（6）：79-87.

[149] 胡鞍钢 . 中国实现 2030 年前碳达峰目标及主要途径 [J]. 北京工业大学学报（社会科学版），2021，21（3）：1-15.

[150] 刘清杰 . "一带一路"沿线国家资源分析 [J]. 经济研究参考，2017（15）：70-104.

[151] "中国能源发展战略与政策研究报告"课题组 . 中国能源发展战略与政策研究报告（上）[J]. 经济研究参考，2004（83）：2-51.

[152] 蒋海舲，肖文海，魏伟 . 能源气候外部性内部化的价格机制与实现路径 [J]. 价格月刊，2019（8）：1-6.

[153] 郇庆治 . "十四五"时期生态文明建设的新使命 [J]. 人民论坛，2020（31）：42-45.

[154] 任保平，甘海霞 . 中国经济增长质量提高的微观机制构建 [J]. 贵州社会科学，2016（5）：111-118.

[155] 吴志成，吴宇 . 人类命运共同体思想论析 [J]. 世界经济与政治，2018（3）：4-33，155-156.

[156] 孙吉胜 . 当前全球治理与中国全球治理话语权提升 [J]. 外交评论（外交学院学报），2020，37（3）：1-22，165.

[157] 秦书生，杨硕 . 习近平的绿色发展思想探析 [J]. 理论学刊，2015（6）：4-11.

[158] 姜文来，冯欣，栗欣如，等 . 习近平治水理念研究 [J]. 中国农业资源与区划，2020，41（4）：1-10.

[159] 本刊记者 . 抓紧顶层设计 着力解决资源环境紧迫问题：国家发展改革委主任徐绍史解读《关于加快推进生态文明建设的意见》[J]. 紫光阁，2015（6）：34-35.

[160] 刘倩 .《党政领导干部生态环境损害责任追究办法》评析与建议 [J]. 环境与可持续发展，2015，40（6）：173-175.

[161] 范希春 . 人类命运共同体：科学社会主义的最新理论成果及其世界性贡献 [J]. 中共杭州市委党校学报，2020（1）：4-13，2.

[162] 吴浓娣，吴强，刘定湘 . 系统治理：坚持山水林田湖草是一个生命共同体 [J]. 水利发展研究，2018，18（9）：25-32.

[163] 郑继江 . 论人与自然和谐共生的现代化生成机理 [J]. 理论学刊，2020

（6）：122-131.

[164] 刘彤彤．整体系统观：中国生物多样性立法保护的应然逻辑 [J]. 理论月刊，2021（10）：130-141.

[165] 赵海萍．五大发展理念及其内在关系 [J]. 世纪之星（交流版），2016（8）.

**报纸**

[1] 习近平．决胜全面建成小康社会 夺取新时代中国特色社会主义伟大胜利：在中国共产党第十九次全国代表大会上的讲话 [N]. 人民日报，2017-10-28（1）.

[2] 保持生态文明建设战略定力 努力建设人与自然和谐共生的现代化 [N]. 人民日报，2021-05-02（1）.

[3] 沈王一，常雪梅．建设人与自然和谐共生的现代化 [N]. 经济日报，2017-10-22（1）.

[4] 贺祖斌．生态文明建设的传统智慧与现实意义 [N]. 光明日报，2019-12-10.

[5] 中国社会科学院习近平新时代中国特色社会主义思想研究中心．确保实现国家治理体系和治理能力现代化 [N]. 人民日报，2020-01-02.

[6] 熊辉，吴晓．坚持人与自然和谐共生 [N]. 人民日报，2018-02-09.

[7] 十三、建设美丽中国：关于新时代中国特色社会主义生态文明建设 [N]. 人民日报，2019-08-08（6）.

[8] 杨艳玲．为了洱海水更干净清澈 [N]. 大理日报，2015-11-28.

[9] 刘剑虹，尹怀斌．把握人与自然和谐共生的丰富内涵 [N]. 经济日报，2018-05-17.

[10] 张长娟．推进生态环境领域治理体系和治理能力现代化 [N]. 河南日报，2020-02-07.

[11] 杨道喜．"绿水青山就是金山银山"重要思想的价值意蕴和实践指向 [N]. 广西日报，2017-06-29.

[12] 关于加强党内法规制度建设的意见 [N]. 人民日报，2017-06-26（1）.

[13] 中共中央办公厅法规局．中国共产党党内法规体系 [N]. 人民日报，2021-08-04（1）.

[14] 习近平．坚持依法治国与制度治党、依规治党统筹推进、一体建设

[N]. 人民日报，2016-12-26（1）.

[15] 习近平. 绿水青山也是金山银山 [N]. 浙江日报，2005-08-24.

[16] 福特. 电子垃圾：困扰全球的新问题 [N]. 参考消息，2018-07-17.

[17] 白江宏. 呵护"山水林田湖草"生命共同体 [N]. 内蒙古日报，2018-09-11.

[18] 习近平. 在纪念马克思诞辰 200 周年大会上的讲话 [N]. 人民日报，2018-05-05（2）.

[19] 评论员. 凝聚起人人参与携手奋进的美丽力量 [N]. 贵州日报，2018-07-07.

[20] 匡立春. 以科技创新支撑引领治理体系和治理能力现代化 [N]. 中国石油报，2020-08-18（2）.

[21] 孙佑海. 学习贯彻习近平生态文明思想　奋力推进生态文明建设 [N]. 天津日报，2018-06-25.

[22] 生态文明贵阳国际论坛 2013 年年会开幕 [N]. 人民日报，2013-07-21（1）.

[23] 张广昭，陈振凯. 五大理念的内涵和联系 [N]. 人民日报，2015-11-12.

[24] 李志忠. 五大发展理念的基本内涵与重要意义 [N]. 滁州日报，2016-08-26.

[25] 黄坤明. 深刻认识新发展理念的重大理论意义和实践意义 [N]. 光明日报，2016-07-25（6）.

[26] 评论员. 传统的粗放型经济增长模式已走到尽头 [N]. 人民日报（海外版），2012-11-27.

[27] 陶良虎. 深刻把握习近平生态文明思想的内涵 [N]. 湖北日报，2019-10-13.

[28] 张定鑫. 深刻认识绿色发展在新发展理念中的重要地位 [N]. 光明日报，2019-12-12.

[29] 李伟红. 习近平会见出席"全球首席执行官委员会"特别圆桌峰会外方代表并座谈 [N]. 人民日报，2018-06-22（1）.

[30] 刘鹤. 必须实现高质量发展 [N]. 人民日报，2021-11-24（6）.

[31] 陈惠丰. 关于人民政协与新型政党制度的几个问题 [N]. 人民政协报，2021-12-15（8）.

[32] 习近平. 鼓励基层群众解放思想积极探索 推动改革顶层设计和基层探索互动 [N]. 人民日报, 2014-12-03 (1).

[33] 孙佑海. 如何处理实现双碳目标与气候变化应对立法的关系 [N]. 中国环境报, 2021-07-22 (8).

[34] 孙小垒. 不断激发新型政党制度的效能 [N]. 联合日报, 2021-11-25 (5).

[35] 王晨. 推进中国特色社会主义政治制度自我完善和发展 [N]. 人民日报, 2020-11-24 (6).

[36] 本报评论员. 坚持和完善人民代表大会制度 [N]. 人民日报, 2021-10-16 (1).

[37] 坚持和完善人民代表大会制度，不断发展全过程人民民主 [N]. 人民日报, 2021-10-15 (1).

[38] 柴宝勇. 新时代人民政协的重大作用与独特优势 [N]. 光明日报, 2019-10-11 (3).

[39] 董文萱. 构建环境治理全民行动体系 [N]. 中国环境报, 2021-10-21 (5).

[40] 齐卫平. 国家治理现代化与党的领导能力建设 [N]. 光明日报, 2014-07-23 (13).

[41] 充分发挥数字政府作用 着力提升治理现代化水平 [J]. 光明日报, 2020-04-13 (6).

[42] 中共中央关于坚持和完善中国特色社会主义制度 推进国家治理体系和治理能力现代化若干重大问题的决定 [N]. 人民日报, 2019-11-06 (1).

[43] 生态环境部环境与经济政策研究中心. 公民生态环境行为调查报告（2019 年）[N]. 中国环境报, 2019-06-03 (5).

[44] 中共中央国务院关于加快推进生态文明建设的意见 [N]. 人民日报, 2015-05-06 (1).

[45] 全面建成小康社会 乘势而上书写新时代中国特色社会主义新篇章 [N]. 人民日报, 2020-05-13 (3).

[46] 中华人民共和国环境保护法 [N]. 中国环境报, 2014-04-28 (3).

[47] 环境保护部. 环境保护公众参与办法 [N]. 中国环境报, 2015-07-22

（3）.

[48] 杜尚泽. 坚持正确方向 创新方法手段 提高新闻舆论传播力引导力 [N]. 人民日报，2016-02-20（1）.

[49] 2020 年全国社会心态调查综合分析报告显示：社会心态积极健康，民心民意基础牢固 [N]. 光明日报，2021-02-03（1）.

[50] 中共中央国务院关于全面加强生态环境保护 坚决打好污染防治攻坚战的意见 [N]. 光明日报，2018-06-25（1）.

[51] 公民生态环境行为规范（试行）[N]. 中国环境报，2018-06-06（2）.

[52] 关于改革社会组织管理制度 促进社会组织健康有序发展的意见 [N]. 光明日报，2016-08-22（3）.

[53] 切实保持和增强政治性先进性群众性 开创新形势下党的群团工作新局面 [N]. 光明日报，2015-07-08（1）.

[54] 团结动员亿万职工积极建功新时代 开创我国工运事业和工会工作新局面 [N]. 人民日报，2018-10- 30（1）.

[55] 习近平. 在纪念五四运动 100 周年大会上的讲话 [N]. 人民日报，2019-05-01（2）.

[56] 贾玉韬. 全国妇联下发通知"学习浙江经验 深化'美丽家园'建设" [N]. 中国妇女报，2019-01-30（2）.

[57] 周文. 倡导家庭节能环保共建绿色美丽家园：建设健康和可持续发展家庭系列报道 [N]. 中国妇女报，2016-05-19（5）.

[58] 王华. 环保组织参与环境治理的十大途径 [N]. 中国环境报，2016-01-19（2）.

[59] 黄慧诚，钟奇振. 广东 8 部门联合发出"携手治污攻坚 共建美丽广东"倡议书 [N]. 中国环境报，2020-04-17（8）.

[60] 刘长兴. 构建环境共同治理体系的关键 [N]. 中国环境报，2017-03-15（3）.

[61] 李振佑. 不断提高科技创新支撑能力 [N]. 甘肃日报，2021-03-09（9）.

**电子文献**

[1] 中国共产党第十九届中央委员会第六次全体会议公报 [EB/OL].（2021-11-11）[2021-11-14]. http://www.xinhuanet.com/2021/11/11/c_1128055386.htm.

[2]  吴舜泽：推动绿色发展要正确处理好生态环保与经济发展的关系 [EB/OL].（2019-12-28）[2021-10-29]. http://www.xinhuanet.com/energy/2019-12/28/c_1125398240.htm.

[3]  关于政协十三届全国委员会第一次会议第 0138 号（资源环境类 014号）提案答复的函 [EB/OL].（2018-08-10）[2022-01-06]. http://gi.mnr.gov.cn/201808/t20180810_2162680.html.

[4]  最高检：去年起诉涉嫌破坏环境资源保护罪 2.6 万余件 [EB/OL].（2019-02-14）[2021-10-06]. https://www.spp.gov.cn/zdgz/201902/t20190214_408021.shtml.

[5]  壮丽 70 年·检察事业谋新篇|公益诉讼始发力 中国方案拓新路 [EB/OL].（2019-09-27）[2021-10-06]. https://www.spp.gov.cn/zdgz/201909/t20190927_433213.shtml.

[6]  中国环境资源审判（2020）[EB/OL].（2021-06-04）[2021-10-06]. http://www.court.gov.cn/zixun-xiangqing-307471.html.

[7]  《生物多样性公约》共有 196 个缔约方，但有一个国家没加入 [EB/OL].（2021-10-11）[2021-11-02]. https://m.thepaper.cn/baijiahao_14851384.

[8]  习近平为何将实现"双碳"目标视作一场"系统性变革"？ [EB/OL].（2021-03-21）[2022-02-02]. https://www.chinanews.com.cn/gn/2021/03-21/9437182.shtml.

[9]  王治河.共谋全球生态文明建设大计 [EB/OL].（2018-05-29）[2022-02-02]. http://www.qstheory.cn/wp/2018-05/29/c_1122903545.htm.

[10] 中共中央关于党的百年奋斗重大成就和历史经验的决议 [EB/OL].（2021-11-16）[2021-12-02]. http://www.gov.cn/zhengce/2021-11/16/content_5651269.htm.

[11] 李萌.进一步深化生态文明体制改革的建议 [EB/OL].（2020-07-29）[2021-12-06]. https://www.163.com/dy/article/FINU9J12051999S5.html.

[12] 习近平.建设美丽中国，改善生态环境就是发展生产力 [EB/OL].（2016-12-01）[2021-12-03]. http://cpc.people.com.cn/xuexi/n1/2016/1201/c385476-28916113.html.